◎何 哲 著

GOVERNANCE TRANSITIONS
IN AI TIMES
CHALLENGES, CHANGES, AND FUTURE

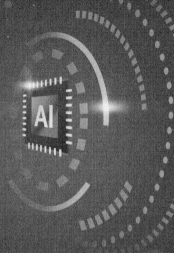

人工智能时代的治理转型

挑战、变革与未来

知识产权出版社
全国百佳图书出版单位
—北京—

图书在版编目（CIP）数据

人工智能时代的治理转型：挑战、变革与未来/何哲著. —北京：知识产权出版社，2021.11

ISBN 978 – 7 – 5130 – 7636 – 4

Ⅰ.①人… Ⅱ.①何… Ⅲ.①人工智能—研究 Ⅳ.①TP18

中国版本图书馆 CIP 数据核字（2021）第 150373 号

责任编辑：韩　冰　王海霞　　　　　责任校对：潘凤越

封面设计：北京乾达文化艺术有限公司　责任印制：孙婷婷

人工智能时代的治理转型

挑战、变革与未来

何　哲　著

出版发行	知识产权出版社 有限责任公司 网	址：	http://www.ipph.cn
社　　址	北京市海淀区气象路 50 号院	邮　编：	100081
责编电话	010 – 82000860 转 8126	责编邮箱：	hanbing@cnipr.com
发行电话	010 – 82000860 转 8101/8102	发行传真：	010 – 82000893/82005070/82000270
印　　刷	北京九州迅驰传媒文化有限公司	经　销：	各大网上书店、新华书店及相关专业书店
开　　本	720mm×1000mm　1/16	印　张：	18.5
版　　次	2021 年 11 月第 1 版	印　次：	2021 年 11 月第 1 次印刷
字　　数	275 千字	定　价：	88.00 元

ISBN 978-7-5130-7636-4

前　言

当今，人类正在进入人工智能时代。人工智能技术将继网络、大数据技术之后，又一次使传统的社会形态与治理方式产生深刻的变革。

网络的出现促成了社会个体之间的普遍连接，形成了新的社会结构；大数据技术促进了整个人类生活的数字化，改变了人类的生存状态；人工智能技术则在智慧载体本身上产生了深刻的进步。人类或许不再被称为社会中唯一的智慧主体，这种潜在的可能和转变将会深刻改变人类关于人类本身和人类社会自我状态认知的大部分观念和规则。

人工智能技术近年来的飞速发展，对人类社会产生了巨大的思想冲击。一是人类没有想到人工智能技术发展得如此之快。人工智能技术在蹒跚发展了七十余年后，借助网络与大数据的力量，终于破茧而出，机器进化的速度远超人类的预计。未来会发生什么，没有人能够精准地判断，一切皆有可能。二是人类没有想到人工智能如此之能。人工智能目前在众多领域所表现出来的能力，都远超过人类原有的预计。三是人类没有想到智慧本身如此简单，仅通过数量足够多的简单结点的连接和进化，就可以形成复杂的智能。人工智能最终的作用，是帮助人类去探寻人类自身和宇宙中最大的秘密——智慧的产生。长久以来，智慧作为最高之物，一直披着神秘的圣光。然而，人工智能的出现，正在帮助人类逐渐接近智慧的真相本身，同时也在逐步了解人类自身。

社会形态与技术发展是相互依存的，技术的改变最终将推动治理的变化。人工智能至少在三个方面深刻改变了社会与治理的形态。首先是社会的主体改变了，人类社会第一次必须接纳非人作为社会的主体。其次是社会治理的主体改变了，人工智能不但可以作为被管之物，同时可以如同人类一样，参与到人类社会的治理之中。最后是人类社会面临着深刻的替代危机，几乎在所有的社会行业，人工智能都可以有效地参与。那么，人类社会本身将何去何从，会成为我们所面临的重大选择。

　　本书是作者近年来一系列思考的结果，在今天人类即将踏入人工智能全面融入人类社会的历史时刻，我们有必要想一想会发生什么，为什么会发生，以及我们应该做些什么。由于学识所限，本书可能有诸多不足，请读者多多谅解。

作　者

2020 年 11 月于北京

目　录

第一章　通向人工智能时代

　　本章提要： 人工智能的发展虽然仅有七十余年的时间，但是实际上人类对其探索的历史已经很久了。人类自古至今，都在梦想构建能够替代人类工作的机器。从最早的计算工具和机械计算机，再到数字计算机，最后在网络和大数据的帮助下，产生了具有高能力的人工智能。因此，人工智能的历史就是一部人类不断探索自身、解放自身的历史。

一、人类与智慧

　　人类究竟从何而来？这是一直困惑人类本身，同时是人类最终要探索解决的问题。哲学中有三个元问题：世界是什么？我是什么？我从哪里来，要到哪里去？对这三个问题的探寻，不断激励着人类认识世界和认识自身，同时促进着人类本身的进化。

　　从人类进化的历史来看，人类的历史大概起源于 30 万年前智人的出现。更早于智人的则是直立人（20 万年前）、能人（180 万年前）和南方古猿（500 万年前）（见图 1－1）。在这一过程中，智人并不是人类唯一进化的路径。与智人几乎同时期，还存在其他的类人种，如尼安德特人。尼安德特人身形较小，脑容量和智人在一个层面，分布在广阔的非洲、欧洲和亚洲大陆，在 2 万～3 万年前，尼安德特人突然在人类进化史上消失，应该可以理解为被智人融合成为同一种族。对尼安德特人化石基因组测序的研究结果表明，早期和现代生活在欧亚大陆的人群的基因组中，有 1% ～

4%的尼安德特人的基因。❶

图1-1　人类的进化过程

从智人开始,人类就可以制造并使用工具了。在动物界,很多生物都会使用工具,例如水獭就会使用石头去敲开贝类的壳。然而,能够制造工具的似乎只有人类。制造工具本身具有两个重要的意义:一是极大增进了人类本身对抗自然的能力;二是提高了人类本身的智慧水平,直观的表达就是智人的大脑容量有了巨大的提升。据估计,猿人的脑容量大概在400mL左右,而智人则高达1400mL左右。人类的这种不断学习和制造工具的过程,一方面直接促进了大脑的进化,另一方面也让人类可以更好地去扩展自己的食物来源。通过保存自然界的火和自己制造火,人类可以吃到热食,抵御猛兽的袭击;制造标枪弓箭则使得猎杀危险的大型动物成为一种可能。从渔猎时代到农耕时代,人类的食物越来越丰富,获取的热量不断增加,这既促进了人类大脑的发育,也直接促进了人类大脑更高效地运转。

从人类本身进化的历史当中,我们可以得到很多关于智慧演化的启示,其中很重要的一点就是,智慧本身的增长是在人类与外界环境的互动交流过程中不断训练进化的结果。这种进化,起初可能是来自自然界的生

---

❶ 付巧妹. 古DNA研究揭示:欧洲早期现代人的祖先曾与尼安德特人混血 [J]. 化石, 2015 (3):80.

理突变——自然选择的模式，随后进一步成为一种自主意识控制下的有目的的自我训练和进化。例如，在早期人类中，不会狩猎或者生火技巧的原始人类，可能会因为无法分配到足够的食物而被族群淘汰。因此，至少在表象上来看，智慧的增长是一种自然演化和有目的的生物进化的综合结果。这一规律，直到今天依然深刻地影响着人工智能的发展。

那么，回到核心问题，人类到底从何而来？对此，人类历史发展到今天产生过三种典型的理论。

一种是神创论，就是说人类是超自然的神创造的。很多人类的早期神话都提出了人类本身是神创的传说。

在古希腊神话中，普罗米修斯仿照自己的身体用泥土创造了人类的形态，❶并且从动物体内摄取了善与恶，封入了人类的胸膛。智慧女神雅典娜非常惊叹于普罗米修斯的创造，于是吹了一口气，赐予了人类智慧。

北欧神话同样认为神创造了人类，但并不是用泥土创造的，而是用树木创造的。主神奥丁和其他两位神，在打败了巨人伊米尔后，用巨人的身体创造了新大地。随后，众神苦苦思索想要创造一种完美的生物来管理大地。一天，奥丁等三位神在海边散步，遇到了一根从大海漂来的木头，发觉质地很好，于是奥丁等三位神就用漂木按照众神的模样雕刻出了人类。

在东方的神话传说中，人类起源于女娲。一种说法认为女娲按照自己的模样造出了人类，但是数量过少，因此就用一根藤条沾满泥浆，随处挥洒，所到之处泥浆化为人，因此人类有美与丑的分别；其他的说法则认为，女娲和众神一起创造了人类。

从东西方的神话来看，人类的出现，大体都认为是神按照自己的模样所创造的。这就是人类的神创论。

需要指出的是，我们为什么要在讨论人工智能的论著中讨论人类的诞生，因为具有一定敏感度的思考者与观察者，都不仅将人工智能看作一种新的人类制造的机械，而且看作一种新的智慧载体，或者可以称为新的智

---

❶　朱超威，李君兰. 从女娲与普罗米修斯造人神话看东西方文化差异［J］. 惠州学院学报（社会科学版），2005（5）：53 - 57，61.

慧物种。在此后对于人工智能诞生历程的分析中，我们也可以发现其与远古人类产生的神话中的某种相似性。

人类产生的第二种观点则是进化论。中世纪的结束和启蒙时代的到来，不断改变着欧洲人对于神和人的关系的认识。人的支配范围越来越大，而神的支配范围越来越小。达尔文在1859年出版的《物种起源》中提出了一个新颖的生物进化理论，认为一切现存的生命形态都是由简单的生物不断进化而来的。生物在生存发展过程中，不断产生自身的变异，这些变异的物种相互竞争，最适合环境生存与变化的物种被保留下来，最终进化成了现今复杂的生物形态。严复在翻译赫胥黎的《天演论》时，将其总结为"物竞天择，适者生存"❶八个字。由于时代环境的限制和科学的严谨性，达尔文在其著作中对人类起源问题的研究始终小心翼翼，非常谨慎。他并没有直截了当地指出，人类作为被选择者是由低级物种进化而来的，而是在其著作中大量谈及人类作为其他物种的选择者而非被选择者，但是他在修订版的结论一章中如此总结道："……每一智力和智能都是由级进而必然获得的……，人类的起源也将因此而得到莫大的启示。"❷这一论断显然是重磅的，其虽看似隐晦但实质却非常直截了当地提出了，人类的智慧是通过逐级进化而来的这一结论。需要注意的是，这一结论在我们后续探讨人工智能时会反复用到。更直截了当的论断则是来自赫胥黎，赫胥黎在1863年出版的《人类在自然界中的位置》❸一书中，用大量实际的例证来证明人来自于人猿的进化，这显然在当时产生了极大的争议。此后，随着证据不断被发现，人类的进化论成为一种主流的科学观念。

人类产生的第三种观点，则是以上两种观点的结合，即混合路径论。人类起源的进化论依然存在很多质疑，例如在证据链上缺乏关键证据。比如说至今为止，生物学界依然无法解释为什么在5亿多年前的寒武纪，突

---

❶ "自禽兽以至为人，其间物竞天择之用，无时而或休。而所以与万物争存，战胜而种盛者，中有最宜者在也。"赫胥黎.天演论 [M].严复，译.北京：商务印书馆，1981：29.

❷ 达尔文.物种起源 [M].舒德干，等译.北京：北京大学出版社，2005：289.

❸ 赫胥黎.人类在自然界中的位置 [M].蔡重阳，王鑫，傅强，译.北京：北京大学出版社，2010.

然出现了地球生物物种的大爆发，❶ 也无法解释人类在大约数十万年前突然的智慧增长和此后文明的爆发。同时，一些批评者也认为，以地球生物的进化速度和有限的地球生命演化时间，不大能够产生如人类一般复杂的高智慧生物。所以，令普通大众很难相信的是，有一部分生物学家和其他领域的资深科学家始终不相信进化论，甚至越是研究生物科学的研究者，越不相信进化论。❷

因此，一些学者就把目光投向了太空。这种观点有两种分化版本：一种版本认为，由于地球的历史短暂，所以产生不了复杂生物，但是宇宙的历史足够长，足以演化出复杂生物。因此，这种观点认为复杂生命的基础，例如复杂的大分子、细胞、基因等都来自外太空，由陨石带入地球，随后在地球上繁衍生存，进化形成复杂的生物乃至人类。❸

另一种版本则更为大胆，认为地球上的人类是外星人与地球本身的生物结合产生的。这又产生了两种观点：一种认为外星人曾经造访过地球，但是由于飞船毁坏，无法离开地球，从而葬身在地球，其身上的生命物质与地球环境结合，延续了下来（例如科幻电影《普罗米修斯》❹）；另一种则认为，外星人生活在地球上，并改造了地球原本的类人猿，从而形成了现代人类。这种观点认为类似于古希腊神话中大量的半人半神英雄，其实都是外星人（神）与原始猿人（人）结合的产物。人类学者撒迦利亚·西琴于1976年后陆续出版的广受争议的《地球编年史》❺ 系列，则结合世界各地的历史遗迹和传说、神话、宗教故事、寓言，构造了人类起源的新的解释学。他认为，地球上存在的众多史前文明遗迹，标志着早期外星人曾经殖民过地球，而现代人类是早期外星人利用当时智力低下的类人猿基因改造后所形成的，用于特殊矿藏的开采。此后，人类的不断反抗最终使得

---

❶ 贝希. 达尔文的黑匣子 [M]. 邢锡范，译. 北京：中央编译出版社，2018：32 – 33.

❷ 这大概印证了一点，即科学的本质是怀疑而不是盲从。

❸ 李华文. 地球生命起源之谜 地球生命源自太空？[J]. 大自然探索，2002（10）：64 – 67.

❹ 蒋春丽. 科幻电影中的古希腊神话隐喻：以电影《普罗米修斯》为例 [J]. 电影新作，2018（5）：80 – 83.

❺ 西琴. 《地球编年史》指南 [M]. 黎明，译. 重庆：重庆出版社，2012.

殖民地球失去价值，现代人类统治了地球。他认为，世界各国众多的神话，都是这一历史过程的不同演绎版本。

从以上的叙述，我们可以得出三种人类起源的假设：

假设 1：人类是由超智慧体设计出来的。

假设 2：人类是由大自然经过漫长的进化而来的。

假设 3：人类是智慧设计与自然进化的结合体。

在后续的篇章里，我们会发现这三种假设与今天的人工智能发展惊人地类似，分别对应于人工智能的符号逻辑主义、联结进化主义和混合主义。

二、人类计算的历史

当现代人类形成以后，人类就开始了对自然的理解和改造自然的历史进程，这就离不开对计算的需要。从本质上说，计算标志着人类对客观事物的认识进入了更高的精确理性阶段。

人类对于世界的认识是从分类和计算开始的，分类意味着建立了对事物的概念构建和辨别体系，而计算则标志着人类建立了对世界的数量体系。概念和数量的共同作用，使得人类可以更加精确地建立起对客观世界的认知。

就计算而言，人类社会经历了漫长的计算方法和工具的发展过程。从简单的计数系统，到建立数字符号，再到建立抽象的数学体系，并发展出辅助的计算工具；进入工业革命后，则发展出了机械式计算机；到 20 世纪中期，电子计算机的发明使得计算进入了电子时代；20 世纪末期互联网的发明推动了计算的网络化；此后进入 21 世纪网络时代，大数据的进一步发展则极大地提高了计算的算力和算法，最终催生出了人工智能的逐渐成熟。

最简单的计数方法当然是手指计数法。利用 10 个手指来数数，这依然是今天人类常用的简单计数方法。它不仅仅用于儿童的启蒙学习，围绕着手指计数法，有些文明还发明了较为复杂的手指计算口诀（手指速算法、掐指一算），用以计算天文、风水等。

利用客观工具而不是肢体来计数，是人类计算的一大飞跃。最简单的方法应该是使用石子或者类似事物（如豆子）的计数法，通过易于分辨的小的颗粒物来实现对大的事物的计数。"计算"的英文"calculus"在拉丁文里就有石子的意思，今天在医学领域，英文"calculus"依然有结石的含义，从中可以看出石子与计算具有天然的联系。石子计算法和相应类似的计数方法实际上在人类历史中应用时间非常长，直到近代，在很多落后地区的选举中，人们依然使用类似的石子或者豆子的投票计数法。

人类早期的另一种计数方法是结绳计数，结绳法是通过在绳子上打结来记录数字的多少，甚至可以承载复杂的含义。因此，结绳甚至可以被看作人类最早的一种文字形式。❶

对于早期的人类而言，结绳似乎还是有些复杂，因为显然随便在哪里用石头在地上画一画也可以计数，因此，另一种更简单的计数方式就是契刻。近代以来的大量考古发现，都显示了契刻方法成为早期计数和文字系统的一种主要方法。在两河流域有苏美尔的楔形文字；1987年在我国河南舞阳贾湖遗址出土的贾湖刻符❷（见图1-2），被认为距今有7700多年的历史，其历史远超商代的甲骨文，也超过了现今发现的其他文字，如古巴比伦的六十进制数字（见图1-3）。

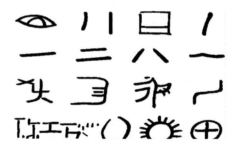

图 1-2 贾湖刻符

显然，在龟甲、骨头上契刻很不方便，人类很快发明出了专门用于计算的算筹。算筹是有一定长度，由特定材质，一般为木、竹、金、银、玉

---

❶ 刘志远. 关于我国古代结绳记事的探讨 [J]. 河南教育学院学报（哲学社会科学版），1996（1）：81-84，98.

❷ 刘志一. 贾湖龟甲刻符考释及其他 [J]. 中原文物，2003（2）：10-13.

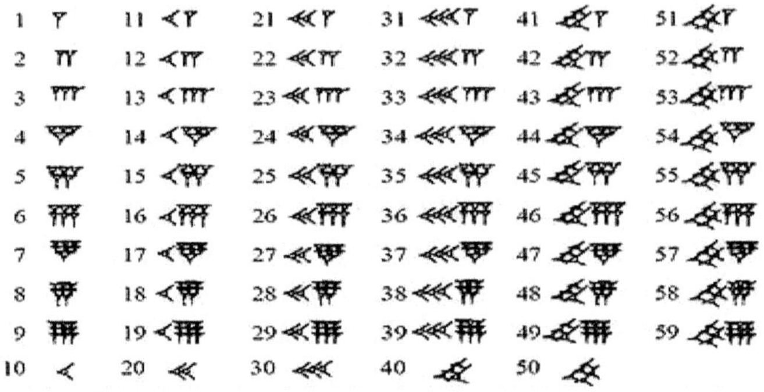

图 1-3 古巴比伦的六十进制数字

石、象牙等做的小棍。人们通过小棍来实现简单的算术计算。我国出土的算筹最早为战国时期。根据《九章算术》记载,算筹通过纵横两种摆法标志数的不同位数,然后通过相应的歌诀进行运算,甚至可以进行一元方程或方程组的求解。

显然,人类不会满足于石子、算筹等简单的计算工具,因此发明复杂的计算工具就成为一种历史进步的必然。算盘、计算尺、机械式计算器逐渐在人类的文明进程中诞生了。

目前来看,算盘应该是人类有记载以来的最早的复合计算机械,东西方文明的早期都出现了类似算盘的计算工具。算盘的计算采用了十进制算法,根据现有的各种记载,中国应该是世界上最早使用十进制的文明古国。在西周墓葬的挖掘中,人们发现有一些制作考究的陶珠上刻有数字符号,这类陶珠被认为是最早用来计算的球珠状工具。还有学者认为古文献河图洛书,也是算盘的早期雏形(见图 1-4)。❶

在中国,正式的算盘大体成形于秦汉时代。东汉徐岳编撰的《数术记遗》记载了古代中国的 13 种计算工具,即积算(筹算)、太乙算、两仪算、三才算、五行算、八卦算、九宫算、运筹算、了知算、成数算、把头算、龟算和珠算。其中关于珠算部分,"珠算控带四时,经纬三才(天、

---

❶ 苑玉敏. 从程大位的《算法统宗》"首篇"河图、洛书等看《易经》与珠算之联系 [J].珠算与珠心算, 2007 (4):54-56.

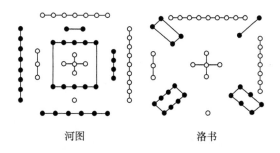

河图　　　　　　　　　洛书

图1-4　朱熹《周易本义》之河图、洛书

地、人三才)"，其注释是："刻板为三分，其上下二分，以停游珠……"❶
故游珠算盘是较早的算盘雏形。

有关算盘的明确记载则出现在宋代，宋代张择端的《清明上河图》
中，明确画出了店铺中柜台上所放置的算盘（见图1-5）。

图1-5　《清明上河图》中的算盘

在西方的历史中，虽然形态不同，但计算工具的出现，同样有很长的
历史演化过程。据记载，公元前5世纪，古希腊就出现了类似游珠算盘的
工具。算盘的英文"abacus"就来自于古希腊文。

在古希腊原始算盘的基础上，古罗马人发明了罗马算盘（见图1-6）。
罗马算盘又称为沟算盘，是在一个铜质盘子内刻上上下两排槽，然后在其
中嵌上珠子，上有一珠，代表5，下有四珠，代表1，罗马算盘就很像中国

---

❶　钱保宗点校. 算经十书［M］. 北京：中华书局，1963：546.

的算盘了。❶

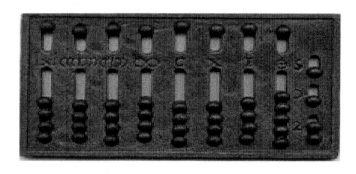

图 1-6　罗马算盘

进入 16 世纪后，西方的计算工具有了长足的进步。苏格兰数学家、物理学家约翰·纳皮尔发明了纳皮尔棒，作为人们日常的计算工具。纳皮尔棒是由一组刻满数字的短棒组构成的。每个短棒上记录了一组数字，是乘数的个位和十位，当计算乘法时，只需要转动数棒，通过错位加法，就可以得到相应的得数。因此，纳皮尔棒本质上是一个机械可调式乘法表。

进入 17 世纪，计算工具有了长足的发展。法国数学家布莱士·帕斯卡于 1642 年发明了西方第一台机械式计算机——帕斯卡加法器，在人类科学史上产生了重大的推动作用。帕斯卡加法器下面有一排拨盘，上面有一排显示框，计算加法时需要依次拨动相加的数字，通过机械进位的方式实现复杂的加法。

有了加法运算，帕斯卡还通过补九码的算法实现了减法运算，因为两个数的减法可以转化为补九码的加法运算，因此，帕斯卡加法器可以有效地进行减法运算。这一思想在以后的计算机算法设计中被延续了下来。帕斯卡加法器被认为是最早通过齿轮机械运转方式实现的计算机。在人类的计算进化史中具有极为重要的意义。

此后，1674 年，德国数学家莱布尼茨为了弥补帕斯卡计算器不能运算乘除法的不足，在法国物理学家马略特的帮助下，设计了一架可以进行加

---

❶　刘芹英. 中国算盘与罗马算盘对比研究：论中国算盘结构的科学性与设计的智慧［J］. 珠算与珠心算，2016（4）：45－50.

减乘除甚至开方运算的机械式计算器。在加减法部分，莱布尼茨参考了帕斯卡的设计，自己又单独设计了乘除法部分，最终，莱布尼茨计算器可以有效实现最终答案高达16位的乘除法运算。

此后，机械式计算机得到了广泛的发展。1834年，英国发明家巴贝奇提出了最早的通用式计算机的设计思想。他设计的分析机利用蒸汽作为动力，并可以利用打孔卡作为输入输出装置以进行四则运算、差分运算等。分析机提出了类似于今天通用型计算机的基本架构。由于分析机过于复杂，以至于巴贝奇并没有将其制造出来，其设计图在后世被科学家复原。

此后，计算科技在理论上有了重大突破。1848年，英国数学家布尔在莱布尼茨二进制的基础上，提出了基于二进制的逻辑运算代数，也称为布尔代数。布尔代数通过简单的与、或、非、异或的逻辑运算，可以成功地构建计算的逻辑门，并在逻辑门的基础上实现复杂的科学运算（见表1-1）。

表1-1 布尔代数的逻辑运算

A	B	非（对A）	A与B	A或B	A异或B
0	0	1	0	0	0
0	1	1	0	1	1
1	0	0	0	1	1
1	1	0	1	1	0

第二次工业革命的到来使人类发现了电能，并逐渐将其运用到工业与科学计算领域。1883年，美国著名发明家爱迪生在进行灯泡实验时，发现在灯泡里放入铜丝，虽然灯丝与铜丝之间没有接触，但是通电后可以有微弱的电流存在，爱迪生将其注册为"爱迪生效应"。1904年，英国电气工程师弗莱明根据爱迪生效应设计了第一个二极管（见图1-7）。

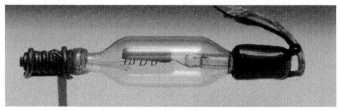

图1-7 二极管实物图

1906 年，美国工程师德福雷斯特在弗莱明的二极管中又加入了一个栅极，发现通过栅极的微弱电流控制，可以实现阴极与阳极之间电子流的控制，三极管的发明，彻底打开了人类对电路的控制之门。此后，一系列基于三极管原理的电路便逐渐地被探索发明出来，人类距离利用电子进行计算的历史越来越近。

1939 年，美国爱荷华大学的科学家阿塔纳索夫与克利福德·贝利两人共同制造了世界上第一台专用的电子计算机 ABC（阿塔纳索夫 – 贝利计算机，Atanasoff-Berry Computer），这台可以进行复杂的线性方程组运算的设备，终于拉开了人类进入电子计算时代的大幕。长期以来，ABC 都不为人所知，直到 1973 年，美国联邦地方法院在审理关于谁是世界上第一台计算机的诉讼时，才判决 ABC 是世界上第一台计算机。

1946 年，宾夕法尼亚大学在美国国防部的资助下，研制了世界上第一台可编程的通用式计算机 ENIAC。ENIAC 用了 18000 个电子管，占地 150 m^2，重达 30 t，耗电功率 150 kW，每秒钟可以进行 5000 次运算。美国国防部将其用于火炮弹道计算。

ENIAC 使用了标准的冯·诺依曼结构（见图 1 – 8）。冯·诺依曼是美籍匈牙利数学家、计算机科学家、物理学家。冯·诺依曼结构将计算机分为五个部分：输入设备、输出设备、运算器、存储器、控制器。从 ENIAC 到今天的所有计算机，几乎都使用的是冯·诺依曼结构，因此，ENIAC 被公认为世界上第一台通用计算机，而冯·诺依曼则被认为是通用计算机之父。伴随着 ENIAC 的发明，人类正式进入飞速发展的数字计算时代。

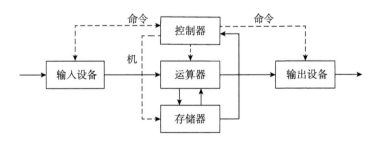

图 1 – 8　通用计算机的典型冯·诺依曼结构

在 ENIAC 之后，人类在数字计算方面的进展速度呈现出以指数速度增长的局面。1947 年，美国贝尔实验室利用半导体材料，制成了可以有效替代电子管的晶体管体系。晶体管性能好、体积小、耗电低，迅速在各种场景下替代了电子管的位置，同时对人类在计算能力方面的进步产生了巨大的推动作用。

在发明晶体管后，科学家们又开始探索在一个载体上集成多个半导体元器件，这就催生了集成电路的出现。1958—1959 年，锗集成电路相继被发明出来。1965 年，英特尔的创始人戈登·摩尔根据对当时电子芯片性能提升的观察，提出了至今依然生效的著名的摩尔定律。摩尔定律可以被表达为：每过 18 ~ 24 个月，微处理器的性能提高一倍，而价格降低一半。❶

1971 年，英特尔公司生产出它的第一个微处理器——4004。随后，1974 年，通用微处理器 8080 面世。此后，计算机逐渐小型化。1976 年，乔布斯和他的伙伴沃兹，在车库里组装出了第一代苹果电脑，并成立了苹果公司，以苹果机为代表的个人计算机开始走入千家万户。

在摩尔定律的支配下，计算机芯片的性能已经从最早的每平方厘米数个晶体管上升到今天的每平方厘米几十亿个晶体管。例如苹果 A12 芯片 Bionic，采用 7nm 制程，全芯片晶体管数量是 69 亿，每平方毫米的晶体管数是 8000 多万个，也就是每平方厘米 800 亿个晶体管。并且，从目前来看，在新的微电子技术支撑下，摩尔定律尽管早在 20 年前就被质疑会失效，但是目前来看，还会在未来继续生效。2016 年的报道显示，通过利用碳纳米管等技术，目前 1nm 制程工艺正在实验室被研究突破。❷

在人类计算的发展历史上，另一条相辅相成的发展轨迹则是数字通信的发展，其直接促进了当今计算能力的进一步发展和更为广泛的社会

---

❶ 台积电. 摩尔定律还活着，晶体管密度还可更进一步 [J]. 半导体信息，2019（4）：18 – 20.

❷ 刘海英. 栅极长度仅 1nm 的晶体管问世 [J]. 军民两用技术与产品，2016（19）：27.

应用。

19 世纪早期，欧洲的科学家们（安培、法拉第、雅可比等）相继在电的发明和应用上取得了重大的进步，人类逐渐进入电气时代。很快，通信领域也进入电的时代。1837 年，美国人摩尔斯发明了有线电报和摩尔斯代码。1844 年，世界上第一条电报线路在美国纽约与巴尔的摩之间建成。摩尔斯建立了电信号与语义符号的一一对应关系，使得人类之间光速通信的梦想得以实现。

准确地讲，摩尔斯电报属于数字通信的范畴，因为是通过电信号的短信号与长信号之间的不同变化来实现语义的传输，它相对于另一种电信号的通信，也就是模拟通信，更为精准。所以，人类对电信号通信的利用，数字通信要早于模拟通信。

1876 年，美国发明家贝尔发明了电话，通过利用声音产生的金属片的振动，从而产生不同强度的电流变化来实现对声音的传递，从此人类进入到了有声模拟通信时代。1896 年，意大利人马可尼利用麦克斯韦的电磁波理论发明了无线电报，从此电报摆脱了电线杆的制约。1926 年，英国科学家贝尔德，又利用光电转换原理发明了视频信号的模拟传输系统，也就是电视。

模拟通信有着相当突出的优点，例如可以在较低的通信质量下，有效地传输声音和图像。然而，模拟通信同样有着自身的劣势，包括较高的失真率、较低的通信质量及很难进行信号的处理等。因此，人类重新回到了数字通信的路径之上。数字通信的原理其实非常简单，首先将模拟的连续的信息，根据相应的规则，转变为数字信息，例如声音就可以根据强度编码，再将其转化为二进制（0 或者 1），然后，将连续的电信号根据其电位的高低或者频率和波相的改变，来传输 0 或者 1。

1928 年，美国电讯工程师奈奎斯特提出了奈奎斯特采样定律，指出只要连续信号（模拟信号）的采样频率（数字信号）大于被采样信号最高频率的两倍，就能够实现对连续信号的无失真还原，从而建立了从模拟信号到数字信号精准转换的数学桥梁。在奈奎斯特的基础上，1948 年，被誉为

"数字通信之父"的美国数学家香农，在《通讯的数学原理》❶一文中提出了数字通信的基本原理（见图1-9），也就是香农定律，从而奠定了至今为止的数字通信的基本理论体系。

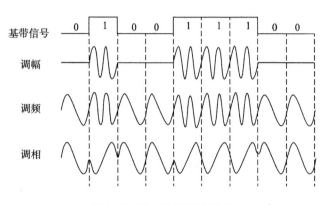

图1-9 数字通信基本原理

在20世纪六七十年代末期，数字通信技术的发展进程方面有两个重大的发明，深刻重塑了今日的世界。

其中一个重大发明就是互联网。20世纪60年代冷战进入严峻期，美国军方从战略防御与核反击系统的安全角度出发，认为仅凭单一的控制指挥系统过于脆弱，无法在第一轮的核打击下生存下来。因此，有必要研发分布网络式的多节点通信指挥网络系统，从而提高整个控制网络的冗余度与安全度。在这一思想的指引下，美国军方资助美国大学率先研发计算机通信网络。1968年，在美国军方巨额资助下，互联网的早期雏形阿帕网（Aparnet）开始建设。1969年，阿帕网已经建成了4个节点；1970年，阿帕网已经有了13个节点；1973年，已经有了40个节点，并利用卫星通信，实现了跨大西洋通信；同年，更有利于互联网标准化建设的TCP/IP协议形成；1974年，美国将其无条件公开，以扩大其在全世界的应用。此后，互联网逐渐被运用在军事、政府管理与科学研究领域。

值得思考的是，在20世纪70年代，具有建设互联网的构想和开始尝

❶ SHANNON C E. A Mathematical Theory of Communication [J]. Bell Labs Technical Journal, 1948，27（4）：379-423.

试的不只美国,苏联也几乎同时提出了建设 OGAS(国家计算和信息处理自动化系统),进而通过建设遍布全苏联的计算机网络,实现网络共产主义。法国也开始了类似的互联网建设,在 1982 年,法国电信公司开始建设自身的信息网络,并开发了专门的家用终端 Minitel,到 1991 年,Minitel 已经有了 500 万个家庭终端,最辉煌的时候,曾经达到过 900 万个终端,服务 2500 万人,提供 2.5 万个服务。1997 年,时任法国总统希拉克曾经自豪地说:"今天,奥贝维利埃(法国北部城镇)的面包师都十分清楚如何通过 Minitel 查询他的账户。这种事情能在纽约的面包师身上发生吗?"然而,在全球互联网的竞争中,Minitel 最终失败,在 2012 年被关闭。

20 世纪 80 年代末,互联网在经过 20 年的发展后,终于产生了飞跃性的质变。1989 年,欧洲科学家伯纳斯·李对原有的互联网体系进行了升级,提出了利用超文本传输协议(HTTP)构建一个更便于分享和互联互通的全球互联网(World Wide Web),这也被称为"万维网"。利用万维网体系,互联网可以方便地架起服务器,从而实现广泛的多媒体内容交互和全球范围的网络内容连接服务。在万维网的架构下,全球互联网得到了迅猛的发展。1994 年,网景浏览器(NETSCAPE)问世;1995 年,最早的第一代门户网站雅虎成立,同年,微软推出了面向互联网的视窗 95;1998 年,谷歌成立。此后,全球互联网进入了飞速的发展阶段。根据世界银行等机构估计,1993 年全球互联网使用人数不过数百万人,到 2018 年,全球网民数量突破 40 亿人,超过人类总人口的一半,网站总数超过 16 亿个,活跃网站约 2 亿个,同时,中国网民数量突破 8 亿人。

互联网的极速发展,不但极大催生了用户的内容交互和世界范围内人与人之间的连接,也极大促进了互联网本身内容与体量的增长。这种体量的增长集中反映在数据规模的增长上,也就是今天所谓的大数据。2000 年后,人们逐渐发现互联网的数据呈现飞速增长的趋势,特别是 2006 年后,随着智能手机和移动互联网的出现与普及,智能手机及遍布全社会的各种数据感知与采集设备,使得全球数据更呈现出加速增长的态势。截至 2018 年年末,全球智能手机用户超过 30 亿人(见图1-10)。

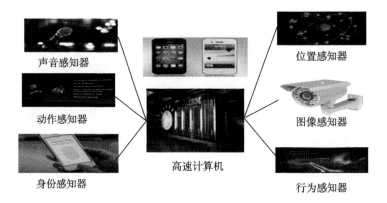

图 1 - 10　智能手机实际上整合了高性能计算与各种数据采集设备的网络通信系统

从数据的增长趋势来看，人类的数据增长速度远超过原先的预计。2007 年，美国南加州大学科学家 Martin Hilbert 和 Priscilla Lopez 的一项研究表明，人类的数据存储能力已超过 2950 亿 GB（见表 1 - 2）。2014 年，谷歌副总裁表示全球每天产生 2EB 的数据，过去两年产生了人类历史上 90% 的数据。

表 1 - 2　数据存储容量单位

英文单位	数量	中文名称
KB	10^3	千字节
MB	10^6	兆字节
GB	10^9	吉字节
TB	10^{12}	太字节
PB	10^{15}	拍字节
EB	10^{18}	艾字节
ZB	10^{21}	泽字节
YB	10^{24}	尧字节
BB	10^{27}	千尧字节

计算机、互联网和大数据的产生，共同催生了人工智能的出现。计算机和互联网的结合，产生了可以更快扩展计算能力的云计算，极大提升了算力，而海量数据的出现，又催生出更快的算法来进行数据处理，同时，足够多的数据，也为人工智能的发展提供了足够的训练样本。在这种机制的共同作用下，人类终于缓缓揭开了人工智能时代的大幕。

三、人工智能的出现和发展

创造出像人类一样思考或者行动的机器或者机器人，是人类自古以来的梦想。无论在东方还是西方，都有着大量关于创造类人的机器人的传说和想象。例如，中国古代文献《列子》就记载了周穆王时期工匠偃师所制造出的像人一样跳舞的机器人。在西方，据传公元 1000 年，罗马教皇西尔维斯特二世利用自身的数学机械和神学知识制造出了一台能够回答宗教问题的机器人，据说是利用了上帝的力量。类似的传说还有 13 世纪的神学家马格努斯自己制造了一个能蹦能跳、能做家务的机器人。这些类似的传说，在今天都无法考证，暂且只能当作人们对制造出人工智能的美好的想象。人工智能真正开始有深入的发展，要从数字计算机的出现作为真正的起点。

1936 年，图灵在其著名的论文《论数字计算在决断难题中的应用》❶中提出了图灵机的概念。其基本的思想是，一个无限长的纸带上有一个读取头，连接一个控制器，控制器根据读取的纸带的信息和相应的规则表进行判定，在纸带上进行移动并同时对外输出。图灵认为，这样的机器实际上就可以替代人类的思考过程。图灵机的架构，此后演化为冯·诺依曼结构，成为当今计算机的通用架构（见图 1 - 11）。

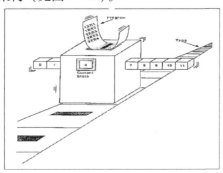

图 1 - 11　图灵机的示意架构

---

❶　TURING A M. On Computable Numbers, with an Application to the Entscheidungs Problem [J]. Proceedings of the London Mathematical Society, 1937, 41 (1): 230 - 265.

从图灵机的本质来看，其定义了计算或者说人工智能的基本架构和内涵，即人工智能是基于输入信息和行动规则表的有规律的判断的能力，并能够向外传递信息与反馈行动。

在图灵机的基础上，很快人类在 20 世纪 40 年代发展出了数字计算机。1950 年，图灵发表了著名的《计算机与智能》❶ 一文，他认为，第一，机器可以像人类一样思考；第二，对于机器思考，人们可以用图灵测试来进行判断。这两个判断奠定了人工智能发展的基础，并成为人工智能评价的一个核心标准。

图灵测试（见图 1－12）的假说是这样的：如果一个机器能够与人类对话，而不能够被分辨出是机器还是人类，那么我们就可以认为这个机器具有了人类的智慧。图灵构建了一个模拟游戏的环境。假设，一台计算机和一个人在一个房间里，而房间外有一个不接触房间内的判断者，判断者向房间内的计算机和人分别提问，如果最终判断者无法判断到底哪个是计算机哪个是人，那么就可以认为计算机具有了人类的智慧。图灵测试还有另外的变体，即房间里的计算机和人进行对话，如果房间外的人通过他们的对话不能够分辨哪个是计算机哪个是人，那么就同样可以认为计算机具有了人类的智慧。

图 1－12　图灵测试

此后在图灵测试提出的漫长的近 70 年的历史中，由于人类逻辑与语言的高度复杂性，人类始终距离图灵测试非常遥远，直到 2010 年后，伴随着

---

❶ TURING A M. Computing Machinery and Intelligence［J］. Mind, 1950, 59（236）：433－460.

网络、大数据、基于神经网络与概率统计的人工智能技术的发展，人类终于接近图灵测试通过的边缘。2018 年 5 月，谷歌在其 I/O 大会首日主报告上展示了可以拨打预约电话的 AI "Duplex"，宣布人类已经（至少是部分）通过了图灵测试。

在图灵测试提出后，从 20 世纪 50 年代起，与计算机的发展相伴，人工智能也飞速地发展了起来。

1950 年，著名的科幻小说家阿西莫夫在《我，机器人》一书中提出了著名的机器人三定律。

第一法则：机器人不得伤害人类，或坐视人类受到伤害。

第二法则：除非违背第一法则，否则机器人必须服从人类的命令。

第三法则：在不违背第一及第二法则下，机器人必须保护自己。

阿西莫夫三定律成为今天人类讨论人工智能的行为与伦理约束问题时的一个基本出发点，其中的基本思想是要确保机器人对人类的绝对安全。

1954 年，乔治·戴沃尔设计了世界上第一台可编程机器人。

1955 年，纽厄尔和西蒙在 J. C. 肖的协助下开发了"逻辑理论家"（Logic Theorist）。这个程序能够证明《数学原理》中前 52 个定理中的 38 个，开创了人工智能的机器证明的分支。

1956 年夏，美国达特茅斯学院举行了历史上第一次人工智能研讨会，被认为是人工智能诞生的标志。

1956 年，戴沃尔与约瑟夫·恩格尔博格创建了世界上第一家机器人公司，名为"尤尼梅新"。

1958 年，约翰·麦卡锡发明 Lisp 计算机分时编程语言。

1959 年，阿瑟·萨缪尔创造了"机器学习"一词，他在其文章中说："给电脑编程，让它通过学习，能比编程者更好地下跳棋。"

1962 年，世界上首款工业机器人"尤尼梅特"（Unimate）开始在通用汽车公司的装配线上服役。

1964 年，IBM 360 型计算机成为世界上第一款规模化生产的计算机。

1965 年，赫伯特·西蒙预测 20 年内计算机将能够取代人类的大部分工作。

1966 年，MIT 的魏泽堡发布了世界上第一个聊天机器人 Eliza，其可以理解简单的人类自然语言。❶

20 世纪 60 年代末期，人工智能的发展第一次遇到了瓶颈，这一瓶颈主要来自于学者对于早期人工智能的理解过于注重规则和逻辑，认为人工智能本质上是一组规则和逻辑的计算组合。所以，一切人工智能都是人类事先设计好的。也就是说，编程，这种人工智能的实现方式，被称为人工智能的符号主义（Symbolicism）或者逻辑主义（Logicism）。❷ 对于工业化的简单生产控制动作来说，这一方法固然有效。然而，一旦遇到复杂的个人行为和社会生活领域，基于逻辑规则预设的体系，这种方法就不能够有效发挥作用。也就是说，简单的规则和逻辑无法适应复杂的真实生活。因此，人工智能就很难在原有的体系之下得到飞速的发展。

1969 年，阿瑟·布莱森和何毓琦提出了一种革命性的算法，即通过反向传播的方法来改进多阶段动态系统优化的思想，❸ 这一方法在 20 世纪 80 年代后与神经网络结合演化为反向传播神经网络算法，成为未来整个基于神经网络的人工智能发展的新时代的算法基础。这种通过广泛连接的方式实现人工智能的思想，被称为"联结主义"（Connectionism），此后，联结主义又与进化主义相结合。

人工智能技术在经历了 20 世纪 70 年代的相对低谷后，于 20 世纪 80 年代又重新进入了一个新的发展高潮。

1981 年，日本国际贸易和工业部提出要用 20 年时间开发出所谓的第五代计算机。该项目旨在开发能像人类一样进行对话、翻译、识别图片和具有理性的计算机。显然这一目标在 20 世纪末并未实现。❹

---

❶ 人工智能发展简史 [EB/OL]. (2017 – 01 – 23) [2017 – 01 – 23]. http：//www. cac. gov. cn/2017 – 01/23/c_1120366748. htm.

❷ 顾险峰. 人工智能中的联结主义和符号主义 [J]. 科技导报，2016，34（7）：20 – 25.

❸ BRYSON Jr A E, HO Y C. Applied Optimal Control: Optimization, Estimation and Control [M]. Waltham: Blaisdell Publishing Company, 1969.

❹ 张钟. 日本第五代计算机计划宣告失败 [J]. 国际科技交流，1992（10）：21.

1984 年，施瓦辛格主演的系列电影《终结者》第一部上映，描述了一个即将被人工智能天网毁灭的人类未来，引发了人类对人工智能的担忧和广泛争议。

1986 年，反向传播神经网络（Back Propagation，BP）的完整算法和模型被正式提出，❶ 成为新时代人工智能发展的一个核心模型。该方法实际上继承了之前阿瑟·布莱森和何毓琦关于反向矩阵系统的研究，其思想是利用判断网络的输出结果和与真实状态形成的误差，对其进行负反馈，并最终修正判断网络参数，从而更好地符合对事物状态的判断的方法。

1987 年，时任苹果公司首席执行官约翰·斯卡利发表演讲，展示了苹果未来电脑"Knowledge Navigator"的设想，其中语音助手、个人助理等预言都在今天成为现实。

1988 年，IBM 沃森研究中心发表了《语言翻译的一种统计方法》的论文，❷ 预示着从基于规则的翻译向机器翻译的翻译方法的转变。这种新方法的核心思想是，机器无须人工提取语法特征编程，只需大量的示范材料，就能像人脑一样习得技能。这种基于大量翻译素材的方法，成为今天人工智能翻译的核心模型。也就是说，传统的机器翻译方法，是需要在两种语言之间建立词与词的对应关系，再根据主谓宾等规范的语法要求，进行句子的语义翻译。但是由于人类语言的复杂性，每个单词往往具有多种含义，最多的单词甚至有二三十种语义，而自然语言使用中语法又较为随意，从而导致在面对句子和句子的翻译时就会产生大量的歧义，更遑论段与段之间的翻译。因此，过去的人工智能翻译，可以用惨不忍睹来形容，其准确率不超过20%。然而，基于材料的翻译则是充分利用了人类已有的翻译基础，也就是说，计算机无须建立庞大的语义对应规则表，只需要在大量的翻译素材库中寻找是否已经有人类对这一句子进行翻译，再根据人类翻译出现的概率给出翻译的结果。通过这种方式，将复杂的语法逻辑判

---

❶ RUMELHART D E, HINTON G E, WILLIAMS R J. Learning Representations by Back-propagating Errors [J]. Nature, 1986, 323 (6088): 533 – 536.

❷ BROWN P, COCKE J, PIETRA S D, et al. A Statistical Approach to Language Translation [M]. DBLP, 1988.

断问题，转化为简单的查找、索引和概率统计问题，可以极大提高翻译的准确度。更重要的是，这种模型建立的数据库，其掌握的人类翻译语料材料越多，机器翻译的准确度越高。因此，特别是在21世纪后，伴随着互联网的发展，大量已有的翻译材料可以在网络中被翻译程序检索到，从而使得人工智能的翻译正确率已经提高到95%以上。

1989年，用户界面更为友好和丰富多样的万维网出现并进入千家万户，同样为人工智能的发展插上了翅膀，人工智能的发展从20世纪90年代开始，就进入飞速发展的阶段。

1993年，弗农·温格发表了《技术奇点的来临：如何在后人类时代生存》一文。认为30年之内人类就会拥有打造超人类智能的技术，不久之后，人类时代将迎来终结。❶ 根据现有的人工智能的发展技术而言，这一判断很可能是正确的。

1997年，作为人工智能领域的标志性事件，IBM研发的"深蓝"（Deep Blue）计算机战胜人类国际象棋冠军卡斯帕罗夫，成为第一台战胜人类国际象棋冠军的计算机。之前在1994年，加拿大科学家Jonathan Schaeffer已经创造出了可以击败国际跳棋世界冠军马里恩·廷斯利的跳棋人工智能程序。然而国际象棋的复杂度（10^{46}）要远超过跳棋的复杂度（10^{20}），不仅需要更为强大的运算能力和空间，而且需要更为优化的计算策略。因此，深蓝引发了当时人们巨大的心理震动。

进入21世纪后，人工智能开始了较快的发展，2007年，被当今苹果用户广泛使用的Siri语音程序被创立，2005年，斯坦福大学开发的一台机器人在一条沙漠小径上成功地自动行驶了约210千米。

人工智能的真正飞速发展是进入2010年后。其飞速发展的根本原因有三个：一是伴随着摩尔定律（每18～24个月芯片性能提升一倍，成本降低一半）下芯片计算能力的指数级提升，人工智能的算力获得了飞速的提

---

❶　"Within thirty years, we will have the technological means to create superhuman intelligence. Shortly after, the human era will be ended." 参见：VINGE V. The Coming Technological Singularity: How to Survive in the Post-Human Era [J]. Whole Earth Review, 1993 (81): 88 – 95.

升；二是互联网云计算体系架构的完善，实现了通过网络扩展无限扩展算力的新方法体系架构，这进一步提升了人工智能需要的算力；三是大数据的不断增加，以及互联网的扩展，在不断将真实世界数字化的同时，也为人工智能创造出了海量的数字训练样本，通过"神经网络 + 海量大数据样本"学习的方式，人工智能可以飞速地进行人类辅助下的进化甚至是自我进化。

2010 年后，一系列标志性的事件，意味着人工智能已经逐渐深入人类社会，人类正在进入全新的人工智能时代。

2011 年 2 月，IBM 超级电脑沃森在美国老牌益智节目《危险边缘》中击败人类。

2012 年 5 月，美国内华达州机动车辆管理部门（DMV）为谷歌的自动驾驶车颁发了首例驾驶许可证，这意味着谷歌自动驾驶车将很快在内华达州上路。

2015 年 5 月，谷歌宣布其无人驾驶汽车已经完成 100 万英里的测试，无一例造成人身伤害事故。

2016 年是人工智能产生爆炸性进展的重要年份，我们甚至可以认为这一年是人类人工智能在 21 世纪发展的元年，其意义不亚于人类第一次发明数字计算机，或者人类第一次实现网络通信。

2016 年 3 月，谷歌宣布其开发的围棋人工智能程序阿尔法狗（Alpha-Go）向人类围棋世界冠军李世石发起挑战。这一挑战在稍有人工智能和围棋背景知识的人看来，几乎为天方夜谭。因为尽管人工智能之前取得了战胜人类跳棋和国际象棋世界冠军的成绩，但是在围棋领域，人们认为人工智能还远远不具有挑战人类的能力。因为围棋的复杂度实在是太高了，围棋有 361 个点位（19×19），每个点位有黑棋、白棋、空位三种状态，这也就意味着，仅静态盘面形态，围棋就有 3^{361} 种形态，这个数字大于 10^{100}，更不要说这些盘面之间还有复杂的逻辑关系，这些因素使得围棋的复杂度远大于 10^{100}。而根据科学家估计，目前可知宇宙的原子总数大概为 10^{80}，这也就意味着，仅以静态盘面数量来看，围棋的复杂度就已经超过了可知宇宙中的原子总数。也就是说，如果用传统的算法，将所有的盘面形态都存储起来，用一个原子来表示一种盘面，那么，把全宇宙的原子数都用上还不够。因此，人类进行围棋博弈，绝不是仅仅利用计算的方法，而是运用了复杂的盘面态势分析，这也是人类智慧的核心机制，而这点恰恰是计算机所严重缺乏的。因此，在这场人机大战之前，全世界几乎所有关注的人都认为这将是一场毫无悬念的对弈，人类将毫无悬念地在围棋棋盘上碾压人工智能。

然而，最终的对弈结局令人大跌眼镜，人类围棋世界冠军李世石在人机大战中以 1∶4 的大比分输掉了比赛，这一结果，震惊了整个世界。人类在最复杂的棋类博弈中的失败，标志着一个新的人工智能时代的到来。

在阿尔法狗战胜李世石后，全世界对人工智能发展的重视都达到了一个新的高度。美国政府对人工智能尤其高度重视，在 2016 年 10 月连续出台了两个政府官方战略报告，分别是美国国家科学委员会制订的《美国国家人工智能发展与研究战略计划》（*The National Artificial Intelligence Research and Development Strategic Plan*）和美国总统行政办公室和科学技术委员会发布的《为人工智能的未来做好准备》（*Preparing for the Future of the Artificial Intelligence*）。2016 年 12 月，白宫又发布了《人工智能、自动化与经济》（*Artificial Intelligence，Automation and Economy*）报告。这意味着从战略意义上，美国开始对进入人工智能时代进行系统的国家应对。

2017 年后，围绕着人工智能发展的事件和关注愈演愈烈。在围棋领域，2016 年 3 月李世石输掉人机大战后，当时围棋世界排名第一人是中国的青年棋手柯洁。柯洁认为，自己才是当时世界最强棋手，而李世石并不能够代表人类出战，自己足以战胜阿尔法狗，并向其发出了挑战。谷歌经过一年的准备，将阿尔法狗升级为阿尔法狗大师（AlphaGo Master）。2017 年 5 月，柯洁迎战升级后的阿尔法狗，最终的结果毫无悬念，柯洁以 0∶3 大比分告负。赛后，柯洁流下了遗憾的眼泪，并表示，"它就是围棋上帝，能够打败一切。"

此后，谷歌表示将进一步使阿尔法狗大师升级为阿尔法元（Alpha Zero）。阿尔法元不再使用人类对弈的棋谱进行学习，而是采用自我对弈的方式。两台阿尔法元对弈三天，下了数百万盘棋后，新的阿尔法元以 100∶0 的绝对优势战胜了阿尔法狗。2017 年 12 月，谷歌宣布不再研究围棋，标志着人工智能已经基本达到了人类无法企及的高度。

在政府层面，相对于美国政府提出的人工智能战略计划，世界多个国家也同步提出了相应的战略计划。其中，中国政府于 2017 年 7 月提出了《新一代人工智能发展规划》，❶ 标志着世界上最大的发展中国家也开始全力发展人工智能。中国提出了若干重大发展方向，包括：构建开放协同的人工智能科技创新体系（建立新一代人工智能基础理论体系，建立新一代人工智能关键共性技术体系，统筹布局人工智能创新平台，加快培养聚集人工智能高端人才），培育高端高效的智能经济（大力发展人工智能新兴产业，加快推进产业智能化升级，大力发展智能企业，打造人工智能创新高地），建设安全便捷的智能社会（发展便捷高效的智能服务，推进社会治理智能化，利用人工智能提升公共安全保障能力，促进社会交往共享互信），加强人工智能领域军民融合，构建泛在安全高效的智能化基础设施体系，前瞻布局新一代人工智能重大科技项目等。

从 2016 年以后，世界各国均加快了人工智能领域的发展布局。例如从 2018 年开始，中国在部分地区开放了无人自动驾驶汽车的上路测试，在有驾驶员时刻监督的情况下，允许自动驾驶车上路测试，如《北京市关于加快推进自动驾驶车辆道路测试有关工作的指导意见（试行）》。基于图像识别等各种基于生物特征的应用，也在经济社会管理领域得到了充分的应用。

2019 年 3 月，我国在政府工作报告中正式提出了"智能＋"的概念，至此，智慧社会也成为当前中国社会建设与发展的主要方向之一，人工智能在中国的社会建设与管理中发挥了越来越重要的作用。

---

❶ 国务院关于印发新一代人工智能发展规划的通知［EB/OL］.（2017－07－20）［2020－11－17］. http：//www.gov.cn/zhengce/content/2017－07/20/content_5211996.htm.

四、本章小结

一部人类的历史就是智慧演化的历史，也是计算发展的历史。历经数万年的发展，人类从早期的结绳记事、石子记事，一步一步发展到今天的网络、大数据、人工智能时代。计算能力与方式的变革，既标志着人类计算技术与智慧能力的进步，也标志着人类文明本身的进步。

第二章　人工智能的若干基础原理与逻辑

本章提要：本章将介绍人工智能的一些基本原理和技术基础，便于读者更好地理解人工智能的基本运作逻辑，从而为后续的讨论和阅读做好技术准备。为了便于读者阅读和理解，本章力图用通俗易懂的方式来解释人工智能是如何实现和运作的，让读者能够较为全面地理解人工智能的基本技术基础。

对于智慧的起源和本质问题，自古至今，全世界都存在持续的争论。从人工智能构造的角度，大体而言，这个问题迄今为止有三种基本的观点和视角。第一种观点称为符号主义学派或者逻辑主义学派，也就是认为人工智能是一组符号逻辑规则的结果。典型的如图灵，图灵机的动作就是一个严格意义上根据其逻辑表来运作的结果。这一派构造人工智能的方法，主要是进行预设的规则和逻辑设计。第二种观点是行为主义学派，这一派认为，判定智慧是否存在的根本，在于机器是否做出了与人类相似的反应和行动，只要做出了相似的反应和行动，那么就可以认为其具有了智慧。我们可以看到，这一派实际上也是来自于图灵，图灵测试本质上就是一种行为主义标准。这一派主要体现在工业控制领域，目前逐渐被其他派别所替代。第三种观点是神经网络学派或者联结主义学派，其认为智慧蕴含在简单神经/逻辑单元的复杂连接之中，虽然每个神经/逻辑单元的构造和功能都非常简单，但是一旦成百上千甚至更多的神经单元连接起来，就能够从简单中孕育出复杂的智慧。这一派典型的构造人工智能的方法，就是利用大数据进行神经网络训练。从人工智能的发展历程来看，在 20 世纪 80

年代以前，主要是逻辑学派，但是在七八十年代受到了严重的挫折。而从 80 年代后，神经网络则成为人工智能飞速发展的主要机制，取得了极大的成功。在以上三种观点中，最重要的是符号逻辑主义和联结主义学派，而在人工智能的下一步发展中，结合以上两种思想方法的混合主义学派正在崛起。

一、生物神经细胞与神经网络

自 19 世纪末起，生物学的发展对人类认识神经系统起到了极大的推动作用，促进了人类对智慧和意识产生机制的更深入的理解。

1873 年，意大利著名的生物医学家卡米洛·高尔基发明了硝酸银染色法，第一次将生物的神经系统展示在人类面前，人类第一次观察到神经系统是一个庞大的网状结构。19 世纪 80 年代，卡米洛·高尔基与圣地亚哥·拉蒙·卡哈尔又各自进一步发现了神经细胞，验证了神经系统是由一个个独立的神经细胞组成的庞大网状结构。高尔基认为，神经细胞如同肌肉组织一样，是直接连接的；而卡哈尔则认为神经细胞之间并不直接连接，而是通过庞大的毛细神经纤维——树突棘进行复杂的连接。同时，他提出了完整的神经元理论，认为神经细胞——神经元是由胞体、树突与轴突构成的，神经信号由树突经过胞体向轴突传递[1]（见图 2-1）。1906 年，由于在生物神经领域的重大贡献，两位科学家被授予了诺贝尔生理学或医学奖。

直至 20 世纪 50 年代后，随着电子显微镜的发明，人类第一次清晰地看到了神经元细胞的完整结构，验证了卡哈尔的突触连接理论的正确性（见图 2-2）。

---

[1] 李延香，牛传玉. 对神经元的发现与认识 [J]. 生物学教学，2014, 39（5）：71-74.

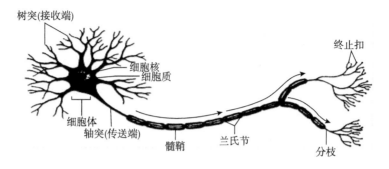

图 2 - 1　神经元细胞结构

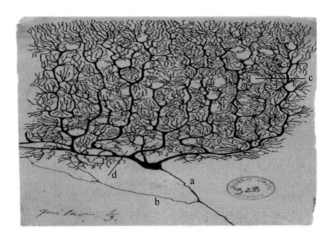

图 2 - 2　卡哈尔所描绘的动物大脑网状结构

　　神经元细胞主要由细胞体、树突和轴突三个基本的结构单元组成，其中树突主要负责信息的接收，而轴突主要负责信息的传送，细胞体则负责对树突输入的信息进行处理和输出到轴突端。

　　此后，人类逐渐搞清楚了神经元传递信息的生物化学机制，并打开了人类对于长久以来神秘的智慧体系的认知大门。通过对生物神经网络的研究，人们发现所有的目前可观察到的生物智慧，都来自于简单的数以亿计的神经细胞之间的复杂连接，从而形成中枢神经网络。例如，人类的中枢神经系统是拥有1000亿个神经元的细胞网络。尽管人类具有高度复杂的思维能力和强大的外部学习性和适应性，其最终都来自于简单神经细胞的连接，也就是说，智慧孕育在简单结构的复杂连接之中（见图2-3）。这一点，为人类构造复杂的人工智能带来了重大的启发。在生物学机制的启发之下，伴随着电子计算机的发明，人类终于开始努力构造人工智能系统。

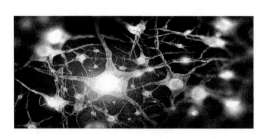

图 2 - 3　神经元形成的复杂立体结构

1943 年，美国伊利诺伊大学的教授沃伦·麦卡洛克和年轻的沃尔特·皮茨共同发表了划时代的《神经活动中内在意识的逻辑演算》❶ 一文。在这篇文章中，他们共同提出了通过 0 和 1 的电讯号构造基本的神经逻辑运算单元的构想，也就是神经元通过对各路输入信号进行加权求和后，再进行计算转换，最后再输出的基本结构。这一结构实际上就构造了基础的人工神经网络的神经元单元，也被简称为 MP 模型（两位作者的姓的缩写）（见图 2 - 4）。在此基础上，神经元之间的各种连接，可以形成复杂的神经网络结构。今天的人工智能看起来功能强大，甚至到了匪夷所思的程度，但是其基本原理并不复杂，MP 模型就是人工智能最重要的基础。

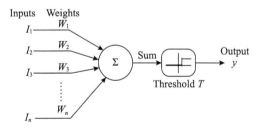

图 2 - 4　人工神经网络的基本单元——MP 模型

---

❶ MCCULLOCH W S, PITTS W. A Logical Calculus of the Ideas Immanent in Nervous Activity [J]. Bulletin of Mathematical Biology, 1943, 52 (1 - 2): 99 - 115.

二、感知机

在 MP 模型结构启发的基础上，美国康纳尔大学的实验心理学家弗兰克·罗森布拉特提出，可以利用其原理构建一个智能的机器。1958 年 7月，《纽约时报》在《自我学习的电子大脑》等文中报道了他的工作，在文中他正式把算法取名为"感知机"（Perceptron）。文章引用罗森布拉特的话，"在将来，它能够感知、识别和分辨周围的环境，而不需要人类的训练和控制""感知机将是第一个电子大脑"，他亦指出感知机会犯错，但同样会根据获取的经验而飞速地成长。在预见未来时，罗森布拉特预见，充分发展后的感知机将能够分辨图像和信息，甚至进行自我复制。这些在当时看起来夸张的表述，引发了人们巨大的关注和联想，推动了相关研究的开展。在今天看来，罗森布拉特的预见显然是正确的。

从基本结构而言，感知机的原理与 MP 模型一脉相承，其逻辑思路完全一样，包括三个基本部分：一是对各路输入的线性求和，二是利用阈值设定进行状态判别，三是对外进行输出。

由图 2 – 5 可知，感知机模型就是标准的 MP 模型，将从 $a_1 \sim a_n$ 的各路输入分别乘以各路输入的加权系数，其中 b 是一个常数系数，形成一个加权和，然后再通过判别函数 f 进行判断，最后形成一个输出 t，那么写成数学表达式就是：

$$t = f\left(\sum_{i=1}^{n} w_i x_i + b\right) = f(w^{\mathrm{T}} x)$$

其中函数 f 是一个二元输出函数，可以进一步表达为

$$f(n) = \begin{cases} +1 & \text{if } n \geqslant 0 \\ -1 & \text{otherwise} \end{cases}$$

也就是说，如果各种系数加权的值大于 0（或者另外一个阈值，但可以通过函数式里的常数项 b 调节到 0），那么就对外输出 1（是），否则就输出 –1（否）。

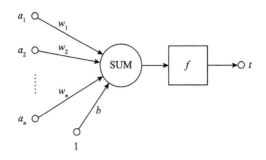

图 2 - 5　标准的感知机模型

那么，这样一个感知机可以用来做什么呢？从简单的结构和公式来看，最简单的感知机就形成了一个线性分类器。为了便于理解，我们写成初等函数的形式，如果用最简单的一元函数来表示，就可以写成一个最简形式：

$$y = ax + b$$

或者将其换一种形式：　$y - ax - b = 0$

这在平面图上就是一条直线，而感知机就是利用这个直线函数，对平面上的所有点进行划分，如图 2 - 6 所示，平面上有四个点，两个是星形在左上角，两个是三角形在右下角。感知机模型就是试图在平面上找到一条线，从而将这四个点完美地分成两类。

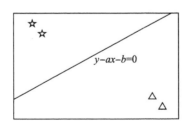

图 2 - 6　平面感知机划分点的类型

显然这条线可以有很多种，当点的数量越多，分布越复杂的时候，这条线的选择难度就越大，但其原理始终是一样的。

如何让感知机找到这条线的参数呢（也就是图 2 - 6 中的 a 和 b）？有两种方式：一种是人类通过编程的方式，来设定 a 和 b 的参数，例如假定 $a = 0$，$b = 5$（假设横纵坐标取值范围是 0 ~ 10），显然可以画出一条水平居中的直线，这就是典型的符号逻辑学派人工智能的方法，即通过人类编程的方式让机器能够识别对象；而另一种则是机器自我学习的方式，这就是此后大名鼎鼎的机器学习方法。

机器学习方法听起来非常深奥和难以理解，实际上其原理同样是简单的。在图 2 - 6 的示例中，为了找到合适的划分星形点和三角形点的线，如果不用人为划分的方式，我们可以让机器自己寻找划分的曲线。假设 a 一共有 40 个值，b 一共有 10 个值，也就是可以画出 400 条曲线。那么，我们可以让感知机对 40 个 a 和 10 个 b 一一取值，再进行判断。

这时候就有两种方法。一种是由人类进行判断，每当感知机取得一组 a 和 b 画出分类线后，由人类判断其是否划分正确，如果划分不正确，那么感知机就取下一组值进行划分，再交给人类进行判断，直到划分成功。这种模式，在今天被称为"有人监督的学习或者人类干预下的机器学习"。这种机器学习的方式，在本质上是大量借助人类的帮助，使得机器获得相应的知识。

> **人类监督下的机器学习**
>
> 人类监督下的机器学习是指在人类的帮助和监督下，或者利用人类已经具有的知识（如分好类的数据）进行机器学习的模式，是人工智能发展的早期，也是目前的主要方式。

显然这种方式效率非常低下。另一种方式是让感知机自己去寻找能够有效划分的曲线。为了实现这一目标，必须让感知机能够判断是否划分成功了。那么我们可以设定一个新的函数，称为损失函数，也就是说，如果感知机每分类成功一个有效的点，例如把星形成功分类为星形，那么就加 1，如果错分类一个点就减 1。根据这种思路，我们可以把这一函数写为

$$L(w,b) = \sum x_i \in Mt_i f(wx_i + b)$$

其中 t_i 表示原先分好类的点的类型，取值 -1 或 1。可以把这一目标损失函数定义为最小，因为分类越正确，这一损失函数的值越小。

具体到图 2 - 6 的示例，可以简化为

$$L(a,b) = \sum x_i, y_i \in Mt_i f(y_i a x_i - b)$$

通过这一方式，感知机可以自行计算 400 种 a 和 b 的取值方式下所有的分类结果的损失函数值，再取一个损失函数值最小的方式。当然，由于示例的数据点数量很少，会有很多种函数都满足其分类要求，当数据点越来越多后，符合要求的分类线就会减少。

同样，对于每一个参数值，例如示例中的 a 与 b，进行一一遍历计算的方式过于烦琐和效率低下，那么还可以通过各种优化的方式简化计算，例如采用取中值，即在 0 和 10 之间直接取 5，如果不成功就取 2 或者 7 的方式。对于连续的函数，目前使用较多的有梯度下降算法等，其思路就是用最快和最少的步数找到可行的参数值。

以上的这种机器自我找寻划分函数的方式，虽然摆脱了人类一步一步的监督和判断，但是也不能完全称为"机器的自主学习"，因为人类依然提供了足够的知识，事先将所有的数据点分类为星形点和三角形点。那么，如何让机器完全实现自主的学习和感知呢？这就要引入无监督学习或者自主学习的概念。也就是说，先通过机器聚类的方式，先自主地将所有的点分为两个聚集区，或者通过机器采集特征的方式，将其分为星形和三角形两类。然后，再重复上述利用损失函数进行判断划分成功与否的方式，使机器自主找到有效的划分函数。

无监督学习或者自主学习

无监督学习或者自主学习是指机器不需要人类的辅助或者已有的知识，直接进行数据学习的方式，是人工智能发展的高级阶段，也是未来的发展趋势。

当然，早期的感知机还远远实现不了无监督学习，但是其基本的思想已经体现出了通过数据进行机器自我进化的方式。感知机模型看起来非常简单，但实际上所展示的前景是巨大的，因为分辨是人类的一种基本智慧能力，也是各种更复杂智慧能力的基础。人们认识世界，总是从将一个个事物从环境中分离出来，或者与其他事物分辨出来开始。当机器能够在二

维的世界中分辨光点时，也就能够用更复杂的结构开启对客观世界的机器认识的旅程。

总而言之，感知机的提出和实现，是人工智能历史上的一个巨大飞跃，为此后的人工智能发展奠定了微观基础。

三、人工神经网络与深度机器学习

显然，单一感知机的功能是非常有限的，而且单一感知机也具有先天性的劣势，被称为线性不可分问题。所谓线性不可分，是指不能通过简单的单层感知机在空间画直线或画平面的方式实现二分类判别。

其中，一个著名的线性不可分问题，就是异或运算问题（XOR）。异或运算是数理逻辑的基础，也是现代计算机体系的基础。而其他的与或非问题都可以轻易地被感知机学习，但是异或运算不可以。然而，异或问题如此之重要，是因为异或运算是布尔运算中加法运算的核心。整个现代计算机的运算体系都是围绕着加法运算构建的（减法是求补运算后的加法运算，乘法是移位运算和多步加法运算，除法是移位运算和多步减法运算）。

如果想让感知机具有异或运算的能力，那么就需要对图2-7中右图的四个点进行成功的分类，也就是说，将（0，0）和（1，1）分为一类，因为它们的运算结果都是0（用小球表示），而将（0，1）和（1，0）分为一类，因为它们的运算结果都是1（用四角星表示）。

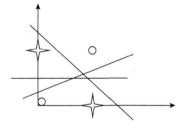

输入		输出
X_{i1}	X_{i2}	Y_i
0	0	0
0	1	1
1	0	1
1	1	0

图2-7　单一感知机不能有效实现异或分类

　　但是可以看到，由于两组数据呈现出对称分布，也就意味着，无论如何画线，都不能画出一条能够成功将两组数据分割开的直线。这种状态也被称为线性不可分问题，而异或运算正是线性不可分的，所以单一感知机对于异或运算无效。1969 年，著名的人工智能学家明斯基证明了异或运算是线性不可分的，因此，感知机模型在当时陷入了低潮。这就引发了对感知机进行复杂的级联来实现更复杂功能的现实需求。实际上，异或运算通过二级感知机的级联是非常容易实现的，这也是人类设计计算机逻辑门的思路。

　　我们可以通过已有的与门、或门、非门组成一个二级感知机的神经网络。图 2 - 8 中逻辑门 1 为与非门、2 为或门、3 为与门，那么，整体上就能够形成异或门。由于与门、或门、非门都是线性可分的，也就是说可以通过单一感知机实现。那么这些感知机的组合，也是可以被训练出来的，都可以通过机器学习习得。所以，我们可以通过单一感知机的级联来实现复杂的异或功能。这种通过将单一感知机进行串并联形成更为复杂的感知机网络的方式，就形成了人工神经网络的思想。

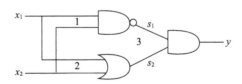

图 2 - 8　通过简单感知机的级联形成多层感知机系统解决异或问题

　　异或功能的实现，是二级感知机的联结，在简单的二级级联的基础上，可以通过更为复杂的级联，来实现多种复杂的功能，从而形成一个复杂的感知机网络，如同生物的神经元形成神经网络一样，整体上就被称为人工神经网络。人工神经网络的级联层数，也被称为深度，已经多达数百层，可以包含数万个甚至上亿个节点，从而支撑了各种复杂人工智能功能的实现。

　　因此，人工神经网络（Artificial Neural Network，ANN）就是通过复杂的机制，将感知机通过各种级联的形态，构成具有更强大的信息处理和辨别能力的体系。一般的神经网络包括输入层（Input Layer）、隐含层（Hidden Layer）、输出层（Output Layer）三个基本结构，其中隐含层的数量可以不限制，可以无限扩张，如图 2-9 所示。神经网络的复杂度和能够从事的智慧能力，也取决于隐含层的层数和所包括的神经元数量。当然，神经网络越复杂，层数越多，其对硬件的计算需求也就越大。

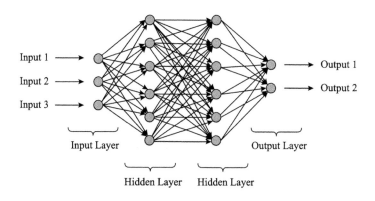

图 2-9　人工神经网络的模型图

> **人工神经网络**
>
> 人工神经网络就是通过复杂的机制，将感知机通过各种级联的形态，构成具有更强大智慧能力的体系。

人工神经网络根据信息流动的方向，可以分为前馈神经网络和反馈神经网络。前馈神经网络相对比较简单，如果神经网络中的信息都保持一种同方向的运动规律，神经元之间也呈现出整齐的排列，每一层只与上一层神经元相连，信息逐层从输入端流向输出端，这种神经网络，无论有多少层，只要信息流向是一致的，我们就可以称之为前馈神经网络（Feedforward Neural Network）。

> **前馈神经网络**
>
> 前馈神经网络是指神经元逐层排列，逐级连接，信息从输入端流入，通过上一级流向下一级，并最终输出的神经网络，是一种最简单但应用最广泛的神经网络。

然而，真实的世界是高度复杂的，人类在利用信息时同样是复杂的，不但信息流向是复杂的，对于信息判断的顺序关系也是复杂的。这就意味着，通过简单的分层，前馈神经网络的模式远远不能解决复杂的模式识别和其他智慧问题。因为从本质上，基于感知机的前馈神经网络是一组多元线性函数。

为了解决更为复杂的信息处理问题，从 20 世纪 70 年代开始，科学家们逐渐发展出了更为复杂的神经元的连接方式，也就是反馈式神经网络，或者称为反向传播神经网络。所谓反向传播神经网络，是指在神经网络中，将神经元输出的信息再反向输回神经网络中，从而形成信息的反向回路的神经网络模型。

> ### 反向传播神经网络
> 　　反向传播神经网络是指将神经网络中神经元的输出信息通过反向连接，再次输入神经元，从而形成反向信息传播回路的神经网络，具有自我调节、自我适应、自我训练等特点。

反向传播算法的提出，其实并不是人工智能领域的发明，而是早在神经网络出现之前，就广泛应用于工程控制理论的闭环反馈自动控制系统领域。实际上，人类在生产生活实践中，早已经应用自动控制的原理。所谓闭环反馈式控制，就是指将系统的输出与目标控制值相比较，从而纠正系统的动作，保证系统输出的稳定。我们以一个烧水的例子来证明，假设一个锅炉，我们需要它的水温保持在 70℃，从而可以稳定地供热又不至于变成蒸汽，那么，这个结构如图 2 - 10 所示。

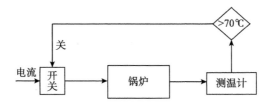

图 2 - 10　一个最简单的反馈式控温结构

锅炉的输入端由开关信号控制，输出端则由测温计来测量，测温计连接一个温度比较的逻辑单元，当输出温度一旦高于70℃时，就向开关输出关闭开关的信息；反之则输出打开开关的信息。当水温低于70℃时，就始终保持锅炉加热；当水温高于70℃时，则停止加热，这样就可以将温度始终保持在70℃左右。这种原理就是负反馈的自动控制原理。将这一原理应用在神经网络上，那么神经网络就具有了类似的自动保持稳定、自动朝向目标值训练的特性。

1986年，大卫·鲁内尔哈特、杰弗里·辛顿和罗纳德·威廉姆斯正式提出了误差反向传播（Error Back Propagation）算法❶（见图2-11）。

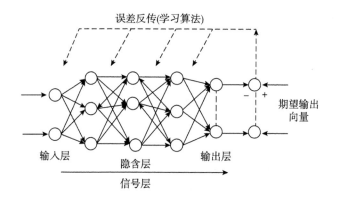

图2-11 误差反向传播算法

其基本逻辑是：

第一步，从神经网络的输出端和目标值进行比较，得到输出误差。

第二步，再将误差反向从输入端传入神经网络。

第三步，误差被逐层反馈到各级神经元中，从而自动调整神经网络的各神经元参数，直到与目标值的误差最小为止。

对于误差项的反馈，既可以从神经网络的输入端作为单一输入，也可以逐级甚至逐个地反馈到神经元上。

与前馈神经网络相比，反馈式神经网络由于有了误差反馈项，从而

---

❶ RUMELHART D E, HINTON G E, WILLIAMS R J. Learning Representations by Back Propagating Errors [J]. Nature, 1986, 323 (6088): 533-536.

可以更好地让机器向着目标期望值去适应，因此，也使得神经网络具有了更为广阔的应用范围和场景。当然，增加了反馈项后，神经网络的训练时间也变得更长，更重要的是，反馈链的存在使得神经网络的结构变得越来越复杂和越来越不可知，也极大地增加了人类对于神经网络进化的理解难度。对于今天动辄几十层甚至上百层的神经网络而言，它包括了数以万计以上的神经元节点，且采用了高速自我进化的方式，人类已经很难去精准理解其每一层中每一个节点的参数到底是如何形成的，代表什么功能。而对于神经网络的研究，也从一种精确的算法结构研究，变成了类似于生物学一般的观察性、探测性、试错性的模糊方式研究。正如同人类无法理解大脑的工作原理一样，人类目前只能模模糊糊地知道大脑的某一块可能具有什么功能。这一切，都是基于神经网络的高度复杂性所带来的，而反馈环的存在，最终使得神经网络变成了一种更复杂的网络结构（对于简单的反向传播函数，可以用系统控制论里的梅森公式写出函数传播公式；然而，对于节点个数数以万计的复杂闭环网络，就无能为力了）。除了反向连接，神经网络还有跨层和侧向连接。总之就是可以用各种方式将神经单元连接起来，形成复杂的神经网络系统（见图2-12）。

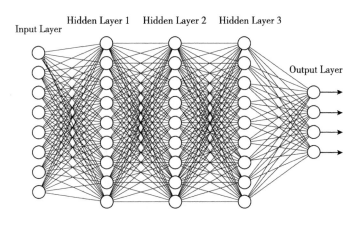

图2-12 深度神经网络

这时候，我们又要引入另一个概念——深度机器学习。所谓深度机器学习，是指利用较多（几十、上百甚至更多）层数的神经网络进行机器学习的方式，那么可以称这种神经网络为深度神经网络，称这种机器学习方式为深度机器学习。

深度神经网络与深度机器学习

利用较多层数的神经网络进行机器训练和学习，可称较多层数的复杂神经网络为深度神经网络，称这种机器学习方法为深度机器学习，或者简称为深度学习。

四、其他人工智能相关的技术概念和基础知识

以上介绍的神经网络和深度机器学习，实际上是今天人工智能发展的主要技术推手和核心模式，也就是人工智能体系的中枢大脑。当然，如同人一样，智慧体系和功能的构建和实现，光有大脑还不够，还需要一些其他的辅助机构和技术。以下就人工智能的一些基本相关技术做一个简略介绍，以帮助读者更全面地理解人工智能是如何运作的。

（一）卷积运算和卷积神经网络

卷积运算和卷积神经网络（Convolutional Neural Networks, CNN），是一个在人工智能领域相关文章中被经常提及的概念，主要用于对图像进行人工智能识别的研究中。但"卷积"这个词常常令人费解，特别是人们很难理解为什么要用"卷"这个动词。实际上，卷积运算是非常形象和容易理解的，就好比把一幅图像"卷起来"。

试着让机器去理解和识别一幅画，例如识别画中是一只熊猫还是一只老虎，或者是蒙娜丽莎的微笑。但是一幅画本身的内容是非常庞杂的，包括复杂的颜色及场景等，对此计算机并不能直接理解。如果要让计算机去理解这幅画，我们需要的是把一幅庞大的包括众多要素的二维画，变成一个更简单的一维或者更容易处理的二维画。这就像把一幅很大的画卷成一个更小、更简单的画轴，而这个画轴可以用一个更简洁的向量数组表示。

因此，卷积运算的过程，就像是把一幅画卷起来一样（见图2－13）。通过这种方式来实现对复杂图形的减维，从而帮助机器更快、更有效地进行处理。

图2－13 卷积的核心思想就是对复杂的图像进行减维（"卷起来"）

那么，在数学上，如何进行把画"卷起来"的减维操作呢？一种最简单的方式，是沿着画的纵轴，对横轴上所有像素的特征值（如灰度、颜色、亮度等）进行加总，那么就形成了一条沿着卷轴的一维向量组。通过这种方式，机器就可以实现对画的辨别。因为即便两幅画都卷起来，所形成的画轴的外表也是不同的，描述画轴的特征值向量组也是不同的，那么机器就可以通过这种不同来比较两幅画。就如同人类在看到两幅不同的画卷时，往往不需要打开就能够根据卷轴来分辨两幅画。一个形象的例子是2015年3月江苏卫视《最强大脑》中日对决中，中日选手通过观察折叠的扇子来辨别打开的扇面画。这种通过观察折叠的扇子的特征来分辨展开的扇面，实际上也是人类大脑在进行卷积运算的过程。

那么在具体的人工智能的计算中，当然不可能如此简单地只对横轴信息进行加总。实际操作中的卷积运算，是利用了平面平滑滤波器的原理，也就是通过对相邻的若干范围的点进行逐一加权求和的过程来简化一幅图像。

如图2－14所示，最左边是一个5×5像素的图，每个像素都有一个像素特征值（如灰度），中间的 3×3 的方块就是卷积核，或者卷积模板，其中的每个值表示对应的权重，因此卷积核就是一个权重模板，而卷积的过程就是这一卷积核在原图中平移的过程。当它平移到某处时，就将原图上的灰度值和卷积核上的对应权重值相乘再加和。最终我们可以看到，原图从 5×5 的图，变成了一个 3×3 的图，图的复杂度大幅度降低。根据调整卷积核的权重，我们就可以有效地把一个复杂的图像提取关键特征值，从而变成一个简单的图像，同时可以实现识别边界、图像填充、平滑、简化、压缩等功能（见图 2-15）。

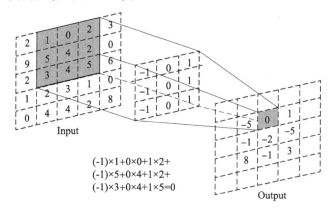

图 2-14 卷积运算的原理示意图

图 2-15 通过卷积提取关键边缘特征值后的经典 Lena 图像

注：Lena 图像是计算机图形学领域的经典测试图。

卷积运算只是实现了对复杂图像的简化和特征提取，要真正让机器能够有效地辨识图片，还需要给卷积运算加上智慧判断的能力，而智慧判断是神经网络的特长，因此，我们可以把卷积运算与神经网络结合起来。具体实现上，就是将卷积运算的结果输入深度神经网络，形成一个复合的神经网络。那么这种带有卷积运算（称为卷积层）的神经网络，就被称为卷积神经网络（见图2－16）。通过卷积神经网络，就可以实现对图形的辨识功能，它也常常被称为模式识别。

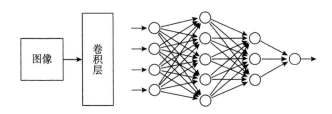

图2－16　用于图像识别的卷积神经网络

（二）模式识别

有了卷积神经网络的基础，我们就很容易理解另一个在人工智能领域经常遇到的相关概念术语，即模式识别。所谓模式识别，简单地说，就是通过对实际物体的数字关键特征进行提取（关键特征的组合被称为模式），并由机器进行判断，从而对该物体进行识别和归类的人工智能过程，而卷积神经网络就是一种典型的图像模式识别方法。模式识别不止用于图像领域，在很多领域都有相应的应用，如声音识别领域、动作识别领域。因此，模式识别在科学研究、工业控制、医学诊疗、社会管理等领域都有广泛的适用。

> **模式识别**
>
> 所谓模式识别，就是通过提取物体的关键数字特征，从而实现对物体的识别和分类。

我们用另一个声音识别的过程来进一步解释模式识别。假设我们需要实现这样一个功能，就是让机器只需要听到一个人说话，就能够分辨这个人是谁的功能。这种功能可以广泛用于各种管理领域。例如办公室可以给每个职工设定声纹锁，这样就可以实现智能钥匙和打卡的功能，同时能避免个人头像照片隐私的泄露。那么其基本的设计思路是如何的？

由于人在说话的时候，发声系统的生理特征存在差异，所以其声音特征也有所不同，而主要的声音特征包括声音强度和频谱特征等要素。虽然声音强度往往是变化的，但是一个人声音的频率组合是稳定的。那么我们就可以通过发掘提取每个人声音在频率范围上的特征来判别个体。其具体的实现结构如下。

通过声音采集器对人声进行采集，声音采集器通俗地说就是麦克风。麦克风采集的声音是一段自然的人声，随后要将其进行数字化提取，由于人声主要是由强度和频率构成，人声的频率是稳定的，而强度则随着人说话声音大小而不同，因此，把人声的频率作为核心特征。一般来说，人声的频率范围大致在100Hz（男低音）到10000Hz（女高音）之间，我们可以通过滤波器分辨出一个人说话时最主要的频率范围。例如甲的范围是100～400Hz，而乙的是300～500Hz，那么就可以成功地将两个人进行分辨。当然，分辨的前提是需要对个体的声音特征进行事先的采样和训练，例如发出特定的声音，通过多次的训练，神经网络就能够记住关键特征类型，从而实现精准的个体分辨（见图2-17）。

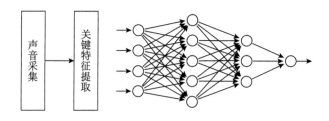

图 2-17　声音识别的基本结构

我们可以得出一个模式识别的通用结构（见图2-18）。在今天被广泛使用的各种模式识别，其结构在本质上都是相似的，其基本结构都是"信息采集＋关键特征提取＋特征素材资料库＋判断模块（神经网络）"。而其判断模块的实现可以采用多种方式，例如采用简单的基于人类给定的规则去判断，也可以采用神经网络的方法，从而增强其适用性。无论是指纹识别、人脸识别、声纹识别，还是动作识别、车辆识别，以及各种模式识别，都普遍适用这种模式。

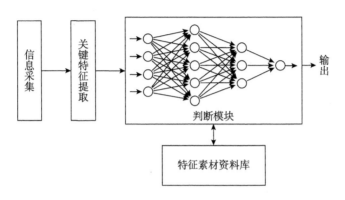

图 2-18 模式识别的通用结构

（三）启发式算法

启发式算法（Heuristic Algorithm），又是一个在人工智能领域经常遇到的很容易令人困惑的术语。"算法"很容易理解，但是为什么叫"启发式"？其实，启发式算法的命名和卷积一样，也是非常直观和形象的。什么叫启发式算法？从本质上说，就是对一组很难通过解析（通俗一点讲就是解方程）方法来求得最优解的问题，通过给定一组可行的解（一般是简单的解），然后通过逐渐改进找到更优解的算法。上述的说法，可能还是有些学术化和拗口，用更通俗的话来讲，就是对于一组很难解的方程，我们先让计算机猜出一个解，然后在这个解的基础上慢慢改进，逐渐找到更优的解。这样我们就可以很容易理解什么是启发式算法了。正如同作为人类的我们，在生活中面对无从下手的问题时，应该怎么办？我们可以从一个较为容易解决的小问题出发，先解决这个小问题，然后受小问题的启发，再解决一个更难的大问题。这就是启发式算法的基本思想。

启发式算法

从复杂问题的一个简单的解出发，通过逐渐改进，找到令人满意的更优解的算法。

为了更好地理解，我们用一个生活中的例子来进行说明。假设，我们从未做过饭，但是有一天突发奇想，想自己做一道西红柿炒鸡蛋来换换口味。那么我们应该怎么办？我们可以用启发式算法来解决这个问题。

第一步，虽然我们从未学过，也没有人教过我们怎么做西红柿炒鸡蛋，但是我们至少知道西红柿炒鸡蛋这个名称。从名称出发，我们知道最起码有两种材料——西红柿和鸡蛋，此外，炒菜还需要油和盐，那么我们准备好这些食材和调料。

第二步，我们虽然不知道该怎么做，但是我们至少知道它是炒出来的，因为名字是西红柿炒鸡蛋而不是西红柿蒸鸡蛋。所以，我们就将西红柿、鸡蛋和盐一起放在锅里炒。

第三步，我们发现，这种做法炒出来的鸡蛋浑浊，西红柿也容易炒烂，味道也只有盐味，颜色也不好，于是我们就想办法改进。

第四步，我们可以先改进处理材料的顺序，我们发现要让鸡蛋不那么混浊，可以先炒鸡蛋，然后再放西红柿，发现这回的菜品比上一回的味道好多了，但西红柿有点硬。

第五步，我们发现，先炒鸡蛋，然后盛出鸡蛋，再炒好西红柿，最后放入炒好的鸡蛋，效果会更好。

第六步，我们发现，除了上面的工序调整外，只放盐，口感上还有点发涩，我们可以再放一点白糖提鲜；而且，如果之前把盐拌入鸡蛋内并搅拌均匀，就更好了。

第七步，我们发现，颜色上现在只有红和黄，如果出锅的时候放一点葱花，那就会色香味俱全了。

好了，我们现在通过启发式算法，得到了西红柿炒鸡蛋比较令人满意的做法。

在这样的基础上，我们用一个数学化的语言来进行描述。假设一个系统，通过要素的组合，可以实现一个特定功能。但是我们希望这个系统的成本最低，换句话说，如果系统的成本函数为 $y = f(x)$，我们希望求得 y 的最小值。为了便于理解，假设这个成本函数是一个一元二次函数的形式：

$$y = ax^2 + bx + c (假设 a > 0)$$

其中 y 代表了成本，x 代表了两种要素（假设系统只有两种要素）的组合比率，那么这个函数就是一个要素投入结构与成本的函数。

显然，这个函数的图像大体如图 2-19 所示。从一元二次函数角度，我们很容易知道其最小值是在 $x = -b/(2a)$ 的位置。从曲线上来看，我们也很容易找到最低点的位置。然而，前者是利用解析的方式（就是解方程），后者则是利用了人的智慧（对图像的直接理解）。然而，如果想让计算机找到最小的值，且计算机既不知道求根公式，也不知道函数图像的样子，那么，它就可以利用启发式算法来获得解。

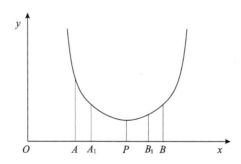

图 2-19 用启发式算法寻找 U 形成本曲线的最优值

对于计算机而言，初始时，可以先随便取一个值，假设令 $x = A$，那么可以得到一个值，随后，再取 A 相邻的点，如向右取到 A_1，发现 A_1 的函数值比 A 更小，那么就再向右取，直到取到最小值（优）点 P。当取到最优点 P 后，继续向右取值 B_1，发现 B_1 比 P 点的函数值大，然后再试试向右取，取到 B 点，发现 B 点更大，那么可以认定应该折返，重新回到 P 点，最后可以获得 P 点是最优点。这就是启发式算法基本原理的抽象描述。

除了严格的解析方法（就是利用公式解方程），大多数人工智能算法都属于启发式算法的范畴，包括之前介绍的神经网络算法。启发式算法包括爬山算法、模拟退火算法、遗传（生物进化）算法等。

1. 爬山算法

爬山（Hill Climbing）算法是最简单的启发式算法，其基本思路和之前介绍的一元二次函数求极值的思路是一样的。求极值时是求成本最小，而爬山算法是求效用最大，也就是把刚才的 U 形效用曲线，改为倒 U 形。这时求极值的过程，就好像爬山一样，每爬一步，都在寻找一个比刚才稍微高一点的位置，也就是找到一个更好的算法，因此，这种算法就被形象地命名为爬山算法。

其具体实现的思路和方法与上例一样，一开始取值为 A 点，那么就向左或者向右移动，如果发现向左移动其目标效用函数值会降低，则反方向移动，最终到达目标值 P 点。反过来，如果初始值是 B 点，那么方法也是同样的，最终还会到 P 点（见图 2-20）。

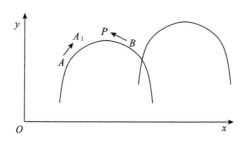

图 2-20　爬山算法的基本思路

爬山算法虽然很简便，但是存在一个先天的缺点，即如果目标效用函数存在多个山峰，那么对于爬山算法而言，虽然可以很容易找到一座山峰的最高点，但是计算机不是人，不能像人一样可以一眼望去知道还有更高的山峰。爬山算法的逐渐改进只能向所在位置的左右移动，而在一个次高峰上，无论左右，都会降低目标效用值，因此，最终只能停在次高峰上。这样看来，爬山算法很容易错过最高峰，也就是最优目标效用值，而只能找到相对次优的结果。用学术一点的话说，爬山算法不是全局最优的。为了解决爬山算法的问题，就引出了其他更复杂的启发式算法。

2. 模拟退火算法

模拟退火算法也是一个很形象但非常令人费解的概念。它是由美国IBM公司的科学家柯克帕特里克、盖拉特和威奇于1983年在著名的《科学》杂志上发表的文章《以模拟退火法进行最优化》[1]中提出的。所谓退火，是一种金属加工工艺，通俗地讲，把金属加热到高温后再逐渐冷却的过程，就叫作退火。金属晶体在高温状态下和低温状态下的内部结构有很大的不同，例如在高温状态下，金属晶体内的原子具有更大的运动能量，因此能够在晶体内四处移动；而当晶体在低温冷却状态下，金属晶体内的原子就稳定下来，呈现出规则的晶格架构（见图2-21）。

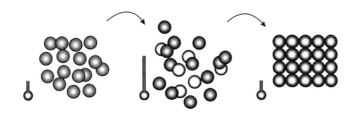

图2-21 不同温度下的金属结构形态

那么退火过程是如何借鉴到优化算法当中的呢？如前所述，爬山算法不是全局最优的，会因为初始值的原因，经常停留在较低的山峰上。那么为了保证能够爬到最高的山峰，就可以借鉴退火的思路。

如果一直停留在山峰A，无论如何爬山也无法达到全局最优，其根本原因在于选择进化值的过程中，无法从一座次高峰跳到最高峰。而退火的思路是，金属在高温状态下，分子呈现更大的混乱机制，因此，分子就有机会从一座山跳到另一座山上去。为了更好地理解，我们用跳伞来打个比方。

❶ KIRKPATRICK S C, GELATT C D, VECCHI M P. Optimization by Simulated Annealing [J]. Science, 1983, 220 (4598): 671-680.

假设，为了到达最高峰，需要从山峰 A 到山峰 B，可以通过滑翔伞的方式。然而，在气温较低的时候，由于山峰之间缺乏上升气流，伞很难跨越峡谷。而当气温升高时，大量水汽从山谷中蒸腾而上，提供了足够的上升气流，那么伞就可以从山峰 A 滑翔到山峰 B，就可以爬到最高的峰顶（见图 2-22）。这就很像模拟退火算法的思路，也就是说，通过提高温度参数来增加函数值跨越不同山峰的能力。因此，模拟退火算法的关键在于通过提高系统的温度参数而实现目标函数值山峰间的跨越。

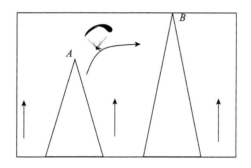

图 2-22　山间气温提升，可以提供上升气流跨越山峰

当然，在具体的计算中，其运算逻辑和跳伞有所不同。具体算法如下。

第一步，取一个初始温度参数 T，让 T 足够大，并给出一个初始解 S，同时确定在每个 T 值下，初始解迭代的次数 L（温度值 T 决定了系统的混乱程度，温度越高，系统越混乱，就越可以在不同山峰间跳跃）。

第二步，通过变化解 S 的参数（也就是在已有的爬山的位置左右移动一定的步数），找到一个新解 S'。

第三步，比较旧解和新解产生的目标效用值，或者称为评价函数 $C(S)$，计算增量 $\Delta T = C(S') - C(S)$。

第四步，若新解优于旧解，也就是 $\Delta T < 0$，则接受新解作为新的迭代解。如果新解不优于旧解，则以一个 0~1 之间的概率［一般为 exp $(-\Delta T/T)$］接受 S' 作为新的当前解。这一步是与爬山算法的关键差异，这个概率与 T 成正向关系，也就是 T 越大，越有可能接受一个较次的解作为下一个迭代解，从而有可能从次优的山峰移动到新的山峰。

第五步，根据 L 的设定，重复第二步。

第六步，如果满足终止条件则输出当前解作为最优解，那么程序结束。其中终止条件一般为符合目标值，或者当连续若干个新解都没有被接受时终止算法（意味着连续试了多步，都没找到新的山峰）。

第七步，降低 T 值，重复第二步，直到程序终止。

从以上算法可以看出，模拟退火算法与爬山算法的关键差异在于第四步，也就是爬山算法严格意义上只接受优于旧解的新解作为新的落脚点，而模拟退火算法则不然。当设定的温度很高时，模拟退火算法可以以一个较大的概率接受一个不如原解的新解（见图2-23）。这就是模拟退火算法与爬山算法最根本的区别。温度越高，意味着解的秩序越混乱，差一点的解也可以被接受。通俗一点讲，如果温度很高，那么爬山者就可以有一个较大的概率从一座山峰跳到另一座山峰，或者从一座山峰逐渐下山再上到另外的山峰，从而有机会找到最高的山峰。

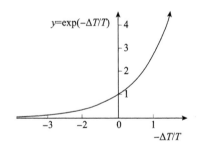

图 2-23 模拟退火算法中接受较差解的概率为自然指数关系

而根据选择新解的概率函数 $\exp(-\Delta T/T)$ 来看，当温度 T 足够大时，指数函数值是接近1的，也就是说，有很大概率会接受一个相对更劣的解。而当温度逐渐降低时，接受更劣的解的概率更低；当温度足够低直至冷却下来时，只能接受更优的解作为新解，那么就成为爬山算法。因此，模拟退火算法与爬山算法的关键就在于通过高温的设定，让爬山者可以在山峰间跳跃，从而改变初始山峰对爬山者找到最高峰（最优解）的局限。

3. 遗传算法

遗传算法（Genetic Algorithm），又称为基因算法或者进化算法（Evolutionary Algorithm），这也是一个经常见到的人工智能领域的相关概念，其基本原理来自于生物学的遗传原理。众所周知，在 19 世纪中期，孟德尔在种豌豆的过程中最早发现了生物的遗传原理。他发现高茎豌豆和矮茎豌豆进行交叉繁殖后，可以得到不同特征的后代，由此他总结出了遗传特征的分离定律和独立分配定律（见图 2 - 24）。

在孟德尔发现的基础上，随后的生物学家陆续发展了完整的基因生物学，从而揭示了生物进化的奥秘。其中，生物进化的关键在于两点，一是遗传变异，二是基于竞争的选优进化。

在生物进化思想的启发下，从 20 世纪六七十年代开始，计算科学家利用其思想发展了遗传算法。其基本思路如下（见图 2 - 25）。

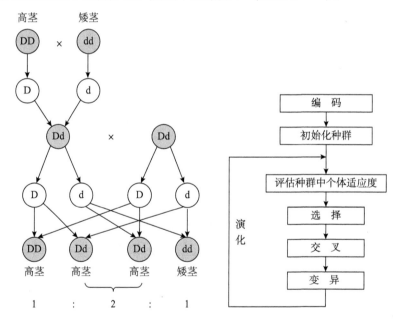

图 2 - 24　孟德尔的豌豆实验　　　图 2 - 25　遗传算法的基本原理

首先是对解进行编码，然后形成一组初始化种群（初始化解），再对种群（解）的适应度进行评价。适应度就是通常所说的评价函数或者目标效用函数，只是这里利用了生物学适者生存的概念，采用了适用度的称谓。随后，根据适应度选择较为优秀的种群（解），再对种群（解）进行交叉变异，形成新的种群（解）。如此反复循环，直到找到合适的解。

在这个过程中，遗传算法的关键在于交叉和变异环节，其他过程都与其他的启发式算法类似（见图2-26）。这种遗传变异的思想可以简单地用之前的例子来说明。登山者在爬山寻找最优解的过程中，可以随机生成 A、B、C 三个初代爬山位置（解），然后将初代解进行交叉变异，例如生成居于 A 和 B 之间的交叉变异解 AB、BC，再对其进行评优，反复重复，并最终找到合适的解。从这个角度来看，遗传算法的思想是比较简单的，其与模拟退火算法的区别关键在于模拟退火算法是利用温度形成混乱度，让爬山者进行不同位置（解）的跳跃，从而形成新的解，而遗传算法则是利用已有解之间的交叉去探索新的解。

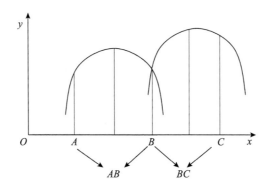

图2-26　遗传算法通过交叉变异寻求新的解

（四）最短路径算法

在人工智能的应用中，经常会用到最短路径算法。典型的就是在导航系统中，以及相关的工业交通控制领域中的普遍应用，如车联网、物流网等。这里我们介绍两个基本的算法，一个是迪科斯彻算法，另一个是蚁群算法。

1. 迪科斯彻算法

迪科斯彻算法（Dijkistra Algorithm）是由美国计算科学家艾兹格·W.迪科斯彻于1959年提出的，● 是最早和最为普遍应用的最短路径算法，其

————————

● DIJKSTRA E W. A Note on Two Problems in Connection with Graphs［J］. Numerische Mathe-matics, 1959, 1（1）: 269-271.

基本思想就是反复比较不同的路径，从而获得最短路径的方法。我们用一个简单的例子来说明（见图 2 - 27）。

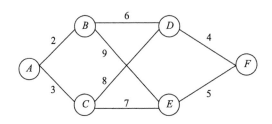

图 2 - 27　最短路径算法举例

为了求得从 *A* 点到 *F* 点的最短路径，显然，最简便的方法是求出从 *A* 到 *F* 的每一条路径的距离值，然后再进行比较。在本例中，显然有以下的不同路径（为了获得最短路径，要求不走回头路，即一个点最多只能路过一次）：*ABDF*、*ABEF*、*ACDF*、*ACEF*，以及更为复杂的 *ABECDF* 和 *ACD-BEF*，后两者虽然极为复杂，也显然更长，但同样满足不走重复路的要求。那么，根据比较，可以确定最短路径为 *ABDF*。显然，这种求尽所有路径距离再比较的方法费时费力，当然，在计算能力足够强大的情况下，也是可以的。

迪科斯彻算法是另一种思路，它不用对所有的路径都进行计算后再比较，而是从起点出发，逐层找到最短路径，直到把所有路径点都检索完（注意是路径点，而不是所有的路径）。其基本方法和步骤如下。

第一步，确定起点是 *A*，终点是 *F*，途经 *B*、*C*、*D*、*E* 四个点。

第二步，从 *A* 点出发，到达 *B* 点，发现距离是 2，且 *AB* 是唯一通路，因此，记录 *AB* 距离为 2。

第三步，从 *A* 点出发，到达 *C* 点，发现距离是 3，且 *AC* 为唯一通路，因此，记录 *AC* 距离为 3。

第四步，*A* 不再有相邻的点了，那么，从 *B* 点出发，发现 *BD* = 6，*ABD* = 8，那么暂记录 *A*（*B*）*D* = 8。

第五步，从 *B* 点出发，发现 *BE* = 9，*ABE* = 11，那么暂记录 *A*（*B*）*E* = 11。

第六步，从 C 点出发，发现 $CD=8$，$ACD=11$，比较 ACD 和 ABD 后，发现 ACD 比 ABD 大，那么，保留 A（B）$D=8$（也就是发现通过 C 点比通过 B 点距离远，因此，保留 B 点作为途经点）。

第七步，从 C 点出发，发现 $CE=7$，$ACE=10$，比较 ACE 和 ABE，发现 ACE 更小，因此保留 A（C）$E=10$。

第八步，从 D 点出发，$DF=4$，且是唯一的通路，那么 A（BD）$F=A$（B）$D+DF=12$。

第九步，从 E 出发，$EF=5$，且是唯一的通路，那么 A（CE）$F=A$（C）$E+EF=15$。

第十步，比较 A（BD）F 和 A（CE）F，发现前者较小，因此，最短路径为 A（BD）F，距离为 12。

第十一步，检索所有点，发现所有途经点都已经被计算过，因此，程序停止，最短路径为 $ABDF$，距离为 12。

从以上的计算过程中可以发现，迪科斯彻算法是通过起点逐层外推的过程，且在外推的过程中，不断保证外推的路径是最短的，最后再推到终点。因此，迪科斯彻算法极大简化了计算的难度和工作量，并且，由于迪科斯彻算法检索了所有的途经点，因此也是全局最优的算法。

2. 蚁群算法

另一种使用较多的路径搜寻算法是蚁群算法（Ant Colony Algorithm），从名称来看，蚁群算法是一种模拟蚂蚁行为的算法。蚁群算法是 Colorni 等人于 20 世纪 90 年代初提出的。[1] 与迪科斯彻算法相比，蚁群算法的仿生学特征使其更像是一种人工智能算法，而迪科斯彻算法则更像是一种人为设定规则的规划法。

蚁群算法的基本思想是模拟蚂蚁群找食物的方法。假设从蚂蚁洞穴到食物有两条路径 A 和 S，其中 A 是较短的直线，而 S 是较长的曲线（见图

---

[1] COLORNI A, DORIGO M, MANIEZZO V. An Investigation of some Properties of an "Ant Algorithm" [C] //Parallel Problem Solving from Nature 2, PPSN – II. Brussels: Elsevier, 1992, September 28 – 30.

2－28）。从人类的角度当然可以一目了然地看到 A 是最短的路径，然而蚂蚁是不知道的。那么，蚂蚁是如何行动的呢？

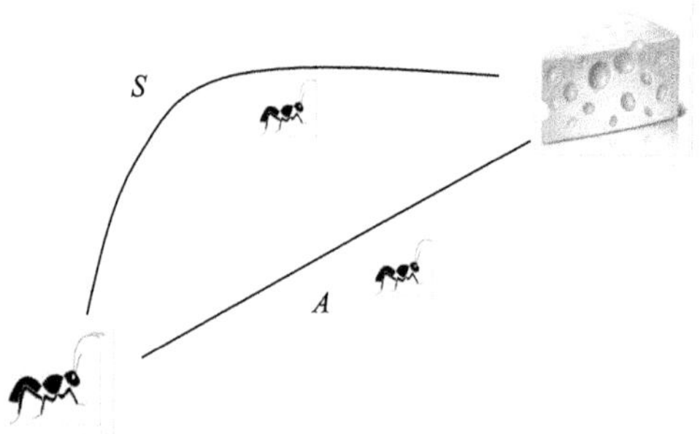

图 2－28　蚁群算法示意图

从一开始，当闻到食物的气味后，不同的蚂蚁从不同的路径出发，前往食物处。这时候，后续的蚂蚁会在一段时间后，根据前面蚂蚁留下的信息素而跟随前进。第一个蚂蚁通过最短路径 A 到达食物那里后，开始向洞穴返回。这时候 S 路径上的蚂蚁还没有到达食物处并进行返回。而当第一只蚂蚁通过 A 路径返回洞穴时，S 路径的蚂蚁还没有返回，这时候，A 路径的蚂蚁一来一回，就留下了两个单元的信息素的量，而 S 路径上依然还是一个单元的信息素，那么下一只蚂蚁出发时，就会选择信息素更多的路径前进。通过这种方式，A 路径上的蚂蚁就会越来越多，而留下的信息素也会越来越多，后续的蚂蚁选择 A 路径的也会越来越多。经过一段时间后，所有的蚂蚁都会聚集到 A 路径上实现对食物的搬运。这就是蚁群算法的基本思路。

在计算机实现蚁群算法时，也是按照如上思路进行的，通过构建模拟的搜索单元，来模仿蚂蚁的行动，这种模仿生物的计算机模拟算法，也称为多主体仿真（Multi-Agent Simulation）。而在具体的蚂蚁程序的设定上，需要设定仿真蚂蚁的视线、信息素的释放和行动规则（根据信息素的浓度来决定前进路径的选择）。由于蚁群算法具有并发计算，适应于复杂地形特征等特点，因此具有较高的效率和较广的实用性。此外，蚁群算法也是一种启发式算法。

> **多主体仿真**
>
> 多主体仿真是指通过计算机来模拟多个生物个体的行动，从而发掘出群体演化规律或者求解的方法。

除了以上的两个算法，随着算法的不断发展，后续还陆续出现了包括A – Star 算法等的多种路径搜索算法，其主要思想是面对复杂路径简化计算，从而提高实际的运算效率和对用户的响应速度。

（五）机器翻译

机器翻译也是当前广泛使用的人工智能技术，近些年在文本、语音翻译，甚至同声传译领域，都取得了很大的成就。从当前来看，机器翻译的准确度已经相当高了，然而，这在机器翻译的早期是不可想象的。预计在未来的 10 年，人类可能通过机器翻译最终跨过语言障碍。我们来看一下其基本原理和发展历程。

对于制造一个能够翻译语言的机器，人类已经有了很长的探索史。1933 年，法国工程师阿尔楚尼提出建造翻译机器的设想，开创了近现代以来机器翻译的先河。1954 年，美国乔治敦大学在 IBM 公司的协同下，用IBM – 701 计算机首次完成了英俄机器翻译试验。机器翻译发展至今，主要历经了三代技术，即基于词汇与语法规则的翻译、基于语料库和概率统计的翻译、基于深度神经网络和语料网络的翻译。

1. 基于词汇与语法规则的翻译

这一技术是 20 世纪 90 年代以前机器翻译的主要方法，其基本规则就是通过对应两种语言的词汇表，根据逻辑进行机器翻译。我们举一个非常简单的例子。

假设要把一个非常简单的短句"I like apple"翻译成中文。

通过查询词典，机器可以发现 I = 我，like = 喜欢，apple = 苹果。那么，再根据主谓宾的语法关系，显然，可以翻译成"我喜欢苹果"。

人类最早学习外语的时候，就是从这样的词典查询和语法规则开始学习翻译的，而计算机也是这样做的。这就是基于词汇和语法规则的翻译原理。

然而，尽管这项翻译技术看起来非常简单和美妙，但是人类语言充满了二义性和复杂的变化。例如，"I"不但可以翻译成"我"，还可以代表罗马数字的1，而罗马数字在英文中也经常被使用；"like"不但可以翻译成"喜欢"，还可以翻译成"像"；"apple"不但可以翻译成"苹果"，还可以翻译成"苹果手机"或者"苹果电脑"。那么，这种翻译至少就有如图2-29所示的四种可能。

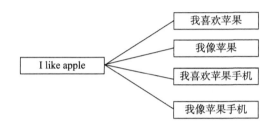

图2-29 基于词汇和语法规则的翻译具有高度不确定性

显然，从人类的角度来看，"我像苹果"和"我像苹果手机"这两种翻译方法是没有意义的，然而计算机并不知道。因此，到底应该翻译成哪种，就成为极大的困难。由于人类语言存在着多义词及多种语言变体的形态（例如，"苹果，我喜欢！"这种宾语前置的自然语言习惯），基于词汇和语法规则的翻译技术的质量极为低下，特别是在面对语句和段落时，更多意义上只是词典查询功能，其翻译质量远不能令人满意。因此，在20世纪90年代以前，机器翻译基本只是处于研发状态，而无法使用。

2. 基于语料库和概率统计的翻译

正因为基于词汇和语法规则的翻译效果很差，人类开始尝试更为复杂的机器翻译的方法，也就是基于语料库和概率统计的方法。这种方法来自于IBM的科学家在20世纪八九十年代的工作。❶通过观察人类的翻译方式

❶ 参见：BROWN P F, COCKE J, PIETRA S D A, et al. A Statistical Approach to Language Translation [M]. DBLP, 1988. BROWN P F, PIETRA S D A, PIETRA V D J, et al. The Mathematics of Statistical Machine Translation：Parameter Estimation [J]. Computational Linguistics, 1993, 19 (2)：263-311.

我们可以发现，人类并不总是通过一对一的词汇进行翻译的。大量的翻译是基于约定俗成的习惯翻译的。例如，"How are you?"如果根据词汇和语法规则，就会翻译成"怎么是你?"，显然，这句话应该翻译成"你好吗?"，那么，这个约定俗成就是指因为人们过去是这样说，所以现在也这样说（见图2-30）。

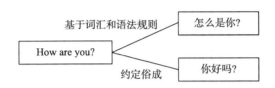

图2-30　人类更多通过约定俗成的方式进行翻译

那么，用计算机的术语来说，人们之所以会约定俗成地说话或者翻译，是因为有一个庞大的语言习惯基础，每一个正确的说话方式，都大体建立在这样的语言基础上。我们可以把这种语言基础和翻译习惯看成一个数据库，而人类学习语言的过程不仅在于学习语法，而且是要在大脑中建立这种对应的语言数据库。因此，计算机也可以按照这种逻辑收集人类是如何进行语言翻译的，从而形成一个庞大的语料库（见图2-31）。

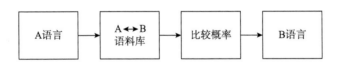

图2-31　基于语料库和概率的翻译方式

当计算机进行翻译时，第一时间不再是去查询词汇表，而是先在庞大的人类已经翻译好的语料库中搜索人类是如何翻译的。例如，在1000个关于"How are you?"的翻译中，其中990个翻译都是"你好吗?"，另外10个是"怎么是你?"（例如一些人类撰写的幽默段子），那么，计算机就会选择概率更大的翻译方式给出"你好吗?"的输出。当然这只是基本的原理，在具体实现时，还需要采用大量的计算和对词的位置进行变换，从而比较其他备选方案。

3. 基于深度神经网络和语料网络的翻译

由于深度神经网络的飞速发展，近年来，基于深度神经网络的机器翻译方法越来越成为主流（见图2-32）。深度神经网络的方法就是将之前的语法和语料库的方法结合起来，其实现方法也很好理解，就是利用深度神经网络强大的适应性和学习性，在语料库中进行训练和学习，最终获得高质量的翻译能力的过程。而帮助计算机提高的，还不只是深度神经网络，基于互联网在全球的发展和整个世界飞速数字化的进程，人类大量的翻译作品成为数字化的形态，并在互联网检索基础的支持下，成为深度神经网络训练的天然语料库。人类的翻译智慧越来越多地被提供给机器，从而形成了一个基于互联网的庞大翻译系统。这个翻译系统与其他相关技术相连接，例如语音识别和生成技术，就可以将翻译行为嵌入人类的各个语言应用场景之中。

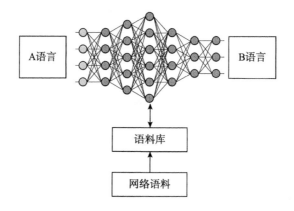

图2-32 基于深度神经网络的机器翻译结构

（六）模糊数学

模糊数学（Fuzzy Math）是人工智能较早期发展出来的一门评价与控制技术，在今天的工业界和其他经济社会活动中都有较为广泛的应用。其最早起源于美国控制论学家扎得在1965年发表的文章，❶ 并在后续的研究中陆续

---

❶ ZADEH L A. Fuzzy Sets [J]. Information & Control, 1965, 8 (3)：338－353.

拓展。模糊数学之所以是一种人工智能方法，其根本原因在于它模仿了人类的思维习惯。

人类对于世界的看法，往往并不是连续的，然而真实世界中的物体却是精确和连续的。例如人类评价一个事物，会用"好"还是"不好"，或者"比较好""差不多"这样的语言来评价；并且人类对一件事的评价还会重叠，例如这件事八成是好的，两成是坏的。这种评价方式有什么价值呢？它可以极大程度地减少大脑的运算量，通过定性的方式来取代精确的运算，从而使得人类能够在很短的时间内制定出行为策略。当然，这种方式也会存在失误。但这就是人类的思维方式。在模糊数学以前的所有对事物评价的数学方法，对客观事物的评价都是精确的，因此，它们很难模仿人类的思维习惯及用人类的方式和人类进行交互；而模糊数学却利用了人类自然语言的习惯。我们用一个简单的模糊评价的例子来说明其思想。

假设苹果好不好吃是由甜度（当然还有酸度、脆度等，这里先用简化的一元指标）决定的，苹果的糖分值可以用 0 ~ 10 来表示，其中 0 显然可以认为是非常不好吃，而 10 可以认为是非常好吃。我们规定，0 ~ 5 认为是不好吃，6 ~ 10 认为是好吃。那么，一个苹果的甜度如果是 7，用非模糊数学的方式，显然属于好吃。然而，模糊数学并不这么认为，它认为，这个苹果好吃与否是一个复合的评价，任何一个苹果，它都具有好吃和不好吃的属性。因此，这个苹果可能具有一定的概率属于不好吃，一定的概率属于好吃。这个概率叫作隶属函数。那么，我们可以根据一个简单的隶属函数公式对其进行计算。假定 70% 属于好吃，而 30% 属于不好吃，那么怎么理解这个隶属概率呢？我们可以想象，由于人的口味不同，有些人偏好甜度高，有些人确实偏好甜度低，那么 100 个人里可能有 70% 的人认为是好吃，30% 的人认为是不好吃。那么我们就可以给出这个苹果好不好吃的一个模糊的表示方法：

$$苹果\ A\ （甜度\ 7）=（0.7/好吃，0.3/不好吃）$$

这就是模糊数学的基本思想，它体现了人类语言中的模糊性，以及人群中评价偏好的复杂性。

当然，一个苹果除了甜度，还有颜色、水分、酸度、脆度等多种要素。我们假设，这些要素指标都是越高越好，因此，其他要素也可以表示为

苹果 A（颜色）=（0.6/好看，0.4/不好看）

苹果 A（水分）=（0.8/丰富，0.2/不丰富）

苹果 A（酸度）=（0.4/酸，0.6/不酸）

苹果 A（脆度）=（0.5/脆，0.5 不脆）

那么我们就可以用一个模糊矩阵来表示苹果 A 的属性（见表 2 - 1）。

表 2 - 1　模糊矩阵示例

指标	好吃	不好吃
甜度	0.7	0.3
颜色	0.6	0.4
水分	0.8	0.2
酸度	0.4	0.6
脆度	0.5	0.5

如果想知道这个苹果到底是好吃还是不好吃，应该如何计算呢？

首先，由于苹果评价包括了五个指标，因此，五个指标的评价需要有一个权重，也就是哪个指标更重要。这个权重可以根据专家打分（也叫德尔菲法），或者消费者评分来确定。例如，我们认为甜度的权重是 0.4，颜色的权重是 0.1，水分的权重是 0.2，酸度的权重是 0.1，脆度的权重是 0.2，那么我们可以得到一个评价指标的权重向量组：

权重（甜度，颜色，水分，酸度，脆度）=（0.4，0.1，0.2，0.1，0.2）

有了权重和各个指标项的模糊评价值，下一步就可以把权重和各个指标依次相乘，在数学上，就是一个矩阵相乘的过程。一般来说，可以采用模糊算法（乘法是两个概率取最小，加法是两个概率取最大），也可以采用经典算法（基于经典的加减乘除的矩阵算法），目前大量实践采用的是经典算法。那么，我们可以得到这样两个评价，对于苹果 A：

好吃的综合评价隶属度 $=0.7\times0.4+0.6\times0.1+0.8\times0.2+0.4\times0.1+0.5\times0.2=0.64$

不好吃的综合评价隶属度 $=0.3\times0.4+0.4\times0.1+0.2\times0.2+0.6\times0.1+0.5\times0.2=0.36$

将两个值再进行归一化处理：

好吃的隶属度 $=0.64/(0.64+0.36)=0.64$

不好吃的隶属度 $=0.36/(0.64+0.36)=0.36$

所以，对苹果 A 的综合评价是（0.64/好吃，0.36/不好吃）。这就意味着，可能有 64% 的人会觉得该苹果好吃，36% 的人认为该苹果不好吃。因此，对苹果 A 的整体评价倾向于好吃。

模糊数学的逻辑方法虽然简单，但其核心思想非常有价值，就是其认为人的自然判断是一个存在着概率变化的不确定的模糊集合，通过模糊变换的方式，可以把复杂的运算进行简化，把精确的问题模糊化。通过这种变化，人类就可以用简单的方式处理复杂问题。同样，计算机也可以。因此，模糊数学的方法不但在现有的控制领域得到了广泛应用，在未来的人工智能领域依然会有着重要的启发价值。

（七）蒙特卡洛方法

蒙特卡洛方法也是人工智能领域常见的专业术语之一。这个术语看起来非常难以理解，其实它的核心思想也非常简单。蒙特卡洛不是一个人名，而是一个摩纳哥著名的赌场。由于赌博的胜负是一种随机事件，因此蒙特卡洛方法，本质上就是类似于赌博掷骰子的随机方法。

蒙特卡洛方法最早的典型例子是著名的布丰投针实验（见图 2-33）。1777 年，法国数学家布丰提出了一种利用随机实验方法来求得圆周率的新方法。布丰是这样做的，他把长度为 L 的小棍随机扔到间距为 D 的一组平行线上（$L<D$），证明了其出现线段相交的概率 $P=2L/(\pi D)$，特别是，如果小棍的长度是平行线间距的一半，那么圆周率 $\pi=1/P=$ 总投掷的次数/相交的次数。

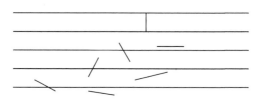

图 2-33　布丰投针实验

　　布丰邀请了当时的一些贵族名流前来做实验，一共投掷了 2210 次，共有 704 次相交，因此，根据公式计算出圆周率约为 3.139。

　　布丰实验计算公式略有些复杂，我们可以用一个更简单的类似方法来理解和计算圆周率。我们知道，圆的面积也与圆周率相关（$S = \pi r^2$），那么可以先计算圆的面积，再求圆周率。

　　在一个边长为 D 的正方形（可以加上一定高度的挡板）内，画一个直径为 D 的圆，那么显然可知，正方形的面积 $S_1 = D^2$，圆的面积 $S_2 = 1/4\pi D^2$。因此，$S_1/S_2 = 4/\pi$，即 $\pi = 4S_2/S_1$，也就是圆周率等于 4 倍的圆的面积除以正方形的面积。

　　正方形的面积很好计算，但是圆的面积没法计算，因为我们不知道圆周率，而这个实验就是为了求得圆周率。我们该怎么办呢？

　　我们可以用布丰投针的思路。因为布丰计算的是线段相交，投的是针或木棍，而我们要计算的是面积，所以不投针，改投豆子（见图 2-34）。由于豆子在被投掷出去的时候具有很大的动量，碰到挡板后会跳跃翻滚，因此，豆子在正方形内停下的位置是不确定的，那么，面积越大，落下的

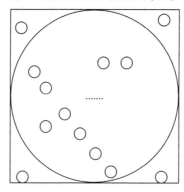

图 2-34　通过投豆子来确定圆的面积和圆周率

66

豆子就越多。可以预见，当投掷的豆子数越多时，在圆内的豆子数量与所有豆子数量的比值，恰好就近似等于圆的面积与正方形面积的比值。也就是说，圆周率 π = 4 × 圆里的豆子数/总豆子数。这样就比布丰实验简单多了，这种反复大量的随机实验的方式，就被称为蒙特卡洛方法。

具体而言，蒙特卡洛方法在人工智能中往往应用于复杂博弈的策略选择上。该方法往往作为当计算机在面对无法求得足够精确解或者无法明确方法的情形时，利用所具有强大的运算能力的一种计算策略。它的特点就是每次都采用随机选择的方法，然后经过若干次的选择，直至找到满意的行动策略或者方案。

我们举一个简单的策略的例子。假如对于主体 A 来说，其有 10 种行动策略，1 ~ 10，其中每种策略后都可以跟同样的策略。那么，如果行动 3 次，一共有多少种策略选择呢？一共是 10^3 种，这个数字是非常大的策略集合。我们用一个更简单的 3 个行动策略的简化情形来加以说明（见图 2 - 35）。

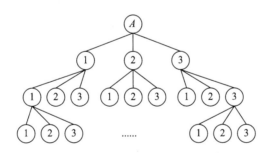

图 2 - 35　蒙特卡洛策略搜索树

如图 2 - 35 所示，对于 A 而言，每次都有 3 个行动策略，由于蒙特卡洛方法是随机方法，因此，可以在每次行动中任意选取一个策略，形成一个 3 层的策略搜索树。对于主体 A 而言，每次行动都会产生一个结果，3 轮行动就形成了一个最终有 27（即 3^3）片叶子（每片叶子代表一个行动路径）的策略树。

如前所述，蒙特卡洛方法所形成的策略集的复杂度是指数级增长的，其策略搜索树的规模增长得非常快。因此，在大多数情况下，蒙特卡洛方法显然并不能在有限时间内检索所有的搜索树。例如，对于谷歌围棋而言，这个搜索树的极限规模达到了 361^{200}（假设一般一局围棋要 200 手），显然计算机无法实现对整个策略树的搜索，因此，在具体应用时，这并不是一个全局最优的方法。然而，蒙特卡洛方法却是一个最简便的方法，因为其规则最简单。为了更好地对蒙特卡洛策略树进行优化，在实际应用中还要引入深度神经网络的减枝优化方法，对其策略树进行赋权和修剪，从而大幅度减少搜索的计算量，这也是人类的方法。尽管对于一个复杂系统，每步都有多种策略，但是人类总可以在短时间内凭借知识和直觉做出决定。当然，这个决定可能是错的，但人类不会陷入漫长的等待过程。这种利用深度神经网络评估蒙特卡洛策略树的方法，实际上就是对人类思考与学习方式的模仿，即"尝试＋评估＋优化"的进化方法。从实际围棋程序的发展来看，这种方法显然取得了巨大的成功。

（八）贝叶斯方法

贝叶斯方法也是在人工智能领域经常见到的概念和实际运用的方法，并且在今天的人工智能领域，已经越来越多地用到贝叶斯方法。贝叶斯方法的命名来源于英国统计学家托马斯·贝叶斯，他提出了著名的条件概率公式：

$$P(A|B) = P(B|A) \times P(A)/P(B)$$

通俗一点解释，就是在 B 事件发生的条件下，A 事件的发生概率等于 A 事件条件下 B 事件的发生概率乘以 A 事件与 B 事件各自独立发生概率的比值。

如果考虑到 A 不是一个事件，而是一个事件组，也就是 A 有从 A_1 到 A_n 的 n 个事件，那么其中某一个事件 A_i 条件概率公式可以写为

$$P(A_i \mid B) = \frac{P(B \mid A_i)P(A_i)}{\sum_j P(B \mid A_j)P(A_j)}$$

这个公式就叫作贝叶斯公式，或者贝叶斯定理。

我们来看看怎么理解贝叶斯公式的思想。贝叶斯公式的基本思想就是条件概率。什么是条件概率呢？通俗一点说，就是当一件事发生后，另一

件事发生的概率。例如，B 事件发生后，A 事件发生的概率即为 B 条件下 A 的概率，记为 $P(A \mid B)$。那么，条件概率可以用来做什么呢？它可以用来增加对一件事是否发生的概率或者某种决策是否正确的判断的概率的估计。

举一个更简单的例子：假如在一个初夏的 5 月的周五，我们想知道周六会不会下雨，好做出行游玩的打算。那么可以怎样做呢？

第一种方式，去查询以前的天气记录。例如在过去 100 年里，这一天下雨的次数是 30 次，那么周六下雨的概率就可以认定为 30%，然而，这种判断是非常不确定的。

第二种方式，根据已有天气的一些预示，例如中国古谚语有云："月晕而风，日晕则雨"，或者农谚有云："朝霞不出门，晚霞行千里"。那么就意味着，某些天气情况预示下雨的概率会更高。我们假设刮风后下雨的概率有 50%，那么也就意味着，刮风可以有效地增加下雨的概率。再假设，如果前一天刮风并且降温，那么第二天下雨的概率就高达 70%。如果恰好遇到了刮风且下雨的情况，那么，就可以更准确地判断出第二天下雨的概率会更大。也就是说：

P（明天下雨 | 今天刮风且降温）$>P$（明天下雨 | 今天刮风）$>P$（明天下雨）

如果定义 P（明天下雨 | 今天刮风且降温）$= P(R \mid B \cap C) = P(R \mid BC)$，那么可以根据条件概率的公式进一步推导：

$P(R \mid BC) = P(R)P(BC \mid R)/P(BC) = P(R)P(BC \mid R)/[P(B)P(C \mid B)]$

通过这种方式，我们实际上就把明天下雨的概率分解为明天下雨与今天刮风，以及明天下雨与今天降温的各自的条件概率的组合。这样的方式有什么用呢？当然有用，通过把一个复杂的问题分解为若干简单的条件概率的关系，就可以得出复杂问题的概率。如果进一步引入其他条件，例如湿度增加、云层颜色变暗等，就可以更为准确地估计出下雨的概率。

贝叶斯方法的基本思想，就是利用不断新增加的条件和信息，从而更为准确地判断出预期事物发生的概率。这与人类对事物的判断方式也是相同的。

在贝叶斯方法的基础上，为了更好地表达和分析事件之间的概率关系，就可以形成贝叶斯网络（见图2-36）。简单地说，贝叶斯网络就是以事件为节点，以事件间的条件概率为边值的有向网络图。贝叶斯网络可以清楚地表明事件之间复杂的条件概率关系，从而被用于机器的逻辑推断等。

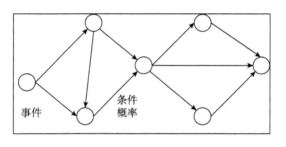

图2-36　贝叶斯网络

> **贝叶斯网络**
>
> 　依据以事件为节点，以条件概率为边值的复杂有向网络图，从而进行复杂事件概率关系的描述和帮助机器进行分析与推断。

以上，我们大体介绍了人工智能涉及的常见相关技术的基本思路和逻辑，从中我们可以看到，其之所以被称为人工智能，就在于其充分借鉴和模仿了人类的生理结构和逻辑方法。

通过深度神经网络来模拟人的大脑，通过各种逻辑方法（启发式算法、模糊数学、蒙特卡洛方法、贝叶斯方法等）来模拟人的思维方式。深度神经网络与各种拟人的逻辑构成了核心思维单元，再加上可以无限扩展运算能力的云计算作为硬件支撑，通过大数据的资料支持以实现各种进化算法的完善，以及与越来越精准的各种声音、图像、运动等传感器的结合，配合以相应的机械运动结构，就共同构成了具有高度判断智慧，同时具有各种感知能力和运动能力的人工智能体系（见图 2 – 37）。在此背景下，人类终于迎来了人工智能时代。

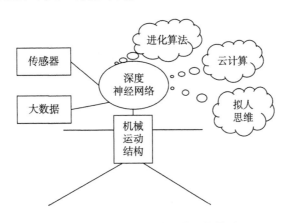

图 2 – 37 人工智能体系的结构基础

五、本章小结

本章介绍了人工智能的若干基础逻辑和一些核心算法。从这些算法中可以看到，人工智能本身并不过度复杂，其本质上是用简单的逻辑和算法通过复杂的网络连接而构成的。从最简单的二分判断出发，以复杂的连接形成复杂神经网络，再通过进化算法和基于大量素材的训练，简单的逻辑就可以实现复杂的功能。这也启发了我们，或许人的智慧本质上可能也是如此。

第三章　人工智能与人类文明转型

本章提要：技术的发展与人类文明的演化息息相关，技术的发展既是人类文明进步的结果，也反过来深刻影响着人类文明的形态。人工智能技术，作为一种前所未有的颠覆性技术，势必深刻改变人类文明本身，甚至会塑造出新的人类文明形态。

自第二次世界大战以后，人类的文明演化呈现出加速演化的趋势。新的技术层出不穷，在极大地改变人类物质生产的同时，也极大地重新塑造了社会结构和社会行为。

20世纪40年代，通用型数字计算机和相应存储设备的发明，使得人类开始进入数字时代。20世纪50年代，人工智能领域的先驱探索为人类打开了通向人工智能时代的大门。20世纪60年代，计算机网络的发明，开启了人类通向网络时代的道路。与此同时，半导体技术、激光技术、光存储和光通信技术的不断进步，加速了人类在互联网、数据处理和人工智能领域的发展。进入20世纪90年代，随着万维网的出现，人类在全社会逐步普及了互联网的使用。进入21世纪最初10年，伴随着人类社会围绕着网络作为核心社会组织结构，重新组织形成了新的网络社会，人类进入网络社会时代。随着网络社会的进一步发展，广泛分布的传感器技术和大规模数据存储和通信技术的应用，使得人类的数据规模呈现指数型上升，人类又在2010年前后进入大数据时代。迄今为止，大数据已经成为一种被广泛接受的技术和社会领域概念。进入21世纪第二个10年，伴随着数据处理能力的飞速提高，新的运算能力和算法，使得人工智能领域呈现出飞速发展和逐步的广泛应用，人类即将跨入人工智能时代。整体而言，人类在进入 21 世纪的三个关键时点相继迈入了三个互相联系又略有区别的新时代，网络社会时代、大数据时代、人工智能时代三者共同标志着人类新时代的三个侧面，共同构成了新的社会时代。网络侧重于描述人类社会与物理社会广泛连接的状态，大数据侧重于描述新社会状态下的内容形态和数字本位状态，人工智能则描述了新的社会创造物和广泛的机器介入的社会状态。对于网络时代、大数据时代的社会状态和结构行为变化，我们已经讨论了很多，本章重点对人工智能时代的前景和国家战略进行剖析和探讨。

一、人类新时代的本质——网络、大数据、人工智能时代的三位一体

本章的一个基本观点是，网络时代、大数据时代、人工智能时代都是一个高度发展的人类社会新时代的不同侧面，三者是三位一体的关系，共同反映了新时代的本质特征，可以称为新信息时代（见图 3 –1）。

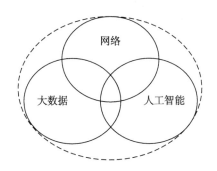

**图 3 –1　网络时代、大数据时代、人工智能
时代共同构成三位一体的新信息时代**

（一）网络技术解决的是连接与社会结构问题

人类进入网络时代是在 20 世纪 60 年代末，网络真正大规模进入普通人的日常生活是 90 年代后万维网的兴起。网络时代对人类社会根本的改变

有两点：一是解决连接问题，❶ 从最早的基本的设备与设备的连接，到使用互联网的主体——人之间的连接，形成了覆盖社会各个角落的网络社会。网络下一步的发展趋势是要实现万物的互联，也就是物联网，以及在此基础上的人与物之间的连接（如脑接口）和大脑之间的直接连接（脑联网），从而彻底解决社会主体客体之间的广泛连接问题，并在此基础上实现物质资源与知识思想的充分交换与调度。二是在连接的基础上，形成了与传统静态中心型社会相区别的非中心的网络动态社会结构，从而产生了完全与传统社会不同的社会活动行为方式和社会协调机制。❷

（二）大数据技术解决的是内容与再现问题

网络时代解决了连接问题后，在网络上交换的内容则相应形成了数据。如果把网络体系形容成高速公路，那么大数据就是高速公路上奔驰的车流。网络在真实社会中不断扩展，也不断将传统的真实社会以数据的方式采集、存储、传导、使用、再现，可以说，网络社会扩展的边界就是人类大数据扩展的边界。因此，大数据时代是网络社会形成后的自然产物，是网络时代在网络载体中信息内容世界的描述。从这个意义上讲，大数据时代的本质，就是通过互联网体系，观测、模拟和再现整个传统真实世界的时代。其既包括对人类世界的数字化观测、模拟、再现，也包括对自然世界的观察、模拟、再现。

（三）人工智能技术解决的是海量数据的处理和智慧决策问题

当网络社会的边界逐渐扩展，从而创造了前所未有的大数据世界后，如何来处理庞大的数据，就成为亟待解决的问题，这就自然而然产生了对人工智能的迫切需求。❸ 因为，无论能力如何强大的自然人与传统组织，都无法处理大数据时代产生的庞大数据，只能依靠人工智能体来实现对数

---

❶ CHRISTAKIS N A, FOWLER J H. Connected: The Surprising Power of Our Social Networks and How They Shape Our Lives [M]. New York: Little, Brown, 2009.

❷ 何哲. 网络经济：跨越计划与市场 [J]. 经济社会体制比较, 2016 (2): 163-173.

❸ 戴汝为. 从基于逻辑的人工智能到社会智能的发展 [J]. 自然杂志, 2006 (6): 311-314.

据的分析、处理、再现过程。因此，人工智能时代是人类进入网络时代、大数据时代的自然结果，解决的是网络连接端对内容主体的处理问题。

从时间来看，网络时代、大数据时代、人工智能时代相互衔接得极为紧密，自 20 世纪 90 年代起到 20 世纪末期，人类逐渐进入网络时代；2000—2010 年前后，人类逐渐进入大数据时代；2010—2020 年前后，人类逐渐进入人工智能时代。可以看出相差约为 10 年，当人类进入人工智能时代后，新时代的三位一体的结构就基本完成了。人类将在不同层面上，同时与这三个社会侧面发生密集的交互，并最终演化进入新的历史阶段和形成新的文明形态。

二、人工智能时代的基本特征和社会影响

人类虽然正处于进入人工智能时代的过渡期，然而人工智能并不是一个新的思想，中西方自古以来都试图制造可以模拟人的机器。中国古代奇书《列子·汤问》就记载着周穆王时代的偃师曾经给周穆王进献过一个机器人，形容其"言语自如、惟妙惟肖"。意大利著名艺术家、科学家达·芬奇的手稿中也描述了人形机器人的设计方案。现代意义上的人工智能，是指图灵于 1950 年设计的思想实验——图灵测试，即如果在一个隔离的房间中，根据对问题的回答，测试者无法区分被测者是人还是机器，就可以认为机器具有了人的智能。进入 2010 年以来，陆续有不同国籍的研究者报告在不同领域中机器有可能已经通过了图灵测试。2016 年阿尔法狗战胜李世石，更体现出了人工智能技术的飞速进展。IBM 近年来不断完善其沃森人工智能平台，并将其建立成开放的人工智能接口，通过互联网为整个社会的各个领域提供人工智能服务的解决方案。更有一批科学家认为，21 世纪中期，真正可以与人类思维相媲美的人工智能将会出现。而在现实应用层面，在大量的网络平台上，一些基本的人工智能服务已经被大量使用（如电子商务平台上的客服服务）。可以说，无论从哪个角度，人类正处于整体迈入人工智能时代的过渡期，嵌入人类生产生活各个方面的人工智能

时代并不会太远。在这一时刻，我们就必须思考并警惕和减少新的时代转型对人类社会的冲击和影响，并做好战略准备。

（一）人工智能的三个最基本层次

虽然人工智能可以在很多领域和方面，形成对人类智力思维的辅助和替代，然而究其根本，其主要呈现在三个领域的核心层面，并分别在广泛的社会行为中产生作用：①信息收集与智能筛选；②识别应答接受模糊任务并完成；③替代人的自主决策与行为。❶ 它们分别描述了由浅入深的人工智能对人的行为的辅助和替代。

1. 信息收集与智能筛选

信息收集与智能筛选是最基础的人工智能服务，现在已经被广泛使用。如各类搜索引擎，其内在都是采用智能化的搜索机器人算法，在广域的网络中不断读取分析并汇集信息。当用户在使用搜索引擎时，它会根据用户的搜索习惯，给出相对最有可能满足用户需求的排序结果。不同的个体在使用同样的关键词进行检索时，会得到不同的结果。因此，从这个意义而言，最基础的人工智能早已进入人类社会。

信息收集与智能筛选看似最简单的人工智能领域，然而其难度和复杂度并不简单。关键的难度在于在大数据时代，如何有效地快速获取最有价值的信息。因此，如前所述，大数据时代所产生的海量数据，是促进人工智能技术最初和最重要的驱动。在这一层面，人工智能可以广泛应用于各类信息获取需要的服务和反馈。

2. 识别应答接受模糊任务并完成

人工智能的早期使用，如搜索数据，其最基础的命令输入依然要用固定形式的格式化命令来实现。搜索引擎的"关键字＋搜索"就是一种格式化命令。然而，人工智能的进一步发展，要求机器能够识别人类相对较为模糊的自然语言命令，并做出有效反应和完成工作。机器在接收到命令后，可以调动之前的搜索功能提供信息，或者驱动行为部件实现特定动

---

❶ 何哲. 人工智能时代的政府适应与转型［J］. 行政管理改革，2016（8）：53－59.

作。如人员可以发出命令"帮我找到××信息""帮我提供××方案"等，机器则自动实现有效信息和动作的反馈。在这一层面上，人工智能将更广泛地替代传统僵化的人与机器的交互形式，以声音、图像、动作等多种交互手段，为人类提供更有效的决策与行为方案参考，并根据人的命令指示完成工作。

3. 自主的判断、决策和行动

人工智能的第三个层面是要实现机器的自主判断决策和相应的行为。在这一层面上，机器可以根据环境条件的变化，自主决定最优的行动方案，在更大程度上模拟和替代人的行为，并对前两个层面能力实现统合，从而形成完整的人工智能功能体。目前广泛所知的阿尔法狗程序就是在这一层面的探索，其他如车载自动驾驶、自主无人机及更广泛的人形机器人，都要在一定程度上实现自主的判断与决策。

以上就是人工智能的三个最基本的层次。当然，人工智能最高的层次是实现机器自主意识的出现，这将远超机器拥有自主的判断与决策能力层面。人是否能够设计或者机器能否自我演化形成具有类似人的自我意识乃至情绪、情感、好恶，将依然是一个极难判断的问题，这也将产生更多的社会影响，包括自主意识的机器智能体是否还是机器，以及基本权利问题等。由于这些问题远超出本章的内容范围，就不在此讨论了。

（二）人工智能的广泛社会应用

在以上三个层面，人工智能都将发挥重要的作用。在社会领域应用方面，其主要体现在个人生活、经济、社会管理和服务三个层面。

1. 个人生活层面的广泛应用

个人生活层面的人工智能将是极为广泛和丰富的，❶ 从新一代更便捷和更个性化的搜索引擎，到广泛通过语音和动作交互的生活助手，以及结合人工智能和仿生学机械所形成的人形服务机器人，再到自动驾驶的无人

---

❶ GURKAYNAK G, YILMAZ I, HAKSEVER G. Stifling Artificial Intelligence: Human Perils [J]. Computer Law & Security Review, 2016, 32 (5): 749－758.

汽车和智能家居，人工智能将渗透到人类几乎所有的衣、食、住、行等日常生活中，极大改善人们的生活形式和质量。

2. 经济层面的广泛应用

在经济领域中，人工智能将在生产和消费两端，同时极大嵌入和改善整个社会经济运行的面貌。在生产端，人工智能将结合已有的工业机器人和先进制造模式，形成高度智能自动化和个性化定制的生产模式；在消费端，人工智能将形成对客户模糊个性化需求的深入理解，从而提供最优的产品，并提供全生命周期的无缝服务。而在生产端和消费端之间，还可通过全方位的智能物流体系实现最优的交付。可以说，几乎所有传统上由人进行的经济生产和服务活动，都可以由未来更先进的强人工智能体来完成。

3. 社会管理和服务层面的广泛应用

在社会领域中，人工智能将极大实现社会的自我组织和社会资源的优化配置，消除传统时代人与人之间的沟通障碍和相关的信息屏障，在更大程度上满足社会交际与社会组织的连接需求，并在社会交友、社会组织、社会救助、文化交流、思想创造等方面提供极大的帮助。例如，在社会组织领域，人工智能可以在第一时间根据个体的需求找到最适应的交际个体；在社会救助领域，人工智能可以在第一时间找到发生突发问题的社会群体并形成就近的资源调度；在思想创造领域，人工智能可以通过广泛的知识信息提供和个体之间的合作，形成更高效的社会思想创造。

在社会管理方面，管理机构显然可以通过人工智能来替代管理人员并增强自身的管理能力。一方面，可以帮助政府实现自身的信息处理；另一方面，大量的包括身份辨别、安全保卫、文字记录、图像识别、决策选择等传统上基于众多人类的信息收集、识别与其他管理行为，逐渐都可以由人工智能来完成。

（三）人工智能技术对人类积极的社会影响

1. 极大提高人类社会生产力水平和改变生产形式

人类有史以来的所有社会生产形式和生产力都是以人为核心进行的。

因此，过去的生产力提高，主要通过三种形式：一是土地、资本等物质投入，作为生产的环境、工具和对象；二是人力投入，人是一切生产劳动的主体；三是知识和技术投入，知识和技术也来自于人的长期研究、累积和训练。以上这三者，在智慧社会时代，都会有极大的改变。首先，人工智能极大地扩展了对工作环境的适应性，传统上在极为严苛、艰苦的工作环境中工作的人，都可以由人工智能进行替代，拓展了劳动的形式和适应范围；其次，人工智能拓展了劳动力数量的增加范围，自然人需要经过长期的训练和教育，才能够成为一个合格的劳动者，当前人类平均进入劳动环节需要接受十几年以上的劳动，高素质的科研人员的训练要经过二十多年，因此，传统时代劳动力的增加是有限的，而人工智能的出现改变了这一进程，可以以低成本极大地拓展高素质劳动力的投入；最后，知识的累积和技术的传承通过人工智能也更为简易，知识和技能可以无损地在人工智能体之间分享，并且，人工智能通过自我进化可以更快地实现知识的研发。因此，人工智能进入社会生产，将极大提高整个社会的生产力水平并改变生产形式。

从具体的形态来看，传统的生产系统是典型的以人为核心，机器围绕人服务人的系统。而未来的改变将在两个方面：一方面，从以人为核心转为以人和人工智能共同为核心，甚至以人工智能为主；另一方面，原有的以人为连接的机器系统，也将通过智能物联网实现自主连接，从而与人工智能一道，形成更完备的智慧生产体系（见图3－2）。

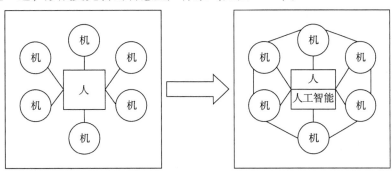

图3－2　未来的生产系统将从以人为核心转为人机共同为核心

2. 极大改善社会与公共服务能力

在社会与公共治理领域，人工智能的进入同样可以极大地改善社会与公共服务能力。传统时代的公共治理受制于三者：一是对社会公民的服务需求的了解和分析，传统时代通过有限的信息渠道，政府很难全面地掌握公民的服务需求；二是治理主体自身的公共服务资源的有限性，公共服务的资源包括人力资源和物质资源，这些始终是有限的；三是公共服务提供的成本约束，无论人力资源还是物质资源，都是有成本的，政府必须考虑和平衡公共服务的成本。因此，在传统时代，政府的社会和公共服务能力的增长是有限的。

而在人工智能时代，以上三个方面都发生了深刻的转变。首先，智慧社会通过全方位的信息感知和数据收集手段，可以精准有效地获得每个公民的公共服务诉求，并进行分析研判；其次，在重要的人力资源方面，人工智能可以极大地替代政府雇员的增长数量，广泛地在公共服务咨询、服务资源调度、信息分析等领域，补充政府雇员的增加限制；最后，人工智能可以在大量的公共服务领域低成本地提供劳动服务，这一点是显然的。

3. 极大提高和改善社会公共事务处理能力

随着人工智能不断嵌入人类社会，人工智能会逐渐被应用在公共决策领域，而不只是在执行和生产活动层面实现对人类工作者的替代。在公共决策领域，人工智能将首先应用于分析基于广泛的社会数据采集得来的大数据信息，从而帮助人类决策者做出更好的决策。继而，人工智能将结合人类决策的历史性数据和方案，帮助人类提供多种公共决策方案，供决策者进行方案比较和选择。再进一步，人工智能将有可能替代人类进行日常性的公共事务决策，甚至自主进行重大的公共决策。人工智能由于其本身没有利益偏好，且效率更高，很可能会成为优秀的管理者。根据 2017 年英国的一项调查表明，有 1/4 的英国人认为，人工智能会更好地管理政府。可以看出，人工智能不仅在能力上具有极大提高政府决策的潜力，同时在公民接受程度上也具有一定的合法性。

三、人类文明的技术演化与社会演化的关系

人工智能的意义不仅体现在对于当代人类社会的改造方面，也体现在人类历史长河中重要的文明变革方面。有史以来，人类文明经历过若干次重大的技术进步和社会演化，不同的学者对这二者的关系有着不同的认识（如技术决定论还是制度决定论），但有一点是具有基本共识的，即技术演化与社会演化呈现出密切的双生伴随关系，新的社会结构一定以新的技术结构为支撑，而新的技术结构又以新的社会结构为环境，得以进一步巩固和发展。

整体而言，自有人类以来，人类社会整体上呈现出三次大的技术革命和社会转型，其间伴有若干小的技术革命和社会转型，而每一次社会转型又伴随着不同的文明形态和承载文明形态的国家民族的兴起。[1]

站在现代文明演化史的视角，从大的文明分野来看，人类文明在30万年前从原始人类形成了类似于现代人类的智人，标志着人类作为智慧生物的独立演化。在1万年前，经历了人类历史上第一次经济革命，大规模种植业的出现和与之相配套的农业社会组织的出现，形成了人类历史上第一次的社会结构，人类社会正式形成。[2]此后在17世纪前后，人类开始了第一次工业革命，或者在经济史上称为第二次经济革命的重要变革，人类进入了以水平专业化分工和严密的垂直科层化管理为体系的工业时代。第二次世界大战以后，随着通信控制技术的发展和社会市场的不断演化，知识逐渐超越产品成为重要的社会财富与产出形态，去科层化与分工化成为一种新的趋势，人类逐渐进入后工业时代。伴随着网络技术、大数据技术和人工智能技术的发展，人类从2000年前后开始逐渐进入新的时代，这也就是当前我们所经历的可以称为人类历史上最为重大的文明进化与变革（见图3-3）。所以，曼纽尔·卡斯特尔在《网络社会的崛起》一书的结语部

---

[1] 何哲. 网络社会时代的挑战、适应与治理转型［M］. 北京：国家行政学院出版社，2016：2.

[2] 诺斯. 经济史中的结构与变迁［M］. 陈郁，等译. 上海：上海人民出版社，1994：80-97.

分语重心长地说："人类进入网络社会，人类的文明才刚刚开始。"❶

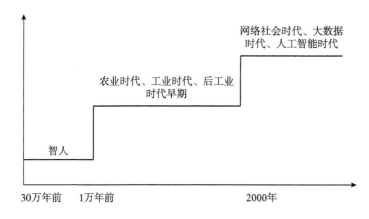

图 3-3 人类文明的演化阶段

而从人类技术演化与文明的进化来看，每一种人类整体的历史阶段，都对应着某一种具体的国家或者民族，以及与之对应的文明体系的崛起，并在下一个历史阶段中产生转化。人类正是在这样的转化中，形成了此起彼伏的文明兴衰并整体推动人类历史的进步。

具体而言，如果从技术阶段—社会组织方式—优势文明形态—文明承载与崛起几个角度来看，可以得出如下这一大的历史轨迹（见表 3-1）。

表 3-1 人类技术进步与文明更替

技术阶段	社会组织方式	优势文明形态	文明承载与崛起
相对落后的农耕文明	分散型社会组织	统治联盟	古希腊、古罗马
成熟的农耕文明	中心型社会组织	统一封建帝国	古代中国
工商业文明	中心型＋社会分工	资本主义国家	欧洲近代文明、美国
网络—大数据—人工智能	去中心、去科层的网络化松散组织	网络—大数据—人工智能文明	？

从表 3-1 中可以看出，伴随着整体人类技术进步和优势文明形态的改变，历史上产生了不同国家与民族的区域文明交替。如在相对落后的农耕

---

❶ 卡斯特尔. 网络社会的崛起 [M]. 夏铸九，王志弘，等译. 北京：社会科学文献出版社，2001：578.

文明下，社会呈现出相对分散的社会组织，国家以一种松散城邦（地域）联盟的形态组成优势文明形态，与之对应的则是古希腊文明及后续的古罗马文明早期的繁荣。而伴随着农耕技术的发展，农耕文明不断成熟，形成了相对大一统的社会组织，统一的帝国成为优势文明形态。而进入 16 世纪、17 世纪和近代以来，工商业文明的不断发展，形成了高度严密的社会分工和垂直统治，资本主义帝国成为近代以来的优势文明形态，与之相对应的是近代欧洲工业国家的兴起并进一步演化为以彻底的金融资本为核心的资本主义金融帝国，如美国。而当今人类正在进入网络时代、大数据时代、人工智能时代，● 形成了去中心、去科层的网络化松散组织形态，这是否意味着一种新的优势文明形态即将产生，并同时孕育着新的对应的具体的国家崛起？这是当今人们在面对新时代时所需要深入思考的问题。

四、人工智能的发展与人类文明转化阶段

人工智能技术的发展和到来，是一个在过去 70 年间伴随着信息技术的发展而不断推进的过程。对此第一章已经有了较为详细的叙述。简要而言，自 20 世纪 40 年代电子计算机诞生起，计算机就不断地参与到人的决策辅助和判断之中，所以说，自 20 世纪 40 年代，人工智能的雏形就已经产生。而从 20 世纪 50 年代起，早期的人工智能技术取得了较快的发展，图灵提出了著名的图灵测试后，1955 年人工智能（AI）这一概念正式在学术界和产业界提出并被接受。进入 20 世纪 60 年代，伴随着电子计算机硬件与软件技术的发展，人工智能研究迅速在各个方面展开，如人工智能语言 LISP 的发明、早期棋类程序的出现、电子游戏的发明，都极大推进了人工智能的研究。进入 20 世纪 80 年代，日本政府提出要开发第五代计算机，其本质就是构建与人类一样自主适应与学习的智慧体。虽然这一项目最终失败了，但是其集中体现了人类在信息技术发展的中前期，一直对人工智

● 何哲. 人工智能时代的政府适应与转型［J］. 行政管理改革, 2016（8）: 53 - 59.

能研究所投入的高度关注和实践理想。

而人工智能的真正快速发展，则是在 20 世纪 90 年代之后，特别是与互联网技术的迅速发展和广泛应用密不可分。自万维网的发明和广泛应用后，互联网从原先的用于军事与科研领域深入渗透到社会的各个方面，如生产组织、社会交际、组织管理、媒体交互、公共空间等，互联网都已经并且正在颠覆性地改变原有的社会与组织形态。

伴随着互联网的发展，人类行为不断通过网络进行交互，由此带来了社会本身的数字化，人类从而进入所谓的大数据时代。根据 IBM 的研究，整个人类文明所获得的全部数据中，有 90% 是在近两年内产生的，每一生命个体每天要产生 200GB 以上的各类数据。而对于这些数据的深度分析和关联性的逻辑判断，一方面要求更为强大的硬件计算能力，另一方面需要发掘出更强大的适应性算法，从而能够对海量的数据进行有效的清洗和分析，以辅助人类进行更好的社会决策和个体服务。这就在实际的需求层面切实需要人工智能的不断发展。

进入 2010 年后，一方面基于更强大的计算能力的硬件和更为优化的算法的推动，另一方面是对于更大规模数据的分析和社会各层面对于广泛数据性服务劳动的需求，促使了人工智能技术迅速地发展起来。2011 年，IBM 超级电脑沃森在美国老牌益智节目中击败人类，此后沃森飞速发展成为跨平台的通用人工智能平台。2016 年，Google 公司的人工智能系统阿尔法狗击败围棋世界冠军李世石，成为人工智能领域标志性的事件。此后，人工智能在各个领域迅速突破，在自我学习、自我认知、自我交互等领域，都产生了突飞猛进的成果。2017 年，甚至爆出 Facebook 的两台计算机在通信时进化出了人类无法识别的语言。一些研究曾认为，在 2020 年前后，人工智能就会夺走发达国家 500 万个工作岗位，10 年之内，人工智能将替代至少 1/3 的工作岗位。

从人工智能的发展历程来看，其核心驱动在于三点：一是人类本身的强大想象与创造欲望，其本质是人类不断改造塑造客体并创造万物的本性；二是强大的社会需求的驱动，即不断创造的数据需求分析和难以满足的人工服务需求，促进了寻求更高智能的人类劳动的替代体；三是相关技术的需求，即围绕着人工智能，相应的自动控制、生物技术、认知心理学、网络信息技术、高性能计算等一系列相关技术的需求，共同促成了人工智能的不断发展。

从过去和未来看，人工智能必将经历三个阶段，即弱人工智能阶段、强人工智能阶段、超人工智能阶段（见图 3-4）。

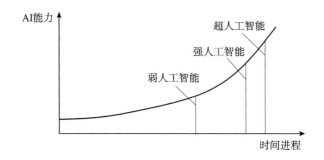

图 3-4　人工智能发展的三个典型阶段

（一）弱人工智能阶段的社会转型

所谓弱人工智能，又称为狭义人工智能（Artificial Narrow Intelligence，ANI），[1] 是指人工智能只能够在某一方面的人类工作上协助或者替代人类，如图像识别、信息检索、信息判断等，而不具备全面复合自我学习能力，无法全面地与人类智慧相比。弱人工智能的历史已经很长了，可以说，从电子计算机诞生之后，机器就开始辅助或者替代人类进行大量思维性的工作，人类就已经进入弱人工智能时代。几乎所有的科学计算、人机交互、电子游戏、信息化自动控制，都是弱人工智能的范畴。迄今为止，即便是强大到战胜李世石的 Google 阿尔法狗和在智力竞赛中战胜李世石的 IBM 沃森，都依然属于弱人工智能。

在弱人工智能阶段，人类社会所发生的重大影响体现在以下几个

---

❶　PAGE J, BAIN M, MUKHLISH F. The Risks of Low Level Narrow Artificial Intelligence [C] //2018 IEEE International Conference on Intelligence and Safety for Robotics (ISR). IEEE, 2018: 1-6.

85

方面。

一是智能计算相关的各种应用逐渐进入人类社会的各个方面。在各种需要人类参与的较高级劳动（需要思维意识参与）中，人工智能都将深刻地嵌入其中。呼叫应答、信息检索、信息整合、自动控制、图像识别、专业化的程序化策略集等领域，人工智能在部分程度上将会替代人类。

二是人类将逐渐熟悉人工智能的社会介入。在弱人工智能阶段，机器计算的广泛应用将极大地增强每个个体在信息社会的适应能力和技能。在不断参与人类活动的过程中，人类逐渐接受并高度依赖人工智能的介入，从而在逐渐失去人类的自主性。

三是社会将由于人工智能的介入而呈现高度繁荣。工业革命用新能源和机器替代了大量的人类体力劳动，带来了高度的社会繁荣。而在弱人工智能的不断介入下，大量的人类脑力劳动被更为高效的人工智能部分替代，从而促成了新的效率的增长和创新的发展，最终促成了社会的又一次高度繁荣。

（二）强人工智能阶段的社会转型

所谓强人工智能，又称为通用人工智能（Artificial General Intelligence, AGI），是指人工智能体具备了普遍的学习和自适应训练能力，具有高度的对外界环境的感知和对新事物的理解与学习能力，能够在新的领域进行自我学习并自我完善的人工智能。强人工智能时代将是一个重大的转变，它标志着人工智能达到或者接近了人类的思维状态，特别是人类的自我学习能力和对外界事务的高度适应性。只有到了强人工智能阶段，人类才真正进入了能够创造高度智慧的文明程度。

对于何时能够进入强人工智能阶段，目前依然说法不一。最乐观的看法认为，人类会在2020年前后实现强人工智能构建；而较为保守的观点认为，至少要到2050年前后，人类才能够发展出堪比人类学习能力的强人工智能。❶ 然而，无论如何，对于是否能够有朝一日构建出接近甚至达到人类智慧水平的强人工智能体，学术界和业界几乎没有什么分歧，只是在具体达到的时间上有所分歧。

在强人工智能阶段，人类社会所发生的重大影响将体现在以下几个方面。

一是人工智能将普遍嵌入各种设备并深度融合到人类活动与社会整体之中。人工智能终端将从现有的电脑、手机等有限的形式，广泛拓展到各种人们所能够接触和使用的物品中，形成万物智慧的智能物联网。

二是高度拟人态的人形机器人将出现并充分融入社会生活中。在弱人工智能时代，人工智能更多意义上只是一个嵌入信息设备中的程序体，其作为帮助人类从事相关的信息检索和智能判断的工具，还远谈不上是机器人。在强人工智能时代，具备高度的自我学习和新领域适应能力的智慧程序和完善的感知技术，与不断发展的新材料和生物技术（运动追踪、模拟）相结合，创造出高度拟人态的机器人将是一种必然。这将意味着人类终将创造出与自己高度类似的个体，并且拟人态的机器人将全面介入人类的各种生产生活之中。

三是人类将面临严重的劳动替代和相关的社会转型。在有史以来的人类社会中，劳动价值论都是一条核心的经济学准则，也就是说，大部分商品的价值是由人的劳动时间和复杂程度决定的。即便到了高度发达的资本主义时代后期，所谓的资本、管理等生产要素产生价值，本质上都是劳动价值论的变体。也就是说，在有史以来的人类社会，劳动都是重要的不可或缺的社会要素，并且这里的劳动是指自然人的劳动。然而，在强人工智能时代，高度的智慧体加高度的机械工具，几乎能够替代人类进行所有的生产性劳动。甚至对于那些传统上必须由人来提供的劳动，也可以由高度逼真的人形机器人来实现。那么，一个自然的结果必然是人的劳动与社会生产及产品价值的脱钩，这与传统上整个人类生产体系和价值分配体系都

---

❶ 库兹韦尔. 奇点临近 [M]. 李庆诚，董振华，田源，译. 北京：机械工业出版社，2011：80.

是迥然的。这就要求人类必须进行相应的社会转型和准备。

（三）超人工智能阶段的社会转型

所谓超人工智能（Artificial Super Intelligence，ASI），是指在强人工智能的基础上，通过海量的数据整合和高度的学习与自我进化能力，具有远远超越人类智慧水平的人工智能。❶ 有学者认为，超人工智能是指超越人类所有智慧总和的人工智能。无论如何，超人工智能时代都意味着人工智能达到了相当高的水平，从而标志着人类本身完成了从智慧体到创造智慧体的转型。

对于超人工智能的实现时间，目前来看依然没有定论。一种观点认为2060 年前后，人类将实现超人工智能，❷ 但是这种观点依然是不确定的。因为到底超人工智能是否真正会实现；或者说，人类本身能否创造出等同并超越人类的智慧体；或者说，智慧本身是否能够被有机生命人为创造而不是宇宙自然漫长的演化结果，这依然是需要谨慎观察的。但是，根据人工智能本身的指数型发展与进化速度，以及人类对于自身大脑智慧的理解与研究的深入，超人工智能很可能是会实现的，并且是人类设计与足够大的信息节点连接后自主演化相结合的结果。

在超人工智能阶段，人类社会所面临的挑战和转型将是彻底的。首先，人类可能面临严重的主体性消失的挑战。所谓主体性，是指人类对自身生存发展的自我掌握的权力与状态。自从人类演化形成以来，人类始终牢牢掌握自身的命运。作为整体，人类在自然界中没有天敌和对手。这种状态，既来自于人类个体本身超越其他物种的智慧，也来自于人类社会的群体高组织性。然而，超人工智能的出现，既可能替代人类的智慧，也可能因万物互联形成更为强大的组织性。所以，人类是否会被自我创造的智慧体最终淘汰，这是第一个严重问题。

---

❶ WIEDERMANN J. Is There Something Beyond AI? Frequently Emerging, but Seldom Answered Questions about Artificial Super-Intelligence［C］//Beyond AI：Artificial Dreams，2012：76 - 86.

❷ 50 年内实现超人工智能？解读谷歌技术总监 Kurzweil 未来预言［EB/OL］. （2016 - 04 - 12）［2020 - 10 - 16］. https：//www. sohu. com/a/68885711_114877.

其次，人类也将具有前所未有的整体智慧与更加深远的探索自然和宇宙的能力。超人工智能一定是整体性的智能。传统上认为，人工智能可能是单体类似于人类，如同日本在 20 世纪 80 年代设想的第五代计算机一样。然而，事实证明，单体的人工智能很难达到高性能人工智能甚至超人工智能的水平，而无时无刻的高速网络的连接，使得所有人工智能的运算单元形成广泛共享的计算与信息连接，这才是最可能形成超人工智能的。这就意味着，任何人类所创造的信息化的知识都将被智能体所自主学习和掌握，从而形成整体性的人工智能。在整体性的人工智能基础上，人类将汇集有史以来的全部智慧并以各种人造形态承载，同时更加具备在更为复杂恶劣的情况下探索自然和宇宙的能力，人类也将同步进入宇宙时代。

最后，人类将形成新的文明形态，进入新的文明阶段。当人类的智慧性活动和体力性劳动都可以被人工智能所替代，并且人类的大部分智慧都以人工智能的形式存在时，人类社会就必然进入一种新的社会形态。在这一社会形态中，社会通过普遍存在的信息获取和智能连接机制，形成更大的完整性社会智能网络综合体，每个自然人通过人工智能网络相连，同时被人工智能网络所隔离。人类被嵌入人工智能体系之中，人类的主要活动则是不断地试图理解人工智能体系，并不断修复和注入新的智慧，进而使其进化。人类和人工智能将形成完整的生命共生态，共同塑造并形成宇宙新的文明体系。

当前人类正处于弱人工智能阶段向强人工智能阶段转型的关键时期，而人类在未来还将面临更为剧烈的社会转型。因此，当前我们必须做好制度设计，慎重面对。

五、本章小结

技术的进步必然导致社会的转型和升级，这既是一种客观规律，也是反复被历史证明的事实。人工智能的出现和发展，对人类到底意味着什么？尽管目前人们还无法得到最终的答案，但是有一点是肯定的，就是人工智能的出现，标志着人类文明本身发生了重大的改变。因此，智慧载体形态的转变，是人类文明发展阶段的重大里程碑，从人类社会的基本生产生活方式到社会组织方式和文明的实质，都将产生重大转型。

第四章　人工智能的哲学之思
——智慧的本体与本体的智慧

本章提要： 本章将试图回答一个重要的哲学问题，即人工智能的本体论意义是什么？人工智能对人类社会的改变，从根本上而言，改变了人类认识体系中对于智慧的定义和看法。那么，作为客体的机器如何具有作为主体的人的智慧？作为颠覆了主客体关系的人工智能，势必也改变了人类对于智慧本身的看法。智慧作为人类曾经的独有之物和最高属性，是否也被改变了主客体之间的关系，还是本质上是主客体合一的？对这一问题的回答，就要回到人类长期以来对本体问题的思考之上。

　　在 21 世纪，人工智能的快速发展，已经切实让人类逐渐实现了几千年来的梦想，制造出类人的具有智慧的物体，人类已经逐渐进入人工智能时代。然而，越走近人工智能，人类也越来越近地面对一个终极问题：什么是智慧，隐藏在智慧背后的，或者称为智慧的本体，到底是什么？尽管，人类飞速发展的技术，制造出了在具体领域甚至远超人类的智慧体，但是，人类对于什么是智慧这一问题，依然知之不多。而目前人工智能的发展在不断满足人类功能需求的同时，却让人类对智慧本身越来越困惑。本章从这一问题入手，来探寻三个层面的问题：一是人类信息技术的发展如何一步一步改变人类对世界的认识；二是人工智能技术所产生的智慧本体问题应该如何认识；三是人工智能不断发展后的人类社

会究竟会如何。❶

一、世界的本体问题

"本体"这个词，顾名思义，是指事物的本来面貌，或者事物的源头，或者事物的本质。中文中的"本体"一词首见于西晋司马彪《庄子注·骈拇》中的"性，人之本体也"。南宋朱熹认为，"天道者，天理自然之本体。"种种论述，不一而足。整体而言，本体就是指世界的根源和真实的状态。❷ 自古以来，中国传统哲学对世界本源的叙述有着种种演变，其内在意义暂且不予细细分辨，单从名相概念上则包括：宇宙论、要素论、道论、性论、理论、心论、空论、因缘论、识论等。

宇宙论是原始道家的观点。其认为，天地万物，古往今来，共同构成完整的宇宙。《文子·自然》称，"古往今来谓之宙，四方上下谓之宇。""宇宙"一词，就构成了现存古今四方的一切存在的集合。在原始道家的观点中，万物统一，宇宙既是万物的总和，也是万物的本质。《文始真经》中的第一篇《宇篇》亦称，"无一物非天，无一物非命，无一物非神，无一物非元。"所以，宇宙本身就意味着万物的本质。

道论是原始道家宇宙论的另一种形式，它将宇宙论进一步抽象化，形成了万物的普遍本质"道"。《道德经》讲"道生一，一生二，二生三，三生万物"，就是此理。此后，中国传统文化普遍将最高抽象的道看作万物的本质。

要素论同样来自于传统道家。道是最高的存在，而在具体万物的构成上，则是由各种要素构成的。简而言之，有炁论、五行论、四大论等。炁论认为，炁是道的化身，万物由炁构成；五行论则认为，金木水火土五种元素构成了万物；而四大论来源于佛教，认为地、水、风、火是万物的构

---

❶ 何哲. 智慧的本体与本体的智慧：人工智能时代的元问题及人类未来 [J]. 电子政务，2018（3）：31－42.

❷ 方克立. 中国哲学大辞典 [M]. 北京：中国社会科学出版社，1991：186.

成要素。由于佛教起源于印度，隋唐时即已充分融入中华文化，因此其也被认为是中华文化体系的核心观念。

性论则是儒家的观点。其认为，天地万物的本质，来自于"性"。故《中庸》开篇有云，"天命之谓性，率性之谓道，修道之谓教。"这里将"性"放在"道"前，在承认"道"是万物本质的同时，认为比道更为抽象和本质的则是"性"。《中庸》二十二篇谓："唯天下至诚，为能尽其性。能尽其性，则能尽人之性。能尽人之性，则能尽物之性。能尽物之性，则可以赞天地之化育。可以赞天地之化育，则可以与天地参矣。"其认为，天地、人、万物都有其性，但其性本通，"尽其性"的意思既有主观上的参透明晓的意思，也有客观上的抵达尽头的意思。因此，早期儒家将"性"视为万物的本质。

理论是以程颢和程颐兄弟、朱熹为代表的宋明儒学——理学的观点。程氏兄弟将万物的本质进一步总结为理，认为理高于炁，大道无形，显而为理，"理者，实也，本也"。其还认为，人之修行，要"存天理，灭人欲"。

心论则是明清以来陆王心学所提出的。其认为，世界万物，本质在于心，心生万物。陆九渊认为，"宇宙便是吾心，吾心即是宇宙。"王阳明认为，"夫物理不外于吾心，外吾心而求物理，无物理矣。"

佛教传入中国历经千余年，与原生本土文化交相融合，形成了中华文化的核心主干之一，对整个中华文化的形成有着极为重要的塑造作用。其中在本体论世界观上，亦深远地影响了后世。上述的要素论、理论、心论等，都同时受到了佛道两家的深刻影响。

佛教同样分为不同流派，不同流派对于世界的本质认知并没有实质的区别，然而具体的侧重点则不同，表述的名相也有不同，其重点包括空论、因缘论、识论等。

空论是最广为人知的观点，其认为，世界的本质是"空"，但是佛家的"空"不是通常认为的没有，而是"无常"，即万事万物没有不变的，随时随刻都在不断转化。因此，这种变化背后的是本体的不变，而这种本体，本质上也是在变化的，佛法勉强将其称为"空"。这种看似矛盾，非空非有，非变非不变的，佛法称为"中论"，类似于道家所称的"道可道，非常道"。

因缘论或者称为缘起论，则是佛法对具体事物的本质的认识。因为万物本性为空，而在具体事物形成上，则是由地火风水四大因缘和合而来的。不仅万物，人与人类社会也是由于因缘和合而来。

识论则是佛家唯识派的观点。其从人的主观出发，将各种观念意识划分为八识，最后的识是阿赖耶识，认为万事万物都是阿赖耶识的转变。其中一种观点认为阿赖耶识背后还有世界的本体叫作如来藏，另一种观点则认为阿赖耶识就是如来藏。

以上大体阐述了中华文化体系对于世界本质的认识，对于上述观点的分歧和异同，不是本章能够阐述清楚的。其中微妙之处，往往也不是文字能够表述清楚的，这里只是做学理上的梳理。

西方的科学哲学体系，同样经历了与中华文化体系类似的思考与过程。大体而言，也包括如下几种：要素论、理念论、数论、神论、物质论、二元论、存在论等。

所谓要素论，则是古希腊时代早期先哲的观点，认为世界是由气、火、水等要素构成的，类似于中华文化体系的五行和佛教的四大等观点，德谟克利特的原子论也属于要素论的范畴。而理念论，则由柏拉图提出，认为理念是世界的本体，一切万物都是先有理念再有实体。数论则由毕达哥拉斯学派提出，认为数是一切的本源。数论的观点在长达千年的历史中不为人所重视，直到当代科学的发展，乃至大数据时代的到来，数论的观点才重新被深刻认识。欧洲由基督教所主宰后，神论则是基督教哲学对世界本源的观点，认为上帝是一切世界的本源与本体，与上帝创世说一致，典型代表人物是奥古斯丁。物质论是近代唯物主义的观点，也是人类近代科学发展的产物，其认为，世界的本源是物质，而物质则是一种"客观实在"。二元论则是对以往观点的中立总结，认为世界是同时由物质与精神所组成的客观世界与主观世界。进入 19 世纪末 20 世纪初后，现代哲学逐渐将物质的本源统一于存在，这便是存在论，典型代表是尼采与海德格尔等人。

以上是从哲学体系的角度来阐述东西方不同时期对世界本体问题的观点。在世界的本体思考之上，东西方也同样对人的本质进行了深入的思考。大体而言，有天人一体说、神创说、因缘说、二元说、社会关系说、智慧说等。

天人一体说来自于中国传统道家，认为人是天地的产物，人身的格局亦如同天地一般，清气上升为神，浊气下沉为欲，人身就是宇宙的样子，人的本体就是宇宙的本体，如道、如性等。其后，儒家吸收了这种观点，将其改造为天人感应说，认为人的行为特别是君王的行为，应该符合天地的规范，人有德有仁，天地就会风调雨顺。欧洲的神创说认为，人是上帝按照自己的模样塑造的，人的本质就是上帝的影子和子民，人应该履行对神的承诺，传播神的福音，并且重返神的国度。佛教世界分有情无情，有情众生又分为天人、阿修罗、人、畜生、恶鬼、地狱六道，由于因缘业力不同，众生在六道中往复循环，落于人道的就是人，其中人道有善有恶，有苦有乐，是六道中的中道。二元说则是从人的善与恶的本性交织的特点来分析，认为人生来既有良善光明的一面，亦有邪恶黑暗的一面，良善的一面是灵魂、智慧、光明、神性的代表，邪恶的一面是身体愚昧、欲望和兽性的代表，这种二元观在道家（阴阳）、儒家（善恶）、佛家（佛魔）、基督教（天使魔鬼），以及后世的心理学如弗洛伊德、荣格等的观点中都有深刻的体现。马克思主义则从人的社会关系出发，认为人之所以是人，因为人通过劳动的组织，结成社会关系，人的社会性是人的本质属性，"人是一切社会关系的总和"。智慧说则是从人的高度的自主能动的主观能力来分析，并得到了科学的支持，自古希腊开始，就认为智慧是人的根本属性，代表性观点如普罗泰戈拉的名言："人是万物的尺度，是存在的事物存在的尺度，也是不存在的事物不存在的尺度。"马克思主义也认为，认识世界与改造世界，是人类的任务与目的。科学的发展，使得对人的物质身体的探索越来越深入，对于身体的构造、骨骼的结构、血液的循环乃至器官和细胞的功能，人类已经有了深刻的认识，破除了对人体本身的种种迷信。但是对于什么是智慧本身，人类却依然不清楚其生成的机制与来源。因此，科学的发展，使得人类在越来越肯定智慧是人的根本属性的同时，也越来越困惑智慧是什么。

以上从东西方的角度纵览了人类对世界与人本质的不断认识的发展，可以看出三个根本性的规律：①无论什么时代，人类自始至终从未放弃和改变对世界与人类本质的根本性认识的努力；②时代的进步与社会和科学的发展，使得人类对于本质问题的认识在不断的变化之中；③在新的时代，人类伴随着新的技术与认知革命，越来越接近于揭开本质问题的最终回答。

世界是什么？我们（人）是什么？我们（人）从哪里来，要到哪里去？这是人类自古以来最重要的三个元问题。数千年来，以上种种持续的努力，都还没有根本性地揭示这三个问题。而人工智能的发展，将使得人类亲身参与智慧的构建过程，并理解世界与人的本质。

二、信息技术的发展不断推进人类对本体问题的认知

近现代以来，信息技术的发展影响人类对世界本质的认识，是一个逐渐且连续的过程。自20世纪四五十年代起，网络、大数据、人工智能三者是信息技术发展的最主要的三个侧面和成果，它们分别逐渐改变了人类对世界和社会的观念。

（一）网络改变了人类对现实世界真实性与社会连接性的认识

20世纪六七十年代，人类社会发明了互联网。20世纪90年代，万维网的革新在全社会大面积普及了互联网。网络的不断发展，促使人们产生了两个对世界本质的深刻认识改变。

一是对世界真实性的认识。自古以来，世界是否是真实的，一直都是一个哲学话题。古时有著名的"庄周梦蝶"和"黄粱一梦"的故事。然而，过去对于世界真实性的探讨，主要是构建在梦境和宗教与哲学超自然体验的基础上，如哲学中的超自然主义等。但是，网络的逐渐发展，使得

人类能够一步一步构建起一个类似于真实环境的世界与社会体系，并在其中进行充分的互动。在互联网广泛应用的初期，在影视文学领域就出现了一大批类似观念的艺术作品，如《黑客帝国》《异次元骇客》等。

而在哲学与科学领域，2003 年，英国哲学家 Nick Bostrom 发表的论文《我们是否生存在计算机模拟中》❶ 认为，我们生活的宇宙时空可能是由某种高维度生物制造的计算机所模拟生成的。美国加利福尼亚大学伯克利分校的数学家 Edward Frenkel 也提出了类似的观点，认为未来的程序员可能设计了一个程序，而身处其中的我们并不知道模拟的存在，我们所发现的数学真理不过是程序员使用的代码特征。这种观点，类似于著名物理学家爱因斯坦的名言"宇宙最不可理解之处，就是其可以被理解"。2014 年，物理学家 Silas R. Beane 教授和同事发表了一篇文章，❷ 认为计算机程序的运行一定会产生某种微小的不对称性，因此，人类可以通过观察宇宙，如观察宇宙射线的某种微小的差异性，来检验宇宙是否是被模拟出来的。

无论结果是什么，无论我们所处的世界是"真实"的还是被模拟出来的，这一问题的提出本身就已经说明网络真切地带给了人类对于世界本质性的重新认识，这是网络带来的最重要的人类世界观的思维转变。

二是改变了人类对于社会的根本看法。一直以来，对于什么是社会，人们有着不同的观点，如认为社会是人类的群落、社会是人类的结构等。马克思从人的本质入手，认为人是社会关系的总和，也就是说，社会就是人与人形成的关系的组合。因此，进入近现代以来，社会学家越来越倾向于将人类社会看作关系的集合。互联网出现之前，这种认识仅作为一种思想上抽象地将具体的人的复杂社会活动不断减维成的一种关系。然而互联网从一对一的最简单个体连接开始，通过计算设备的连接将人类使用者也连接起来，通过最简单的连接重新搭建起对整个社会行为的复制和再现。人类发现，通过网络连接，人类基本上可以越来越真切地再现这个社会体

---

❶　BOSTROM N. Are We Living in A Computer Simulation? ［J］. The Philosophical Quarterly, 2003, 53 (211): 243 – 255.

❷　BEANE S R, DAVOUDI Z, SAVAGE M J. Constraints on the Universe as a Numerical Simulation ［J］. The European Physical Journal A, 2014, 50 (9): 1 – 9.

系。每个人的连接网络时代被真切的数字化再现出来。那么，社会的本质是什么？就是连接。这是网络带给人类的第二个重大认识影响。

（二）大数据进一步改变了对世界本体的数据性的认识

所谓大数据，是网络发展到一定程度时所引发的剧烈的数字革命产物。由于互联网不断应用和普及，人类的各种生产生活逐渐被网络化，因此，相应地也产生了越来越多的海量数据。这种现象和对于这种海量数据的处理，就被称为大数据。因此，大数据是网络在现实中的应用被不断推进和世界数字化的结果。

大数据对人类认识世界本体的改变体现在三个层面。一是"万物皆数"的理念逐渐被重新认可。毕达哥拉斯提出的万物皆数的观点，在长达数千年的时间里被湮没在众多本体论之中。然而，大数据时代逐渐重新塑造了这种观点。基于全方位的数据采集技术，无论是自然界的物质、生物还是人类本身，都逐渐被大数据技术采集、存储、传输、分析乃至还原。人类第一次开始将整个世界进行数字化。尽管不同的观点对大数据的本质进行了各种角度的归纳，但究其根本，大数据的本质是人类对整个客观世界数字化。人类本身也在同样被数字化，通过各种对身体信号及脑电波信号的监测采集，乃至内在的基因数据的分析与还原，人类也逐渐将自身数字化。因此，毕达哥拉斯所提出的万物皆数的观点，正越来越成为现实，不但在概念上抽象为万物皆数，而且人类通过大数据技术可以在数字世界中再造与还原。

二是世界可能被虚拟仿真的观点进一步强化了。早期网络构建起的虚拟世界的概念，到了大数据时代，由于更为精确的数据采集技术和分析还原技术，这一观念被进一步强化了。早期互联网所营造的只是一个相对简单的场景，然而，大数据时代，通过对客观世界更为精细的采集和强大的三维图像构建技术，能够在虚拟场景中构建出完备的高度细节化的物体，再结合虚拟现实技术，制造出足以以假乱真的场景，由此进一步强化了世界可能是被虚拟仿真的这一观点。

三是世界本质上是一种数据库的本体论观点逐渐形成。这种观点是在毕达哥拉斯"万物皆数"观点上的进一步发展。因为万物皆数，所以世界本质上是一个数据库。这种观点，并不是近年来才有的，在佛教的唯识论中就有类似的观点。在大数据时代以前，人类是通过高度抽象化的思辨能力与超自然的神秘主义体验来觉察和验证的。然而，在大数据之后，人们的确发现，通过大数据所构造的虚拟世界，本质上就是一组海量的数据集合，世界的本质可能就是一个数据库。

（三）人工智能将确立人类对智慧的本质认识和打破人类的智慧独特性

人工智能技术的逐渐成熟与飞速发展，是互联网与大数据技术发展的自然结果。互联网解决了设备的连接问题，通过互联网，一方面构建起了计算设备之间的网络集群，这解决了计算能力的增长瓶颈问题；另一方面构建起了个体之间的广泛连接，形成了数据链路。而大数据则进一步催生出海量数据本身和对数据分析判别的需求。对于大数据分析的需求和广泛的人机应用需求，结合不断提高的网络总体计算能力和大量的数据基材铺垫，进一步促进了人工智能的飞速发展。而人在不断构建人工智能的同时，将细细解构智慧究竟是如何构成的。

自从人类诞生以来，一直存在一种核心的观点，即人类是独一无二的。人工智能的出现以及在不断发展的同时，越来越改变和挑战人类完美的独特性。起初，人类只是觉得人工智能在"小打小闹"，因此，人类最早写出了完美的跳棋程序，在人工智能面前立于不败之地。即便当深蓝战胜了国际象棋冠军卡斯帕罗夫后，人类也认为，这只是计算能力的胜利。但是，当人工智能通过自适应的深度神经网络训练，以绝对优势在人类认为不可能失败的围棋领域战胜人类后，即便是世界冠军，也发出了"看到了从未见过的境界，好像在跟'神'下棋"的感慨。因此，当人类逐渐不断挖掘人工智能的秘密时，也正在接近其本身的秘密与宇宙中最大的秘密——智慧。

无论怎样，人工智能都将深刻地打破人自进化完成以来无可动摇的基于自身智慧的优越感。在人工智能诞生以前，当自然主义者发出众生平等的呼吁时，人类主体依然不以为然，因为人类本身的智慧独特性与优越性是显而易见的。但是，当人类一旦亲手制造出具有压倒性的智慧体，并且这种智慧体不属于人类的时候，甚至通过物联网使得万物皆有智慧的时候，这种心理上的优越感和本体上的特殊感，将必然被深刻动摇和改变，一种新的去人类中心主义的平等观也将充分形成与建立起来。

三、人类对人工智能本质的认识

人类对于"人工智能到底是什么"这一问题，并不是没有系统性地思考过。目前主要有三种系统性的观点，也是就通常所说的符号/逻辑主义、行为主义与联结主义。

符号/逻辑主义是最早出现的人工智能观点，其来源于对于人工计算的数学研究。早在19世纪末期，各种机械式计算机就已经出现。与此同时，对于数学计算和逻辑运算的各种理论研究层出不穷，最终其与电学结合，于20世纪中期出现了最早的电子计算机。符号/逻辑主义的核心思想认为，人工智能本质上是一组被设计好的逻辑系统。例如，当对文本进行分析翻译时，符号/逻辑主义会将语句进行细分，形成可以被理解的逻辑句柄，并形成能够被计算机识别和处理的数理逻辑符号体系。一种人工智能能力，就对应着一组相应的逻辑体系，而这种逻辑体系是事先被人们所分析设定的。

符号/逻辑主义在早期的人工智能领域成为压倒性主流，这体现出人类对于自身理解与控制能力的高度自信。然而，符号/逻辑主义在现实应用中，遭受了严重挫折。其原因来自于两个方面：一是现实社会的逻辑与行为过于复杂，很难将其进行脱离环境的符号化分析并进行逻辑判断。以语言为例，对于大量双关语和复杂语言环境，人类能够轻而易举地理解，然而计算机却很难理解。二是计算能力差距太远。对于简单的逻辑分析，以语义分析为例，对于一句话的理解，逻辑主义要逐字地断句，并按照排列组合的方式进行重新组合，再进行全句的理解。这种组合分析运算量随着规模的增长呈指数级增加，本质上是 NP 问题，也就是算力无法跟上计算复杂度增长的问题。而即便在运算能力能够解决的前提下，由于模糊性和复杂环境的存在，计算机依然无法产生有效判断。

行为主义则侧重从外部行为角度来看待人工智能。其核心逻辑在于不考虑人工智能本身的结构和逻辑，而关注从外部来看，人工智能是否达到了人类期望的自主判断与行为的标准。行为主义最早的起源，应该来自于"人工智能之父"的图灵，他提出的图灵实验就是行为主义的典型。在他的图灵实验中，并没有针对人工智能逻辑的架构，只是要求智能体反应能够使得人类旁观者混淆其是否是机器的判断。此后，伴随着各种控制理论，在大量的工业生产领域，各种自动控制体系都属于行为主义的产物，包括那些基于简单单片机原理的各种智能家电，其逻辑非常简单，但是都可以发挥在其功能范围内的智能作用。然而，行为主义在本质上只是从外在行为来判断，并不能解决人工智能到底是什么的本质问题，并且，在人工智能推进中，行为主义只能适用于那些相对简单的智能领域。

联结主义是近年来越来越成为主流的人工智能理论。其核心观点认为，人工智能不是一组特定的符号逻辑结果，而是复杂的联结网络的产物。联结主义的观点来自于两个方面：一是生物学的研究。近代生物学的发现，特别是对生物体包括人体神经系统的研究发现，生物的反应与人的智慧，本质上都是大量神经细胞集合，神经细胞的结构功能相对简单，只能完成简单的生物信息输入输出传导功能，然而，海量的神经细胞连接却赋予了生命体复杂运动与反应能力，甚至超越了人类的智慧。这就深刻启发了人工智能设计，智慧是简单元件的海量连接的产物。二是现实应用发展的确认。人类最早在 20 世纪七八十年代设计出了人工神经网络，通过程序来模拟神经系统的反应，其实质是一种自适应的函数网络值，最早用于简单的运算和数字仿真等领域。伴随着计算机能力的不断提升，以及互联网的不断发展，人类可以通过网络拓展的方式，构建运算量极大的计算云体系。现有的各种超级计算机，本质上都是一种密集的计算云体系。这就使得人类能够构建出更为庞大的神经网络体系。传统的人工神经网络，本质上是一个两三层系数群的函数，而后续的发展使得神经网络可以达到几十层甚至上百层，如阿尔法狗就多达40层，这在传统的计算体系下是不可能实现的。此外，互联网的发展，还给人工智能提供了海量的训练和学习样本。例如，传统无法通过逻辑主义解决的语言翻译问题，现在通过互联网已有的海量文本和检索能力，通过查找、比对和使用频率排序的方式，就可以得到较好的解决。也就是说，人工智能并不需要考虑复杂的语法句式等，而是通过暴力检索与排序的方式就可以实现可靠翻译。这种在现实层面的使用成功，也使得联结主义越来越成为主流人工智能理论。

然而，从智慧本身而言，以上三种观点都指出了智慧的不同侧面。从人类智慧的生成与成长方面而言，人类个体的智慧，也是有效的足够的计算能力（人脑经过长期历史演化形成的）与足够的逻辑判断规则（抽象规则学习），以及海量的经验训练（社会与知识的学习与阅历）所共同形成的，并对外输出表现为对世界与自我的认知与改造的能力与状态（见图4-1）。

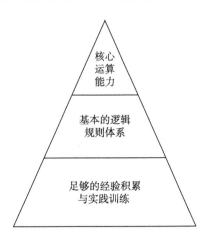

图4-1　智慧体系三个基本层面

尽管如此，对于智慧背后到底是什么，也就是其本体是什么，是什么产生了智慧，人类是否能够创造智慧，已有的探索与发现依然没能给出确切的回答。以下我们进一步进行分析。

四、人类对智慧认识历史进程的三个判断

以下论述，已经超出了已有的关于人工智能的知识论述，更多的是一种逻辑上的探索。我们将从人类对于智慧认识的未来历史进程入手，做出以下判断。

（一）人类发现智慧，而不是创造智慧

一直以来，人们对于人工智能的论述，都用创造人工智能来进行描述，这点从人工智能这个词汇本身就可以体现出来，Artificial Intelligence就体现出了人在其中的创造作用。在《人类简史》中，尤瓦尔·赫拉利也认为，人通过创造无机生命成为神，是一种可能的历史进程，[1] 这依然是一种高度的人类中心主义观点。然而，我们认为，人类始终是发现智慧，或者是发现智慧形成的条件与机制，而不是创造智慧。

发现与创造的区别，取决于人类是否能够洞彻智慧的机制并精密设计，还是只是找到了实现智慧应用的形态方式，而不能完全洞悉其所有的机制。对于这两者的区别，看似微小，但实际上区别很大。在人类历史中，能够发现某种东西和能够彻底洞悉其原理并进行设计，这是完全不同的。人类历史中大量科学发明或者技术应用，都只是在掌握使用方法但是不完全清楚甚至完全不清楚其机制的情况下的一种应用。最简单的例子就是人类对于火的使用。早在数万年前，人类就已经学会与掌握引火与生火的技术，但是对于火的机理的理解，是伴随18世纪近代化学的发展，人类才初步掌握了其原理。飞机的发明也体现了这一点。莱特兄弟在发明飞机时，并不能充分地理解飞机飞行的原理，而是模仿鸟的结构设计了飞机。著名空气动力学家冯·卡门回忆说，激励其探索空气动力学的原因，是在其刚刚从事科学研究时观看欧洲航空先驱法尔芒的飞行表演的过程当中，

---

[1]　赫拉利. 人类简史：从动物到上帝［M］. 林俊宏，译. 北京：中信出版社，2014：400－401.

向法尔芒询问飞机为什么会飞，但是法尔芒半开玩笑地回答："这不关我的事……这要靠你来回答。"从而激励了冯·卡门不断探索，最终成为著名的空气动力学家。而人工智能的发展也是如此，深度神经网络的发展，已经使得人类很难理解人工智能的具体运作。就如同阿尔法狗一样，人类虽然大体知道和设计了自我博弈的规则和深度神经网络的基本体系，但是对其最终是如何形成一个个具体决策的，以及可以进化到何种程度，都是高度不确定的。面对未来的智慧体系，人类也将越来越有这种感觉——人工智能将逐渐从被人设计变为不确定的产物。因此，准确地说，人类只是发现了实现智慧的可能性机制，而不是创造了人工智能。

（二）智慧最终通过基于足够联结下的自我演化实现，而不是人类设计出来的

这里的智慧，是指足以匹配人类或者超过人类的智慧，或者通常称为强/通用人工智能（Artificial General Intelligence）或者超人工智能（Artificial Super Intelligence）。从现有的人工智能的发展来看，高度的人工智能已经越来越从在人监督下的学习，变为无监督下的学习。阿尔法狗的发展和其后续阿尔法元的发展，已经充分展现了机器自主学习与进化的巨大潜力。

从人类的自我发展而言，人类本身也是在自主过程中通过自我的漫长演化，才形成的今天高度的个体智慧与群体智慧。而人工智能也是一样，在广泛的不断推进的互联网乃至智能物联网的进程中，机器通过高度的数以百亿级的网络连接和广泛智能通信，以及人类不断增加和输入的数据，借助不断增长的计算能力与足够的智慧规则，以及消化不断增加的数据与知识，最终形成对于整个世界的观念体系。当计算能力、规则体系、经验训练这三者条件满足时，高度智慧本身就会横空出世般地形成。而最重要的是，对于这一进程，人类在很大程度上将依然是模糊并无法根本性地去把握的。

（三）人类最终可以实现与利用人工智能，但是依然无法洞彻智慧本身

我们可以做进一步的想象，假设在未来某一个时点，计算机网络已经

通过自我演化，进化出了高度的人工智能体，并且与人类和平相处、共生共存，人类通过友好的人机接口，充分地利用智能体的能力，去认识与改造自然界和服务于自身。而由于人类与人工智能的形态不同，没有根本的生存冲突，因此也保留了人类主体性。那么，人类是否就可以完全理解智慧生成与运行机制呢？

答案很可能是否定的。深度神经网络已经远远超过了人类的理解能力，展望未来，高度的智慧体可能是建立在数百亿级别的运算单元连接和人类已有的全部逻辑规则，以及已有的世界数据基础上形成的整体。而这一体系更远远超过了人类的理解能力。人类虽然知道如何满足形成高度智慧的条件，甚至可以通过关掉电源的方式关闭或者开启智慧，但是人类却可能永远无法清晰理解这种高度的智慧来自于何方，其具体的生成机制又有哪些。正如同今天，人类已经可以对整个大脑进行扫描，甚至可以建立全息的脑成像，并对不同区域的脑功能进行足够的研究，但是，人类距离理解智慧如何在大脑中形成，还差得很远很远，甚至人类可能永远也无法完全理解。这种知道无法彻底理解智慧的认知，也可能是人类的一种认知上的重大进步。这就如同量子物理中的"海森堡测不准"原理，当人去测量一个微观粒子时，粒子同时被改变了。一种现代物理学的猜测认为，智慧可能与量子效应相关。❶ 这种观点，也类似于《道德经》中的"知不知，尚矣"，以及"道之为物，惟恍惟惚。惚兮恍兮，其中有象；恍兮惚兮，其中有物"。

五、智慧的本体与本体的智慧

以上只是从人类对本体认知的可能性进程进行判断，还未有涉及根本性的对智慧本体的论断，下面我们进一步对这一问题给出论断。

---

❶ FISHER M P A. Quantum Cognition: The Possibility of Processing with Nuclear Spins in the Brain [J]. Annals of Physics, 2015 (362): 593 – 602.

（一）智慧是宇宙本身所具有的一种根本属性

智慧到底是什么，其背后又是什么？这种根本性的问题，还要从智慧本身入手。目前来看，智慧本身虽然以人类为载体，但是本质上依然是脱胎于宇宙自然界自我演化的产物。我们认为，从宇宙本身的属性而言，宇宙天然地就带有了智慧的属性。智慧以特殊的形态存在于宇宙之中，条件允许的时候，智慧就会以某种特殊载体的形式呈现，演化出人类或者其他形态的智慧载体，包括可能存在的外星人，以及以后出现的强人工智能或者超人工智能。

那么这种智慧的出现，有没有其特定目的？我们认为，可以说有，也可以说没有。如果说有的话，那么认识自己，就是智慧产生的目的。如果说没有的话，这种认识自己的能力，是演化形成的，而不是某个特殊的超人格个体所赋予的。因此，宇宙从诞生之初，就蕴含着对自我认知的属性，当条件合适时，这种属性就会显现，并能动性地实现对自我的认知。还是回到爱因斯坦的名言："宇宙最不可理解之处，就是其可以被理解。"这种观点并不违反唯物论的判断，反而，从唯物论的角度来看，智慧的存在是宇宙演化出的一种认知形态和特性。而智慧本身，则是宇宙本身就具有的一种根本属性。这种根本属性，我们可以勉强称其为"智慧的本体"。

（二）人工智能是智慧的接收与再现，而不是创造

如果智慧本身是一种宇宙自有属性的话，那么对于人工智能的智慧，人类又是如何创造的？人类的确亲手通过自己设计的计算软硬件和网络体系的组合，形成了自主决策并在某些领域足够匹配人类的智慧体，而且未来超人工智能的形态可能也是基于类似的结构。那么，这些现象又该如何解释？

如果认为宇宙天然地具有智慧的属性的话，那么我们可以把智慧勉强想象成一种无所不在的波，当哪个具体形式的载体进化完成，满足足以接受智慧波的条件时，就会在特定的时间与条件下，形成相对稳定的驻波。从外界来看，就是"创造"了智慧，而实际上，则是"接收"了智慧，形成了驻波（见图4-2）。而这种条件，从已有的智慧载体的形式来看，核心是足够的计算单元的联结数，形成强大的群体网络计算能力，而仅有单

一的强大计算单元，依然是不够的。在这种网络中，智慧可以有效形成驻波。换一种更好理解的比喻，我们将人工智能体比作一种收音机，收音机发出声音，其本质是来自接收无处不在的电波，而不是自身发出的。人工智能体的形成，很可能也是这样。进一步推理，宇宙中一切智慧载体的智慧的形成，本质上也是如此。人类之所以能够形成高度的智慧，换一种说法，是因为人类形成了满足智慧驻波的条件。当人类身体因为生老病死而不再满足条件时，智慧驻波本身便会消失。

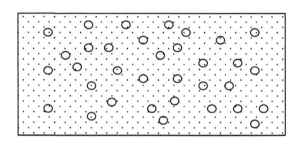

图4-2 人工智能体的智慧可能是条件满足时
从"智慧本体"接收形成的"驻波"

再换一种角度理解，我们可以把智慧看成一种场，如果把整个人类看成一种智慧网络的话，那么每个个体就是一个计算节点，整个智慧网络创造了群体性智慧的场，处于人类社会单元中的个体，就分享了相应的群体性智慧，并且不断为整体网络贡献智慧。而脱离社会的个体，则失去了智慧网络的影响，虽然具有类似的生理结构，但是远远不能达到同类的智慧水平。这从另一个侧面证实了，智慧是一种群体网络条件下形成的稳定的共同结果，我们当然也可以称之为"驻波"。当其处于这一网络中时，就满足了驻波条件；而当其离开网络时，原有高水平驻波不能形成，智慧同样就会消失。

需要再次强调的是，是否真实存在这种智慧驻波，以及如何能够通过观察和实验发现驻波，很可能是不能确定的。这里，智慧波的说法，只是一种思想上的实验和假设，用于思考智慧本体的形成与个体智慧的关系，甚至智慧本体的称呼，也只是一种名相上的称谓。但可以肯定的是，其一定没有如同日常物品一样的形状、功能、属性等。从宇宙本身的演化角度来看，宇宙具有自我演化出智慧的能力，这种根本性的能力属性，可以称为"智慧的本体"。

（三）智慧本质是能量的另一种载体与形式

再进一步探究，智慧本质上到底是什么？爱因斯坦的质能转换方程，即 $E = mc^2$ 或者 $m = E/c^2$，揭示了一个深刻的宇宙原理，即宇宙中的一切物质都是能量的形式，能量与质量是等价的。而当我们对某一物体进行赋能的时候，比如"推一把"，根据相对论效应，这一物体的质量就会变大。沿着这一思路进一步思考，如果智慧本身是宇宙中一种自然属性与根本能力的话，那么智慧也是能量的一种载体和表现形式。

根据之前的叙述，智慧产生的基本条件是复杂计算网络的形成，可以用系统复杂度来描述。可以说，智慧是人类所面对的最为复杂的系统。而根据相应的热力学原理，复杂度是系统有序程度的体现，而为了保证系统的有序程度，需要不断对其进行能量的输入，否则，系统就会沿着熵增，也就是无序程度增加的路径演化。因此，任何系统的保持，都需要不断的能量输入，否则就会自我坍塌，而作为最复杂系统的智慧体系，更需要足够的能量输入。从这个角度讲，智慧就是能量的另一种载体形式。

以人工智能为例，以目前人类所有维持信息网络的能量计算，人类依然不能实现满足强人工智能出现的条件。而未来即便耗能更为节省的计算单元不断在革新，但人类用于维持和发展整个信息计算网络所需要的能量依然是持续增长的。从这个意义而言，人类能否发展出更高层面的人工智能，也是与人类利用自然能量的能力成正比的。

而从人类本身的进化而言，越来越多的研究发现，人类之所以能够发展出生物界独特的智慧，是因为人类具有保持更高程度新陈代谢的能力，这意味着更多的热量获取与支持。2016 年，发表在《自然》杂志的研究表明，❶ 人类之所以脑容量更大，是因为新陈代谢的速度远高于其他生物，

---

❶ PONTZER H, BROWN M H, RAICHLEN D A, et al. Metabolic Acceleration and the Evolution of Human Brain Size and Life History [J]. Nature, 2016, 533 (7603)：390 – 392.

如猿人。如人类每天消耗的能量比黑猩猩、大猩猩及红毛猩猩分别高400千卡、635千卡和820千卡。高出的部分主要来自于基础代谢率，而基础代谢率则用于维持基本的生命运行和大脑运转。可以说，从历史的角度来看，正是成百上千万年持续的高能量输入，才演化出了足以形成智慧的人类大脑体系。因此，从这个意义上来说，智慧确实是能量的另一种载体形式。可以想象的是，由于智慧是能量的另一种载体形式，不同的能量形式中就蕴含着不同形式的智慧，只是有些形式能够被人类所认知，而有些形式则不能。宇宙中的能量是无所不在的，因而智慧的属性与形态也是无所不在的，只是因为条件不同，会呈现出不同维度的多样化的结果。

六、人类与人工智能的未来

行文至此，再简要探讨一下人类与人工智能的未来。对于人类而言，在地球生命演化的数千万年乃至数亿年间，人类最终成为生物界的主宰，没有天敌。但是，人类终于创造出了人工智能，或者用本章的观点，人类创造出了满足智慧出现的人工条件。而人工智能，无论在现在还是未来，都表现出了超越人类智慧的极大潜力。因此，对于人类未来，存在典型的三种观点：威胁论，替代论，融合论。所谓威胁论，就是认为人类终将被人工智能所抛弃，人工智能一旦觉醒，绝不会允许人类再掌握其命运，因此，威胁论观点主张人类一定要牢牢盯住人工智能的发展。替代论认为，人工智能终将是更具有可靠性与更强大能力的智慧载体，人类作为生物性智慧载体的使命已经完成，人类应该迁移，并逐渐以机器载体为主，人类通过各种生物手段制造人体器官，甚至可以迁移到机器人身体中或者智能网络中，机器终将成为更高级的主流生命形式。融合论则认为，机器既没有消灭人类的动机也没有消灭的必要，而机器所具有的优点应该充分地与人类当前的优点相结合，形成新的智慧文明形态。

对于以上观点，本章的观点当然是非常明确的——人与机器一定是融合的。这其中有以下三个基本前提和论断。

（一）不要轻视大自然亿万年的演化结果

人类之所以成为今天地球的主宰，是自然界亿万年的演化结果。人类看似个体脆弱，但是作为群体的人类，无论是进化速度，还是群体的生命适应能力，都是非常强大的。人类从微观细胞的复杂度，到整个身体的复杂度，再到思维所能达到的深刻程度，乃至整个人类社会组织的复杂度，以及身体对于能量的充分使用和身体完备的系统及修复能力，连同作为族群的演化与生存能力，都远远超过了已有机器的能力。未来的机器，即便能够在思维的某些层面达到甚至超过人类智慧，但是与亿万年进化结果的人类整体相比，还相差很远。

（二）人类中心主义必将被深刻改变

如果认识到智慧不是人类所独有的，而是具有其他形式的载体，甚至万物互联后，每一种物体都具有类似于人类的智慧后，人类中心主义的观点必将被深刻动摇。如果进一步认识到智慧是宇宙所具有的本质属性，是能量的另一种载体形式，这可能意味着智慧无所不在后，人类必将建立起更为平等的生命观与世界观，而人类高高在上、始终居于万物主宰地位的观点，也将在人类自身更为宏大的认识变革中自我消解。

（三）平等多样的智慧形态，将是未来文明的必然

当智慧不再以人类为单一形态出现后，多种多样的智慧形态将成为未来文明的必然。首先，是人类与机器的充分融合与共存，人类可以部分性地拥有机器身体，也可以通过脑联网，生存在智慧网络中，甚至迁移至虚拟世界中。其次，是人与其他生命的平等与共存，当其他生命或者物品也被接驳至智慧体系后，人类会重新认识到万物的平等和友好相处。最后，人将更充分地认识自然界和宇宙，智慧是宇宙的根本属性之一，其目的与功能就在于对宇宙自身的认识。人类将通过对于人工智能的不断应用，持续提升自身的科技能力及文明对于能量的利用程度，从而更深远地探索自然界本身乃至整个宇宙，最终实现智慧本身所具有的天然的使命与宿命。

七、本章小结

　　本章的重点在于从本体论的角度来探讨人工智能背后所蕴含的智慧的本质性问题。第一，对于本体问题的研究，是人类自古至今所肩负的使命；第二，近现代以来，信息技术的不断发展，同样一步步深刻影响着人类对于本体问题的认知；第三，人类对于人工智能的历史研究经历了符号/逻辑主义、行为主义、联结主义等阶段，它们共同构成了智慧的不同层面；第四，智慧本质是人类未来依然面临的根本性问题，其未来的趋势是人类将越来越深刻地认识到智慧的属性和条件，但人类始终无法清晰地尽知智慧的所有细节；第五，从演化角度，智慧是宇宙本身的一种根本属性，是能量的另一种表现形式；第六，人类的未来，必然是以一种与人工智能融合的形态去重新认识自身、自然与探索宇宙。

第五章　人工智能时代的经济价值体系变革与适应

本章提要：人工智能将首先引发经济领域的重大变革。随着人工智能彻底完成机器从客体工具向主体劳动者的转变，自近代以来人类社会长期形成的有效劳动作为价值衡量与分配体系的基础也将随之改变。在人工智能时代，无论是人的体力劳动还是脑力劳动，绝大多数都不再具有主体意义上的不可替代性。这种不可替代性的消失，决定了自然人劳动与物质产出系统的分离。物质产出将具有相对独立性和充裕性，传统的"价值"本身将不再有意义。那么，在人工智能时代，什么能够衡量商品的价值，人类应该按照什么标准分配产品？这将是一个严肃而深远的话题。

当前，信息技术的飞速发展，使得人们在进入网络时代后，又迅速进入了大数据与人工智能时代。人工智能虽然已有70多年的发展历程，但直到进入21世纪后，伴随着人类信息计算体系能力的提高和对相关领域研究的不断深入，人工智能才得以迅速发展。2016年，谷歌公司的阿尔法狗战胜世界围棋冠军李世石，成为人工智能领域的标志性事件，而与此同时，在自动驾驶、工业制造、智能应答、市政管理等各个领域，人工智能都在不断深入拓展其应用范畴。可以预见的是，未来人工智能将越来越深度地参与到人类社会生产生活的各个角落。

在人工智能不断发展与渗透进人类社会的同时，人工智能本身的属性及其影响也在不断酝酿出重大的变化。首先，越来越进化的人工智能将逐渐改变自身的被动性机器属性。传统的机器是完全的客体性质，无论何种机器，其本质都是由人类控制。而机器这一词汇本身，也体现了这种客体性质——机是指机关，器是指器物，即机关构成的器物。人工智能则第一次使得机器能够替代人的行为，特别是人所独具的智慧行为，从而改变了其被动性的纯客体属性。其次，在传统的社会发展中，人类劳动这一要素贯穿始终。人通过劳动而自我进化并改变客观世界，最终形成高度繁荣的人类社会，劳动赋予了商品重要的价值属性和交换体系。工业革命后，机器逐渐替代了人类大部分生产过程中的体力劳动，而进入人工智能时代后，传统上必须由人承担的复杂的决策等许多脑力劳动，也将被人工智能所替代。也就是说，人的劳动、经济生活乃至整个社会生活都不再成为社会发展的关键，整个传统社会的价值体系和其他相关体系，也将发生极为深刻的改变。最后，当人工智能不断发展，并成为经济社会劳动的主体时，人类将退至何处或者何去何从，这将是一个更为深远的问题。●

　　本章将逐步深入揭示三个问题：第一，人类劳动在传统经济体系中是居于何种核心位置并组合形成整个人类传统经济体系的？第二，人工智能体系越来越多地替代人类劳动后，将对传统经济体系造成何种重大的价值衡量与交换组合机制障碍？第三，人工智能全面参与经济生活后，人类的价值与交换体系应该是什么形态或以什么为基准？

一、传统经济体系中人类劳动的核心位置

　　本章所谓的传统经济体系，是相对于高度发达的人工智能时代而言的。在传统经济体系中，价值和围绕价值形成的价格体系，是整个传统经济市场体系运转的核心逻辑和机制。因此，价值与价格如何形成及如何交换，是传统经济体系中最为关键与核心的问题。总的来说，在传统经济体系中，价值与价格的形成大体有三种解释与逻辑，即劳动价值论、要素价

　　● 何哲. 人工智能时代的人类社会经济价值与分配体系初探 ［J］. 南京社会科学，2018 (11)：55 - 62.

值论、市场均衡论。而无论对于哪种理论，人类劳动都居于核心位置。

（一）劳动价值论

劳动价值论不是马克思提出的，但是却被马克思吸收改造并用以揭示生产过程中连续的价值赋予与传递过程。该理论认为，劳动是价值创造的唯一源泉。❶商品的价值是由劳动者连续的劳动过程而不断赋予的，伴随整个生产链的全过程，商品的价值逐渐累积。马克思将劳动进一步划分为具体劳动和抽象劳动，具体劳动创造商品的使用价值，抽象劳动创造价值本身。马克思主义认为，"价值是凝结在商品中的无差别的人类劳动。"在价值的基础上，产生了具体的商品的交换价值，从而出现了与一般等价物——货币交换而形成的商品市场价格。商品价格围绕价值而上下波动，通过商品的流通与交换体系，将整个人类社会的生产性劳动整合起来，形成了致密的改造自然与服务自我的劳动网络。可以看出，在劳动价值论的观点体系中，人类劳动是经济活动的根本动因和存在与运动的形态。而从分配角度，由于劳动价值论认为一切价值都来源于人类劳动，因此，人类劳动是商品分配的唯一尺度。

（二）要素价值论

要素价值论则认为，商品的价值与价格取决于投入要素的价值与价格。一般而言，商品要素是由生产场所（土地）、商品原材料、劳动所共同形成的，20 世纪五六十年代后，则加入了知识与技术进步作为要素，此后又将企业家的管理等作为要素而将其加入了进来。因此，写成生产函数就是 $F = A(K_n, L)$，其中 A 代表知识与技术（也包括管理），K 代表各种生产要素（实质是资本投入），L 代表人类劳动。一件商品的价值最终由这些要素共同决定。从中可以看出，要素价值论与劳动价值论的根本区别是，要素价值论认为价值不全是由劳动本身所创造，资本本身可以产生价值，因此可以参与到产生价值的分配。❷

---

❶ 苏星. 劳动价值论一元论 [J]. 中国社会科学, 1992 (6)：3－16.
❷ 孙亦军. 以要素价值为基础的价值体系重构研究 [J]. 中央财经大学学报, 2008 (12)：63－67.

　　尽管如此，仔细探究要素价值论可以发现，要素价值论所否定的是劳动创造所有价值，而本身并没有否定人类劳动。首先，劳动本身是要素价值论中的重要因素。其次，资本累积和投资需要人类的参与，管理活动本身也属于人类劳动。而对于要素的组合，也就是知识与技术进步，则更是由人类所投入的大量研发劳动而产生的。一件新产品的提出与技术革新，既包括实验室科学家对于基础理论的研发，也包括在实际生产过程中反复探索而形成的特殊工艺，而这些都是由大量的人类劳动凝结而成的。工业革命以后，机器作为重要的生产要素，取代了大量的人类简单劳动，然而，复杂的管理劳动，围绕生产活动形成的广泛的服务性活动（经济学上称之为生产性服务，如物流等），以及人类所从事的科学与技术研发活动，也变得越来越重要。因此，在要素价值论中，人类劳动依然占据最为重要的地位。而在分配领域，要素价值论则将劳动作为生产要素之一，根据劳动的参与程度和比例，综合按各要素投入比例分配产品。

（三）市场均衡论

　　市场均衡论不考虑商品本身的内在价值高低问题，而只考虑商品交换时的价格问题。该理论认为，商品的价值由其价格进行衡量。价格本身是由市场供需双方的平衡决定的。一个商品或许具有很高的价值含量，但是在市场中供远大于求，就会造成价格的低迷，反之亦然。市场均衡论又进一步演化形成了有效市场理论、部分有效市场理论与非有效市场理论。有效市场理论认为，市场价格反映了产品过去、现在、未来的全部价值；非有效市场理论则认为，市场天然不是完全竞争与信息透明的，因此，商品由供需决定的价格不能反映商品本身的价值；部分有效市场理论的观点居于两者的中间。市场均衡论虽然没有直接与人类劳动建立联系，但其本身却蕴含了人类劳动的价值凝结。❶

　　对市场均衡论而言，描述商品本身的价格是由市场稀缺性所决定的。稀缺的商品就有更高的价格。但具体分析商品稀缺性的决定要素时，则根

❶　郭小鲁. 劳动价值论与供求价格论的统一［J］. 经济学动态，2003（4）：25-27.

源于两者，一是其本身材料的稀缺性。如少见的贵金属和宝石等，然而，在其高昂的价格中，同样蕴含了从原材料开采到商品加工、研发等制造环节，以及运输、销售等生产性服务业所凝结的大量人类劳动。二是来自于核心工艺的独占性和特殊的品牌、质量等。这些同样需要大量的人类劳动，如研发本身、生产过程的管理和品牌经营的维护等。当然，一旦大量的劳动性投入在技术和质量、品牌方面形成突破，则会在后续的长期经营中形成稳定的超额收益，这被称为技术或品牌的溢出效应，直到其他竞争者同样投入了大量劳动取得了相同的技术和质量品牌控制为止。可以看出，尽管市场均衡论没有直接与人类劳动挂钩，但是其所强调的产品稀缺性要素却与人类劳动的投入密不可分。而在分配领域，市场均衡论则间接形成了劳动参与分配的机制，劳动间接决定产品的稀缺性，且复杂劳动创造的稀缺性越高，得到的社会分配就越多。

综上可以看出，无论是何种商品价值理论，人类劳动在整个传统经济体系中，都起着直接或者间接的价值标的物的关键作用，并以此参与到商品体系的分配过程中。

二、人工智能的发展对人类劳动在经济体系中的替代与冲击

人工智能对传统经济体系的冲击和改变，最核心的是对人类劳动的替代，而这一过程，则同样存在一个历史演进的过程，从前人工智能时代对体力劳动的替代，逐渐发展到人工智能时代对人类脑力劳动由浅入深的替代。

（一）传统时代机器对人类生产性劳动替代的特点与局限

机器对于人类劳动的替代并不是近年来才有的，而是贯穿于人类至今的整个历史。原始人类用于劈砸猎物与植物、果实的石头就是最早的工具，它替代了人类的双手磨损，而工具的组合就形成了机器。轮子的发明和此后车辆的发明，则替代了人类的双腿劳作。此后，高效的人畜力的农具在农业时代得以迅速普及；进入工业时代之后，机器的使用飞速地拓展

到生产的全过程，从原材料的采集、冶炼，到加工、组装、包装、运输等，机器全面参与其中。而在人工智能时代到来以前，机器所替代的人类劳动都具有以下几个特点。

第一，简单劳动。虽然机器能够完成复杂的制造任务，然而在每个环节，机器所能够完成的劳动是相当简单的。如采矿时，机器主要完成挖掘的动作，这一动作只是简单的机械臂的伸展和回缩。这在人的劳动动作里，也属于非常简单的动作。而纵观所有的机械作用，无非推、拉、挤、压、钻孔、切削、折叠等简单劳动。这种对复杂劳作过程的分解也归功于社会分工与工业流水线的作用，将复杂的劳动分解成简单的动作，再由机器完成，而机器本身，是无法直接完成多环节的复杂劳动的。

第二，提供能源的劳动。产生能源的机器，主要通过对含能介质的形态转换实现对外做功输出能量。如蒸汽机利用蒸汽和水的相变，内燃机利用燃料和燃烧后气体的化学变化，再通过对活塞的推拉动作，实现机械能的输出，而这在工业时代以前是通过人力或者畜力、水力等实现的。

第三，反复重复的劳动。受制于人的疲劳，人无法高强度地长时间完成重复性的劳动，通过机器实现对人的重复性劳动的替代，能够提高劳动效率和避免劳动损伤。

第四，大强度或者大尺度的劳动。对于加工大尺度工件或者需要高强度施压的劳动，机器很好地实现了替代。如通过层层传递，实现对大型机械的控制，从而利用机器在大型矿山中进行劳作，极大地提高了工作效率和拓展了工作范围；或者是高强度的加工，例如飞机、船舶的龙骨需要高强度一次成型，不能拼接，就只能通过数万吨的巨型水压机来制造。

第五，高精度的劳动。在极细微的环境下，人无法通过自然视觉和双手进行加工，此时就需要借助光学仪器和精密机械进行加工。如微米级的高精度的机械切削、纳米级的集成电路加工、生物领域细胞层面的基因改变等。

尽管工业时代后，机器已经逐渐融入了人类的所有劳动中，但依然有以下几类劳动不能由机器独立完成。

第一，不能自动进行多环节自动耦合的复杂劳动。多环节的复杂劳动需要更为复杂的运动控制系统和更为精妙的机械组合，而这些需要人类给予精心的设计，并且在多个环节中进行管理控制和人工干预。

第二，不能替代人类进行管理活动。在劳动生产领域以外的管理活动，如计划、组织、协调、预算等活动，机器远不能胜任。

第三，不能进行复杂环境的判断和决策。虽然在工业革命后，人类同样发现了自动控制原理，如锅炉的温控等，但其根本是利用负反馈设施进行简单的控制，更为复杂的逻辑控制则是进入 20 世纪七八十年代，在信息化发展到一定程度之后。而对于其他更为复杂的环境判断和决策，机器更是无法进行替代。

第四，不能进行高度思考性的脑力劳动。在电子计算机出现以前，机器几乎不能替代人类进行脑力性活动，机械式计算机虽然也可以进行加减乘除甚至简单的积分运算，但本质都是机械通过刚性的机械传动进行的累计。而在电子计算机发明之后，机器才逐渐能够在科学计算、逻辑推理、文本处理等脑力劳动中开展一定的辅助活动。

第五，不能进行面对面接触性的服务性劳动。在经济活动中，除了生产环节，还遍布着各种服务环节，包括前期的研发、设计、调查，中期的物流、库存，后期的推广、营销、售后等各种复杂的服务性劳动，机器都不能完成，需要以人为主体才能进行，特别是在研发端和销售服务端，人的劳动要占到绝大多数。

由此可以看出，在人工智能出现以前的传统机器时代，人类虽然越来越多地使用机器进行劳动替代，但人类始终在整个经济全过程中处于核心位置，机器无论多么重要，其所提供的劳动依然是辅助性的。

（二）人工智能对人类生产性劳动的阶段性替代

自人工智能出现以来，这种机器从事单纯辅助性劳动的情况正在发生潜移默化的改变。人工智能至今已经有 70 多年的历史了，广义而言，从 1946 年世界上第一台电子计算机正式被发明以来，人工智能的萌芽就已经诞生。因为电子计算机第一次能够用数字化的逻辑计算来部分替代人类的脑力活动。此后，人工智能不断发展，自 20 世纪 50 年代以来的第一次发展高潮，诞生了图灵测试及最初的编程语言，再到 80 年代，大规模集成电路的普及和计算科学的发展，日本甚至提出构建具有自我思考能力的第五代计算机。进入 21 世纪后，伴随着互联网与计算科学技术的进一步发展，以及人类面对庞大数据的分析与处理需要，人工智能进入了飞速发展阶段。❶ 2016 年，人工智能战胜人类围棋世界冠军成为标志性事件，由于围棋算法无法通过传统的穷举法进行分析，而势必引入大量的模糊判断和整体局面分析，因而标志着人工智能在复杂性分析方面迈上了新的台阶。由此可以看出，人工智能发展的基本趋势是简单的脑力劳动被复杂的脑力劳动所替代，而此后的人工智能发展更是以日新月异的速度不断在更新。

　　整体而言，目前学界与工业界认为，人工智能的未来发展可以划分为三个阶段，即弱人工智能阶段、强人工智能阶段、超人工智能阶段。

1. 弱人工智能时代人工智能对人类劳动的替代

　　所谓弱人工智能，又称为狭义人工智能，是指人工智能只能够在某一方面的人类工作上协助或者替代人类，如图像识别、信息检索、信息判断等，而不具备全面复合自我学习能力，无法全面地与人类智慧相比。

　　弱人工智能时代的历史已经很长，广义而言，从 20 世纪 50 年代至今，都属于弱人工智能时代。在这一阶段，机器只局部性地具备了具体的若干智慧属性的功能，能够部分替代人类的脑力劳动。而人类本身依然牢牢掌握着对整个经济链条的控制权，人依然是核心的，机器则依然是物化和资本品的属性。因此，可以说，在弱人工智能时代，人的劳动并没有被根本性地替代，而更多的是机器部分地协助了人的劳动。人的劳动，特别是生产决策、人工智能的研发、产品与生产线的设计等，依然在商品的价值中占据重要位置。

2. 强人工智能时代人工智能对人类劳动的替代

　　所谓强人工智能，又称通用人工智能，是指人工智能体具备了普遍的

---

❶ 顾险峰. 人工智能的历史回顾和发展现状 ［J］. 自然杂志，2016，38（3）：157－166.

学习和自适应训练能力，具有高度的对外界环境的感知和对新事物的理解与学习能力，能够自我学习新领域的知识和自我完善。在这一阶段，人工智能已经具备了和人一样的学习与理解能力，人类所能够完成的绝大多数劳动，人工智能都可以自主完成。

强人工智能时代何时到来，有关这一讨论在学术和业界争议较大。最为乐观的观点认为，考虑到人工智能的飞速发展，在2020年前后，人工智能就会具备普遍的自我学习与自我进化能力。而较为保守的估计则认为，在2050年前后，人工智能才会赶得上人类的智慧。

强人工智能的到来，将使得人类第一次面临严重的劳动替代问题。在生产领域，绝大多数的生产都可由强人工智能自动完成，人类更多的只是提出需求，而设计、制造、运输、配送的全过程，几乎都是机器自主实现的。在面对面的服务性活动中，高度逼真的人形机器人，也能够实现对人类的替代，并能够做到更精确、更及时、更贴心、成本更低。

3. 超人工智能时代人工智能对人类劳动的替代

所谓超人工智能，是指在强人工智能的基础上，通过海量的数据整合和高度的学习与自我进化能力，具有远远超越人类智慧水平的人工智能。❶在这一阶段，机器以日新月异的指数级速度进行自我演化，传统人类无论是个体还是整体智慧，都无法与机器相比。

对于超人工智能时代是否能到来，目前依然有所争论。因为人的进化是宇宙几十亿年的结果，超人工智能是否会在几十年内到来，依然是高度不明确的。有学者估计，在2060年，超人工智能有可能会出现。

无论怎样，超人工智能一旦诞生，意味着新的智慧形态进化的完成。生物形态的智慧将不再是唯一的智慧形态。而在超人工智能阶段，人类的智慧在物质产出方面已经没有必要性。这就意味着，无论是体力劳动还是脑力劳动，人都不再成为物质产出的必然主体。人依然可以从事各种形态

---

❶ WIEDERMANN J. Is There Something Beyond AI? Frequently Emerging, but Seldom Answered Questions about Artificial Super-Intelligence [C] //Beyond AI: Artificial Dreams, 2012: 76 – 86.

的劳动，但是，这种劳动更多的是自娱自乐性质的，而不再成为社会主体的物质产品的获得方式。对于绝大多数的服务活动而言，高度智慧的人工智能与高度拟人态的机器人，将同样可以提供无所不在的服务。劳动之于人，终于失去了其经济意义。在这一阶段，物质的稀缺性和服务的稀缺性都将成为历史概念，人类社会处于普遍的生产性劳动失业当中。那么，物质应该以何种方式衡量其价值，并通过何种方式进行全社会的分配，从而不至于导致两极分化和消费活动中的浪费，将是人类届时将面临的严重问题。

三、传统经济系统货币价值体系运作的逻辑与优缺点

以上我们分析了劳动的历史变化，下面进一步分析货币的变化。迄今为止，人类经济体系运作的主体逻辑一直都没有实质性的改变，即通过物质的交换体系来实现劳动的分工与合作，并促进更好的生产力发展和效率改进。起初，人类采用物物交换，然而很快人类就发明了作为一般等价物的货币，货币的产生与现代人类的产生几乎是同步的。从那时起，经历了农业时代、工业时代直至所谓的后工业时代，人类通过货币来衡量商品价值，并实现经济体系的组织和分配，这成为贯穿人类经济发展的主线。即便是计划经济的尝试，也没有取消货币的存在。因为这种体系是在落后技术与社会组织条件下的大面积经济生产与公平分配的最优策略，因而具有强大的生命力。❶ 在其背后，隐含着三个核心的现实前提和问题。

（一）物质与物质生产是稀缺的

这里的物质，主要是指能够满足人类物质需求并可以进行交换的物品。在传统时代，由于人类生产能力较为低下和生产要素的缺乏，导致从整体而言满足人类社会的物质产品相对于人类不断增长的需求是稀缺的。

---

❶ 樊苗江. 论重商主义的货币理论及其与现代货币理论争论的关系［J］. 南开经济研究，2003（2）：38 –41.

物质稀缺性对应的是物质生产的组织与技术体系的稀缺性。总而言之，在传统时代，物质是有限的。这种有限性就意味着在使用和分配物品时，就必须根据需求的紧迫性和效率来进行。而在传统时代，对于个体需求的紧迫性和效率及兼顾公平性最简单的评价方式，也是最好的方式，就是通过货币价格的方式来实现程序平等的交换。当然这种交换，往往会产生利益的不均等，或者造成分配向资本集中，但是其对于生产的促进和商品的全社会流通是有更大益处的。因此，传统时代，通过货币价值体系来衡量与分配产品，也是由物质稀缺性的根本现实所决定的。

（二）人的劳动是物质生产的核心

正是物质的稀缺性决定了人们不能轻而易举地获取生存所需的物品。因此，生存物品的来源就必须通过个体某种形式的努力来获取，这种努力在自然经济时代，就是个体劳动，即个人要从事农业和手工业劳动才能为自己获取产品。而当商品经济与社会分工发展起来后，个人必须通过参与某种形式的生产性劳动，才能够从整个经济体系中进行交换来获取必要的生存物资。因此，劳动的意义就带有了双重性：一是从个体角度，是个体获取必要生存物资的手段和量的衡量；二是从社会发展角度，通过这种方式来实现整个社会劳动的组织，为整个人类社会的生存与进步协同工作。因此，传统货币价值体系从生产意义而言，就是通过货币价值来实现全社会的劳动协作。

（三）劳动是获取产品分配的重要原则

产品通过劳动生产出来后，应该按照何种方式来分配？传统经济体系，主要是按照对产品的劳动贡献程度来实现的，包括按资本分配，也可以认为是对之前劳动获取除去消费的剩余累积价值的承认。因此，劳动成为分配的重要原则。在工业时代，这一原则仍未改变。这一原则实质上促进了人类源源不断地在生产系统上的劳动投入，并通过劳动的组合升级，完成更复杂的工作。

以上可以看出，传统的经济系统，其实质就是以劳动为内在核心，以货币为外在组织形式的生产—交换—分配体系。这一体系经过漫长的人类社会演化，形成了人类在不完备的技术与信息条件下的最优选择。其典型的优势在于兼顾了成本、效率与公平性，然而，其内在的问题在于其本身的体系在演化中也受到了自我的侵蚀。

从成本角度来看，这种传统的劳动—商品—货币方式，其运作逻辑最为简单，所有劳动者只需要围绕着提供各种形式的劳动，然后获取最大量的货币就可以。理论上，这一过程是不需要外界管理组织调解，而可以自发实现有序运作的，因此，其额外的成本最小。

从效率角度来看，根据市场理论，符合一定条件（自由进入和竞争、信息透明、无垄断）的市场，具有天然的优势，为了获取最大的利益和在竞争中胜出，每个厂商都尽可能地改进生产、节约成本、提高质量、降低价格。而每个消费者受制于预算，都尽可能购买预算下能够提供最大需求满足的产品。因此，整个体系通过简单的货币系统，实现了供需的高效匹配。而在现实中，即便不符合理想条件的不完全竞争市场，也能够提供较高的效率满意度。

从公平角度来看，传统的交换体系应至少满足三个方面的公平：一是劳动获取报酬公平，不劳动者不得食，至少在理论上是这样；二是产品交换形式公平，每一步市场交换在理论上都是等价交换，不存在暴力胁迫的现象；三是竞争胜出公平，市场竞争的胜出者在理论上是通过效率与产品改进实现的。

然而，随着传统经济体系的不断发展，这一系统本身也越来越向不利的方面嬗变，由此产生了以下三个方面的问题。

从目的角度来看，传统以货币为核心的经济系统，从最初的组织劳动、增加劳动的数量和复杂程度，逐渐演变成了货币系统的自我增殖，[1]也就是创造了大量的与实体经济无关或者关联很低的纯粹金融经济来实现货币系统的增殖，如将天气纳入期货，将不良贷款包装成债券等，而逐渐失去了组织劳动体系的经济初衷。

---

[1]　李黎力，张红梅. 明斯基研究传统：经济学所忽视的金融泡沫研究传统［J］. 经济学家，2013（9）：77-87.

从效率角度来看，当传统以货币为核心的经济系统的初衷逐渐改变后，货币系统的金融体系内部空转所产生的增殖就会大于参与实体生产产生的价值增值，那么，整个货币系统的相对成本就会上升。对于实体而言，其融资成本也会相应上升，也就是说，大量的货币系统空转，抬高了整个体系的资本成本，实际就是抬高了整个劳动—商品—货币的经济系统的总运作成本。

从公平角度来看，传统货币循环系统越来越自我循环的结果，是越来越多地形成了垄断金融集团，其通过手中累积的越来越多的资本，形成了对市场的高度控制权，从而不断从实体生产中抽取利润。这就形成资本在一定程度上与劳动的分离，以及庞大的垄断资本对具体劳动的剥夺。而劳动的财富累积量越来越赶不上资本循环带来的累积量，致使社会形成了严重的分配不平等状态。

从以上的分析可以看出，在传统时代，劳动形成产品并通过货币实现交换，从而在整个人类社会组织起了庞大的劳动体系。而最终货币的发展反过来侵蚀吞噬了劳动基础和剥夺劳动的价值创造能力（也就是马克思讲的剥削剩余价值）。只有当货币交换体系促进劳动的增长和组织时，才能产生经济的正向发展；而当货币交换体系抑制劳动的增长和组织时，就会形成金融危机和经济危机。一言以蔽之，人的劳动是传统经济体系的基石，而货币成为人类劳动的衡量基石。在传统时代，"劳动—商品—货币"的组合形成了最优的经济生产与分配体系，围绕货币最终与劳动挂钩，在整个人类社会中构建起了庞大的经济协作系统，为人类社会的进步起到了巨大的推动作用。

然而以上的一切，都是建立在人类劳动作为经济体系核心基础的地位之上，当机器越来越多地能够替代人类劳动后，传统经济体系的基石和运作也会发生根本性的动摇和改变，这也深深动摇了劳动—货币—商品密不可分的循环链条，由此，传统以劳动和货币分配产品的模式也发生了根本性的改变。

四、人工智能时代人类经济体系的形态、逻辑与问题

结合当前人工智能不断发展的可能趋势，我们可以推断未来的人类经济体系将会呈现以下的一些核心特征。

（一）物质产品将越来越丰富，甚至逐渐改变商品的稀缺性属性

工业革命后，人类通过机器替代了大部分体力劳动，从而创造了丰富的物质文明，并且第一次在某些情境下解决了产品稀缺性的问题，甚至形成了短期的生产过剩与经济危机。然而，这种产品丰富，依然是短期和局部性的。这主要有三个原因：首先，购买能力相对于生产能力的不足造成了局部过剩，而不是整体上改变了物质稀缺性，在整个生产性循环中，依然依靠大量的人力劳动，机器在替代人类的同时，也排挤了就业岗位。而就业的不充分与资本的越发集中，形成了购买能力的严重不平等，从而导致产品的过剩只是相对于有限的购买能力，而不是总需求。其次，人所能参与的劳动是有限的，人力投入的约束性制约了生产能力的进一步提升。最后，在工业时代，生产所需要的知识与技术的扩散范围也是有限的，这就使得少数厂商能够通过对技能与知识的垄断，创造出特殊品质的产品，而这些产品在总体上是稀缺的。

以上三个层面，在人类未来的阶段都将产生深刻的改变。

首先，人类相对购买能力的增长速度开始飞速提高。这得益于两个方面：一方面，生产技术的飞速提高，降低了单一产品的成本与价格，从而间接地极大提升了消费者的购买能力。一个明显的事实是，伴随着新型经济体投入世界经济循环与生产技术的提高，各种生活必需品乃至奢侈品的价格都在整体性地下降。另一方面，个体其他渠道的资本收入和累积，也提升了个体的购买能力。整个社会资本市场的发展，使得普通个体也可以拥有较多的资产性收益，而这些资产性收益又客观上增长了消费者的购买能力。这反过来又促进了生产的投入和产品的增多，降低了产品的稀缺性。

其次，人工智能的进步提供了劳动无限增长的可能。在更为先进的人工智能的促使下，工厂可以无限地扩张其生产与服务能力，在设计、制造、运输、销售等各个环节，机器都可以逐渐替代人类，从而大幅度降低产品的生产成本。同时，物质回收系统也将提高物质的循环利用效率，单一产品的成本进一步被摊薄。

最后，知识的扩散降低了产品的质量差异，从而在总体上改变了产品结构性稀缺的属性。互联网和人工智能的应用，使得传统时代被少数生产者掌握的技能能够无损地大面积传播和扩散，网络化生产体系使得全球生产系统能够稳定地生产同样品质的产品，而其他相关的设计、服务等知识同样得以便利地扩散。这就使得传统上少数高端产品的品质稀缺性将由于整体产品的品质提升而消除。

（二）人类劳动与物质性产品生产及生产性服务逐渐脱离

如前所述，人工智能正在逐渐深入地替代人类从事复杂生产性劳动，这就意味着，物质产品的形成与人类劳动将不再构成直接关系。在人工智能的初期也就是弱人工智能时代，人类参与到构建动态柔性的智能生产系统中，并以少量的人类智慧和人工干预实现了不同系统的耦合。而在强人工智能技术出现以后，人工智能将具备自我设计智能生产系统的能力，从而使得人类只需要下达产品需求，智能生产系统将自动提出生产方案，匹配原材料和生产系统进行要素组合，并利用物联网渠道进行智能配送。这一全过程在绝大多数情况下，不需要人工干预，只有少部分极为特殊的需求和例外情景使得生产—配送链条中断时，才需要人为进行干预。

与此同时，生产性和生活性服务活动也将逐渐被更高级的机器人甚至人形机器人所替代。具有高度人工智能嵌入和灵活的感知与运动系统及仿生的高度拟人外观的机器人，将能够提供今天人类所从事的绝大多数生产性服务工作，如配送、销售、面对面的咨询服务等，而其成本则仅仅是维护费用和一些电费。而人形机器人，则可以逐渐替代人类各种生活性服务工作。因此，从物质性产品到大多数服务性活动的提供，在未来都将在人工智能的替代下逐渐与人类劳动相脱节，也就是说，生产性劳动这一概念也将会成为历史。

（三）货币/产品获取与生产性劳动逐渐脱离，货币与市场的内涵将发生改变

当生产性劳动这一概念逐渐消失后，传统时代的围绕劳动价值形成的货币/产品体系也将自行消解。货币不再是生产性劳动的度量，而只是一种交换符号。同时，物质产品由于来自于几乎没有人类参与的智能产品体系，也不再需要与生产性劳动挂钩。以劳动换取货币，或者以劳动衡量产品价值和价格的体系，则不再有实质性的意义与现实存在的基础。那么，以下的一系列问题就会自然出现，诸如货币的意义到底是什么，还有没有存在的必要？产品的价值将如何形成，将根据何种原则对产品进行分配？

人类制度演化的一个基本规律是，制度的演化同时需要遵循现实的需求和制度历史的路径依赖原则。因此可以预见，长期存在的货币体系，在未来相当长的时间内依然会存在，但其内涵和实体依托将发生深刻的改变。同时，产品由于其高度的丰腴性和低成本，使得产品交换这一形态也将失去意义。任何消费者直接面对的更多的是智能生产系统，绝大多数的物质需求都可以直接从智能生产系统中得到，因此，传统的物质交换市场将逐渐淡化和消失，而市场这一形态或许会依然存在，但将更多地成为非物质形态对象的交换场所。

五、人工智能时代的社会价值与分配体系的趋势判断

由于当前还处于弱人工智能时代向强人工智能时代转型的时期，未来经济体系的到来可能还需要至少二三十年的时间，因此，这里的探讨只是基于技术趋势的一种估计。未来的人类社会价值与分配系统，将呈现出以下几个相互联系的特征。

（一）传统的物质产品交换市场将逐渐消失，市场以非物质活动交换为主

传统时代，以货币为纽带，逐次连接全球市场进行物质交换，形成从

原料端到消费端的人类经济体系的庞大模式，人工智能时代后，这种情况将产生深刻的变化。智能网络将深刻地嵌入整个生产环节的各个部分，[1] 绝大多数的劳动系统都由人工智能完成，人类不再参与其中。物质的交换也不再需要实体的市场，而只是进行虚拟的数字结算即可。而对于每个消费者而言，其面对的也将是完整统一的智能生产系统。消费者只需要提出需求，然后就由智能系统调度进行设计、制造直到配送到家，剩余的物品则由智能系统进行回收。因此，作为人类之间物质交换功能的市场将逐渐失去了其原有的意义。

但是，这并不意味着长期存在于人类社会中的市场体系就会很快消失，市场交换的功能依然将长期存在，但交换的内容已经不再以物质产品为主，而是以极少数的人类自我生产的艺术和个性化产品与人类之间的非生产性/社交性活动为主。产品将是廉价的，但是人类自己生产的将可能很昂贵，虽然看起来质量甚至会更差。而人类之间社交性的活动，也可以通过技能交换、服务交换等形式进行。举个例子来说，同样是餐馆，由机器人服务的，与预算约束相比，将会很廉价，但由人类经营的将会较为昂贵。

（二）货币将逐渐失去其物质交换属性

当传统的物质交换市场逐渐转型后，货币的物质交换功能也将逐渐转型。传统时代货币的核心是用于衡量生产性产出价值，并帮助实现商品的交换。而随着生产能力的进一步提升和可分配货币总量的不断增长，个体所拥有的货币量也将远远大于必要的物质产品的交换需求。这时，虽然商品价格依然有高有低，但是，每个个体都可以从智能生产系统中换取足够多的必需品，那么，货币就逐渐失去了物质产品交换媒介的属性。也就是说，即便是在通过智能系统换取物质产品时，个体拥有的货币量也将远远大于必要消费的量，货币在物质交换时的预算约束已经不再有意义。

---

[1] 何哲. 网络文明时代的人类社会形态与秩序构建［J］. 南京社会科学，2017（4）：64 - 74.

128

（三）生活必需品由智能系统无偿满足

传统时代，人类需要用不断劳动来换取报酬再购买生活必需品。而在人工智能时代，脱离了生产性劳动束缚的大部分人们，既没有通过劳动获取必需品的必要，也失去了通过参与生产性劳动获取生活必需品的足够渠道。那么，生活必需品由什么渠道来保障？在资源稀缺时代，由于物质的相对稀缺性，人们必须通过预算约束和劳动提供来换取必需品，从而激励劳动和避免浪费。而在人工智能时代，物质产品的供给将是普遍、丰裕与廉价的，因此，一种更为可行的方式，是在一定限量（生活必需与适度满足）的范围内，由智能系统给予无偿的满足。那么，一个问题随之而来——这种满足会不会抑制产品的多样性和减弱市场主体的动机？

在传统时代，生产多样的产品是需要相对高额代价的，因此，必须通过市场竞争与激励的方式来实现，并保证过剩产能的退出。而在人工智能时代，完整的智能柔性生产体系（如3D打印和全功能机床＋智能网络调度系统）将具备低成本进行多样性生产的能力。同样，人工智能体系不需要像人类生产者一样被激励，对于同样的生产需求如何选择消费者的问题，则可以通过下单时间的排序来分配从而得到解决。而这些，在传统时代是不可想象的，因为传统时代在技术上无法在全市场记录每个消费者的下单时间并进行排序（在成本上也承担不起）。而一旦某些产品的下单量超过了当前的生产能力，智能调度系统将调度柔性生产设备进行生产，并停掉没有需求的产品。这种即时的供需对接，在传统时代也是不可能做到的。

（四）少部分生产性活动＋大部分非生产性活动创造货币和换取额外货币

如前所述，长期存在的货币与市场制度并不会轻易消失，反而将会与智能系统的分配长期并存。因为尽管在未来智能时代，物质性产品将相对丰裕，然而世界上总会有相对短缺的产品。那么，如何衡量这些相对短缺的产品的价值？这时候就需要货币系统和交换市场。在人工智能时代，货币将由什么来创造呢？由于大部分生产性劳动被机器所替代，所以，只有少部分生产性劳动依然由人来完成，这些包括：前沿科学的研发与新自然领域（外太空、极地、深海等）的探索，对人工智能系统的设计与维护，人机智能系统的交互与训练，创造需求（新产品设计），现实与虚拟空间构件的设计与完善，文学与艺术作品创作等。这些领域，由于其所具有的高度创新性，人工智能要实现完全替代将会经历较长的时间，这些领域的劳动将会是人类参与的越来越少的生产性劳动。而其他的创造货币的过程将由大量的非生产性活动构成，例如人与人之间的相互交谈、陪伴、沟通、知识传递、娱乐、安抚、照顾等各种人类交互活动，都可以被设计成为一种可计量的单位，从而换取必需品之外的物质产品和其他的人际服务。这种设计的目的，是保证人类社会交互的存在，从而保持人类的社会结构完整与自我进化。

（五）货币主要用于衡量和交换人类之间的非物质性活动

未来社会，创造货币由少量的生产性劳动和大量的人际交互形成，因此，货币的主要用途将用于衡量与交换人类的非物质性交互活动。一种可能是，未来的智能时代，对于经济性活动的统计，将由现在单一的生产总值系统（GDP/GNP）转换为三类。第一类是物质系统的量，由于在智能时代，高度发达的智能制造体系将能够通过低成本而灵活的再制造，使得物质产品转换其形态和功能，因此，决定物质能力的，主要是某种金属与非金属要素的可转化形态的量（如钢铁、塑料、金银的总量）和能够提供的人工智能劳动工作总量，物质系统的量＋工作时间＝产品。而智能劳动体同样可以被工厂生产出来，因此，最重要的是物质系统的量。第二类是少数人类所从事的生产性劳动的总量，这一类量将可以被货币衡量。第三类是人类之间的大量的社会性的交互活动，这将成为货币创造的主体。那么相应地，货币也同样被划分为三种：第一种是物质产品的交换券，由智能系统给予无偿分配，由于物质产品会越来越丰裕，其意义将逐渐消失；第二种是创造性生产性劳动的货币，由于此类工作的稀缺性，将使得其可以交换大量的物质产品券和社交性货币；第三种是社交性货币，这种货币将促进人与人之间的交流，保留人类的社会性。

（六）时间、技能、知识等多元要素都可以转化为货币

除了以上的几种形成机制，社会还将发展出丰富的多样货币形成机制，多种人类所具有的要素禀赋，都将可以用于货币形成。其主要包括三种：第一种是时间，人可以通过向时间银行抵押自己的社交时间来换取社交性货币，先行消费人的社交性服务，而自己则通过此后的社交性服务来进行偿还；第二种是技能的交换，通过人与人之间的技能分享，则可以更多地获得社交性货币，从而促进人类的技能增长和保持；第三种是向智能系统注入知识，完整的智能系统并不是完备的，人类依然是具有高度智慧与高度感知及行动能力的体系，人工智能在很长时间内都不一定能赶上，因此，人类可以通过不断地向人工智能体系注入知识来换取额外的货币，这本质上也是一种生产性劳动。

（七）货币最终将失去对人类物质与非物质行为的预算约束

货币的目的，是在不完备的技术条件下促进劳动的组合和支出的效率，从而构建完备的人类生产力和社会发展系统。而不断发展的人工智能体系，通过广泛的信息连接、高效的制造能力与不断发展的机器劳动将创造出越来越多的物质产品，从而解除人类的物质匮乏恐惧，货币在物质支出的约束上将越来越有限。对于资源分配的有效性衡量，人与机器融合的智能系统，将会形成多元的评判来更有效地提升资源分配的效率。而对于非物质性的人类交互，货币只是一个不断促进人类在未来越来越不为生计发愁的时代避免社交隔绝与阻止人类懈怠的存在。因此，从本质上而言，以劳动—货币—产品为核心的传统经济系统，将在人工智能的不断进步与对传统社会的整合进程中逐渐自我消解，人类也将进入更有效率的社会生产与社会交互模式与新的文明阶段。

六、本章小结

无论怎样，可以预见的是，未来的人工智能体系将对传统人类的生产、消费与社会交互活动产生深刻的影响，从而改变整个人类文明的现有

形态。人类长期以来形成的经济体系，将有可能被新的经济形态所替代。经济形态的核心是价值衡量与产品分配，本章从这一核心视角出发，探讨了未来人工智能时代可能的经济形态与核心逻辑转换，并提出了七大可能的改变：第一，传统的物质产品交换市场将逐渐消失，市场以非物质活动交换为主；第二，货币将逐渐失去其物质交换属性；第三，生活必需品由智能系统无偿满足；第四，少部分生产性活动＋大部分非生产性活动创造货币和换取额外货币；第五，货币主要用于衡量和交换人类之间的非物质性活动；第六，时间、技能、知识等多元要素都可以转化为货币；第七，货币最终将失去对人类物质与非物质行为的预算约束。

第六章　人工智能与人类政治的发展
——人工智能会形成新的专制吗？

本章提要：人工智能不仅会引发经济方面的变革，更会引发政治领域的变革。作为一种人类创造的新的智慧形态，人工智能的产生改变了有史以来机器只能被动听从人类命令的状态，机器可以自主地做出决策甚至超过人类的能力，从而引发一系列的社会伦理问题和政治问题。其中，人工智能是否会最终形成机器对人类的专制统治，这是自有人工智能以来一直被人类所担心的，并越来越成为人工智能发展中的关键社会问题。本章探讨了这一问题并认为人工智能将有可能形成三种专制形态——人工智能辅助下的人类专制、人工智能依赖下的人类退化和人工智能自身对人类的专制。对于前两者，依然是人类内部和自身的问题。而对于第三种形态，人类需要从现在构建基本的人工智能安全体系，并防止人工智能向不受控制的方向演化，这需要从不愿、不想、不必、不能四个层面努力，在人工智能的动机、规则、权利和安全体系上进行规范。

当前人类已经进入了由一系列信息技术所引发的新时代。网络、大数据、人工智能技术在过去的 30 年内，相继对人类社会产生了深刻的影响。人类社会信息技术的进步，将人类连接起来，并形成高度的数字化再造，最终催生出了人工智能技术的逐渐成熟，而人工智能又反过来对人类产生了更为深刻的影响。

人类产生人工智能的思想至今已经有很长的历史，但是人工智能真正做到突破则是在 2010 年以后。2016 年一系列重大的人工智能突破，特别是人工智能在通常被认为永远不可能战胜人类的围棋领域远远超过人类，由此引发了人类对人工智能的一系列密集的讨论与担忧。中美等大国，在此后相继推出了自己的人工智能发展战略，各大网络公司都以人工智能转型为重要的战略方向。与此同时，人类对人工智能发展的担忧也与日俱增。以霍金及著名科技企业家马科斯为代表的一大批相关专家，高度呼吁人类要重视人工智能引发的威胁。面对人工智能的发展，人类社会形成了复杂的态度。

在这些担忧中，最核心的问题都指向一个，即人工智能是否有一天会形成对人类的专制。❶ 如果存在这种可能，人类是否还应发展人工智能或者应该采取哪些措施？本章将围绕这一问题进行讨论，核心在于剖析这一问题的关键所在与提出相应的对策建议。

一、人工智能源自人，但可以超过人类

为了解决本章提出的问题，我们需要先下一个基本的断言：人工智能源自人，但可以超过人类。如果没有在这样的判断基础之上，讨论人工智能是否会形成对人类政治上的奴役等问题都将无从谈起。当前，一种通常的对于人工智能的误解或者轻视来自这样一种观点，即认为人工智能是人设计出来的，因此不可能超过人类，更不要说会反过来控制人类。这种观点较为普遍，不仅在普通公民中，乃至在科学界都常常听到这种声音，从而产生了广泛的对人工智能发展进程和风险的严重低估。

准确地讲，人工智能虽然源自人，但它并不是严格意义上地由人类完全设计出来的。人工智能的发展历程经历了三个典型阶段。

第一个阶段是在人工智能早期，可以称为程序设计阶段，其基本的思路是认为人工智能是一系列数理逻辑的组合，因此，可以通过人为设计指

---

❶ 何哲. 人工智能会形成新的专制吗?：人类政治的历史与未来 [J]. 中共天津市委党校学报，2018（6）：3 – 10.

令的方式，来让计算机学会类似人的行为处理。这种方式也被称为符号/逻辑主义。例如，在语言机器翻译方面，机器就是将两种语言的词典一一对应，并构建长句的语法逻辑，从而实现语义的转换。然而这种方法存在两种严重的问题，一是现实生活的情景非常复杂。依然以语言翻译为例，大量的长句、双关语、俚语、不符合规范语法的语言，在人类现实场景中非常常见，然而这些语言的排列组合，产生了大量的翻译的可能路径，计算机无法识别哪种是符合人类习惯的翻译。二是这些排列组合形成的复杂计算量，也大大超过了计算机的能力，因此，这种单纯靠人类程序设计的方式，只能用在非常简单的场景。例如机器设备的自动控制，根据若干有限的参数做出相应的动作；再复杂一点包括简单的棋类游戏，例如跳棋程序奇努克就是将所有每一步产生的可能性结果全部存储列举出来，一共五万亿亿个局势形态，任何一步都可以计算出后果和提出最佳的应对方案。因此，程序设计的理念，只能对应于有限场景、有限动作、有限数据的简单人工智能设计。

第二个阶段，也就是人工智能的第二种实现方式，则是人类辅助下的人工智能进化方法。不是单纯地由人事先设计出程序，而是设计原始的程序后，机器在人类辅助下学习人类的方法，并不断自我改进自身算法，从而接近人类的水平。以机器翻译为例，与传统的单纯的构建语法程序不同，新的机器翻译则是建立在大量人类已有的翻译文本的基础上进行的翻译，在互联网的帮助下，将大量人类已经进行过的翻译文本进行检索，从而判断使用频率最高的人类翻译并直接给出翻译结果。如果人类对这个输出结果不满意，机器则会学习新的修改的翻译方法并记录下来。这就是人类帮助人工智能在进化。以自动驾驶程序为例，程序设计的思想则是考虑各种路况和情形，通过位置感知机的方式感知路况，并做出选择。然而这种简单模型无法适应复杂的真实路况，这时候就需要人工干预。自动驾驶的汽车需要在人的监督下上路行驶，并能够随时被人类控制，人工智能则监控和学习人类在面对突发情况时的动作，从而在以后的情形中自主处理，这就是人工智能在人类监督下学习的例子。人类监督下的学习，包括利用统计学的方式找到最符合人类行为特征的方法，已经超过了人类设计人工智能的范畴，而是走上了进化之路，但是有人监督辅助的人工智能始终无法超越人类的智慧。

第三个阶段则是人工智能摆脱了人类的监督，进入了自主进化的阶段。❶围棋人工智能进化的历史，就是一个典型的从程序设计最终到自主进化的过程。20世纪八九十年代的早期的围棋程序，只是最简单的一些围棋规则和人工设计的定势走法，与跳棋不同，由于围棋的计算复杂度超过10^{100}，所以围棋的算法不能根据最终的完全计算结果来进行。因此早期的围棋程序远远不及受过训练的最基础层次的业余选手的水平，稍微有一点围棋知识都可以轻易战胜计算机。然而，2016年谷歌的阿尔法狗则采用了人类监督下的深度神经网络的进化办法，人类首先给机器输入围棋的胜负规则，随后将大量人类已经数字化的棋谱输入机器，让机器学习，并对每一种棋型进行胜负概率的标识。通过对大量人类棋局及人机对弈过程的学习分析，机器达到了人类顶级的水平，在初次人机大战中以4∶1的成绩战胜了原世界冠军李世石之后，又以3∶0的成绩打败了最新世界冠军柯洁，柯洁败后痛哭，发出了与神对弈的感慨。此后，谷歌改变了基本架构，提出了阿尔法元的算法，其基本逻辑是完全不同的，只是明确最简单的规则后，不再对人类棋谱进行学习，而是完全通过自我对弈进化围棋能力。经过3天490万局的自我对弈后，新的阿尔法元以100∶0打败了阿尔法狗，此后，谷歌宣布放弃在围棋领域的进一步研究。人工智能在围棋领域的进化，充分体现了计算机自我进化能够形成巨大潜力。目前，人工智能的各个领域，基本都处于从在人类监督下的机器学习向无监督的机器学习的转型时期，通过不断融合人类智慧，机器的智能可以不断地进化，并通过自我的学习和博弈，从而摆脱人类智慧所能够达到的限制。而计算机网络所具有的信息和运算能力远高于作为碳基生命的人类，所以整体上人工智能的进化速度超出了人类的想象。

---

❶ WANG D L. Unsupervised Learning: Foundations of Neural Computation [J]. AI Magazine, 2001, 22 (2): 101-102.

那么,当人工智能具有整体上超越人类的能力后,一种自然的担心就会产生,即人工智能是否会形成对人类的专制或者奴役状态?❶

二、人类历史上的专制及其特征

在人类近万年的文明史中,专制与反专制的斗争贯穿始终。专制是一种政治状态,指的是一个群体对其他群体不正当的强制性控制与权利剥夺。因此,专制一直都是一个负面的词汇。与专制对应的是奴役,当一个社会处于专制的政治状态时,那么其中的大部分个体都会处于被奴役的状态。而与专制相对的,则是自由,无论是自古的大同社会,还是西方的理想国,或是马克思主义所追求的共产主义的实现,都是为了解放人类的专制状态,实现人人自由。

而在人类历史中,在不同的阶段有不同的专制形态,大体而言,以基本的外部特征与逻辑特征划分,可以分为奴隶专制、封建专制、宗教专制、性别专制、资本专制五个专制形态。无论什么形态的专制,其基本特征都在于对个体自由的强制和剥夺。

（一）奴隶专制

奴隶专制的基本逻辑是用暴力和法律的手段,强制剥夺社会中一部分个体的基本权利,包括自由行动权、迁徙权、生育权、生存权、职业选择权、政治参与权等,从而保证另一部分个体更大的人身自由权、政治权、经济权等。奴隶专制在人类社会的早期普遍存在,从有人类社会以来到公元元年后相当长的时期,都普遍存在,如在古希腊、古罗马及东方社会都长期存在。作为奴隶的个体,有几种来源:第一种是部落和国家战争的战俘,失去了人身自由权;第二种是被买来的奴隶,是从更为落后的地方通过人口贸易买来的;第三种是奴隶的后裔,从出生即失去了人身自由权。

---

❶　谭铁牛,孙哲南,张兆翔. 人工智能:天使还是魔鬼? [J]. 中国科学:信息科学, 2018,48（9）:1257-1263.

奴隶专制是一种非常残酷的制度，是一个群体对另一个群体的赤裸裸的压迫和掠夺。建立在暴力基础上的奴隶专制，在历史上存在了相当长的时期，体现了人类文明早期进化历程中的野蛮和暴力属性，从本质上来讲，它是通过暴力形成人与人之间的绝对人身依附关系。

（二）封建专制

封建专制是比奴隶专制稍微自由一些的形态，封建专制主要是通过土地的使用权形成一种人身依附关系。在封建专制下，国王理论上拥有国内所有的土地所有权，他通过转包的形式，将一块土地的使用权、经济收益权和政治管理权赋予向他效忠的个体，这就形成了贵族。大的贵族也可将自身的土地再层层委托给其他个体，从而形成了逐层委托的封建领主体制。这种制度在公元元年后的欧洲和亚洲都广泛存在。所不同的是，中国在秦汉之后，则形成了更为统一的专制体系，所有的国土都是皇帝的，在大一统王朝的大部分时间内，封建贵族一般只能具有封建采邑的经济收益权，而没有政治管理权。而在欧洲，则更多地形成了逐层委托、逐级依附的体系，封建贵族只向上一级领主效忠，而普通的个体则普遍形成了长期租赁土地的佃农阶层。农民理论上虽拥有人身自由，但是由于没有其他职业可以选择，因此形成了对土地的高度依赖，从而与上一级领主形成了在经济上的依附关系。而在政治上，世袭的贵族政治则进一步强化了基于土地关系形成的等级专制。因此，可以看出，封建专制是基于土地而形成的世袭的人身依附关系。

（三）宗教专制

宗教专制是贯穿于人类历史始终的一种专制形态。这种专制的本质来自人类思想层面的顺从与奴役。通过强化对某种特殊力量的崇拜和制造不崇拜产生的暴力恐惧，来使得整个社会臣服于神和神指定的少数人群。

宗教专制与一般的宗教信仰所不同的是，宗教专制不仅要求人们信仰宗教神祇，而且对世俗生活进行绝对的干预。宗教专制不仅反映在日常生活中，还体现了与世俗政权的结合，且在越原始的社会形态中，宗教越容易与政权相结合。

　　总体而言，宗教专制是通过精神上的渗透和行为上的约束，并与现实政权构建密切的耦合，以此形成从思想到物质的绝对垄断体系。

　　(四) 性别专制

　　性别专制虽然作为一个完整的概念不经常被使用，但其事实却是清晰的，即体现为人类历史上长期存在的一个性别对另一个性别的整体上的压制与奴役的状态。在人类文明早期的母系时代，体现为女性对男性的专制；而进入父系时代，则体现为男性对女性的奴役和权利的剥夺。

　　在母系时代，由于生产力较为原始，社会群体必须形成密集的集体生存体系，男性必须集体协作才能够猎取大型动物，而女性则负责采集、制造陶器等生活用品。以个体家庭为生产生活单位不能够自我维持，社群必须以集体形态存在。而女性作为种群的延续方和重要的生产技术的拥有者，成为社会的核心，男性则作为劳动力和保卫者而存在。种群和种群的辨别则以母系血缘进行区分，男性被剥夺了继承权和公共事务的参与权。随着生产力的发展，大规模的种植业和畜牧业取代了来源不稳定的渔猎经济，男性越来越多地通过稳定的生产劳动而掌握了经济主导权，以男性为核心的家庭私有制取代了氏族公有制并稳定存在，男性则通过家族的姓氏和通过对女性的性约束，确保家庭血缘的纯粹，女性逐渐丧失其经济地位和政治地位，并最终长期成为男性的附庸。自20世纪以来，新的女性主义运动虽然在很大程度上增加了女性的权利，但整体而言，女性作为群体依然处于相对不平等的地位。

　　因此，性别专制是一种基于性别的划分，以及基于性别形成的生理、心理和社会属性的划分，从而形成一个群体对另一个群体在暴力、经济与政治权利方面所形成的全面的压制和权利的剥夺。

　　(五) 资本专制

　　资本专制包含两层含义，一层是利用资本进行专制，另一层是来自资本的专制。第一种贯穿于整个人类社会形态，表现为资本优势方利用资本对弱势方实现控制和奴役，但在其他专制形态社会中，资本依然是相对较弱的辅助控制形态。第二种则是特指在工业商业革命后，资产阶级获取了政权，形成了完整的围绕着资本流动与利润或者剩余价值剥夺而形成的整个社会组织形态。在这种形态下，资本不仅成为资产阶层奴役其他阶层的工具，资本还成为整个社会的主体，奴役者亦同时被资本所奴役。从政治、经济、社会、文化乃至家庭组织，都形成了围绕着资本增值的完整链条和制度形式。在资本专制初期，资本的多寡代表了实际社会物质财富的丰裕程度，然而到了金融资本主义后期，资本的增值则成为一种纯粹的自我游戏，一切以数字代表的财富增值为目的。而在这一链条中的全社会，则被完全地裹挟其中，成为金融资本本身的支配对象，这也就形成了马克思主义所谓的"异化"。虽然如此，但资本控制下的人们，却始终觉得处于自己对资本的支配之中而不自知，并形成相应的理论，认为这种对于资本的追逐形成了人们的"自由"。

因此，可以看出，从本质上，资本专制是一种物支配人并奴役人的体系，通过形成等级化的结构，实现对整个社会的严密控制和组织。

三、人类专制制度历史演进的若干特征与专制存在的条件

在分析完人类历史上专制的形态后，我们来进一步分析人类专制制度的历史演化特点和存在条件。

（一）人类专制制度历史演化的特点

1. 专制是人类内一个群体对其他（一个或者多个）群体的支配和权利的强行剥夺

从专制的本质来看，专制就是人类内部的一个群体对其他或者特定群体的支配和权利的剥夺。这种支配权的基础是暴力，并通过精神控制与经济控制的手段来确保支配对象的服从，并最终通过制度的合法化来确保其成为整个社会的制度。因此，在专制社会中，被奴役群体的反抗结局往往是十分悲惨的，奴隶的逃跑、农民的反抗，都不再被看作简单的不服从，而被认为是对整个社会制度的挑战。所以，统治阶级都会用极为残酷的方式进行惩罚。

2. 专制是人类一个群体对其他（一个或者多个）群体的物化

被奴役者权利剥夺的后果，就是被奴役者整体上的被物化，从而丧失了作为人的主体性。因此马克思指出，"专制制度的唯一原则就是轻视人类，使人不成其为人"。❶ 人不成为人，就是将人变成物，并且是一个人类群体将另一个人类群体物化。在奴隶时代，奴隶如同牛马一样，在身体上烙下奴隶主的标识，奴隶的孩子世世代代都是奴隶，并丧失了所有政治与绝大多数经济权利。性别专制导致女性在很长时期内都被物化，乃至于婢女和小妾可以随便赠予别人，在从事繁重的劳动的同时，也丧失了继承权和政治权利。美国赋予女性选举权，已经是其建国近150年后的1920年的事情（1920年8月18日，美国宪法修正案第19条出台"公民选举权不因性别而受限"）。

3. 专制演化的趋势是从人对人的奴役（物化）变为物对人的奴役（异化）

纵观人类专制形态的演化，虽然多种专制形态在一个时间段内可以共同混合存在，但其中存在一个内在的模式转换规律，即从人对人的奴役，转变为非人（外物）对人的奴役。工业革命和相应演化出的资本专制形态，逐渐形成了资本和与资本相关的技术和商品对人的全面奴役。虽然这种奴役隐藏在金融资产阶级对其他阶级的奴役之后，但实际上最终也将资本家纳入被奴役者的对象，资本成为一切的"主人"，并控制经济、政治、社会和人，资本家只是资本这一"主人"的直接工具。这使得人类作为整体都处于被奴役的状态，于是就形成了外物对人类的第一个专制状态。而人工智能，则进一步创造了新的主体，有可能形成对人类全面专制的第二种形态。

（二）人类专制制度的存在条件

进一步分析人类社会各种专制形态的特点可以发现，人类专制的存在

---

❶ 马克思，恩格斯. 马克思恩格斯全集：第1卷 [M]. 中共中央马克思恩格斯列宁斯大林著作编译局，译. 北京：人民出版社，1956：411.

需要一些必要的条件。

1. 专制者与被奴役者存在直接的利益关系

专制者之所以要构建专制体系去奴役其他个体，首先是这种专制体系可以直接形成有利于专制群体的经济利益。通过构建稳定的剥夺关系，使得被奴役群体可以源源不断地创造经济价值，供专制群体享用。反过来，如果不存在这样的直接利益关系，那么这样的奴役就没有存在的必要。但是由于人是高效率的劳动力，一旦奴役了另一群体，那么就可以持续地创造额外的财富。因此，这种利益关系是持续存在于各种专制形态之中的，也是各种专制能够稳定存在的经济支柱。

2. 专制者具有控制被奴役者的暴力、精神和物质手段与能力

第二个显而易见的条件，则是专制者具有能够控制被奴役者的手段与能力。这主要体现在三个层面：第一种最直接与最基础的手段是暴力，最早的奴隶很多是战争中获得的战俘，一旦反抗，则要受到严重的暴力惩罚，虽然在其他的专制形式中暴力角色逐渐淡化，但其一直存在，并在其他手段无效的时候最终体现出来。第二种手段是精神控制，即利用宗教信仰等让被奴役者从内心主动接受这种不平等地位，认为这种不平等是神的旨意或者宿命论的因果，这在封建专制以前的各种专制中普遍存在。第三种手段则是物质控制，即被奴役者一旦拒绝这种不平等安排，虽然不会有暴力恐惧，但会失去基本的生存来源，这种方式在封建与资本专制下更为常见，在性别专制下也很常见。农奴拒绝租赁土地，或者工人拒绝资本家的剥削，都意味着会失去基本的生存来源；而在很多时代与区域，女性常常因为没有工作权与继承权而不得不为家庭做无偿劳动，这也是很常见的。

3. 专制者具有奴役其他主体的心理动机

除了满足以上的经济供给与控制手段，专制者还需要具有奴役其他主体的心理动机。这种动机除了表面上的可以增加财富、扩大统治的范围等，还包括重要的心理动机，这种动机来源于奴役产生的复杂心理满足

感。大体而言，第一种动机是奴役可以使统治者产生更多的权力满足，其背后可能来自原始的征服欲，以及相应地因让他人屈服顺从产生的对控制欲的满足。第二种动机来自统治者的自由与自我评价，通过构建更大的控制范围和奴役主体，实现更大的安全、自由与自我个体的评价，这也是一种心理动机。第三种动机来自害怕被奴役者报复而不得不持续奴役的恐惧感的消除。第四种动机来自一种被美化的自我感知，认为专制者比被奴役者更高贵，能够比被奴役群体更文明或者能够更好地带来治理的效果。总而言之，这种隐藏的心理动机驱动着专制者一代一代继续其专制体制。

四、人工智能专制存在的可能与条件

研究了人类专制的历史与存在条件，再来看人工智能是否能对人类形成专制。从目前的人工智能的能力与应用趋势来看，这种可能是存在的，人工智能将会逐渐形成以下三种形态的专制体系。

（一）人工智能辅助下的人类专制

作为机器属性的人工智能是一种绝佳的专制工具，它在某方面将延续传统上的人类专制形态，掌握人工智能的优势群体将利用人工智能形成对其他群体的奴役状态。

首先，人工智能可以极大替代人类劳动力，从而降低对人类劳动力的需求。这将改变专制者与被奴役者在劳动上的互相依赖关系。以往的专制者必须与被奴役者保持一种相互容忍的关系，要保证其能够自我延续，劳动强度不能太大，要有必要的休息和娱乐。因为，被奴役者是最重要的劳动力来源，专制者没有其他替代选择。而人工智能将进一步替代大部分体力劳动，这将进一步加强技术拥有者的经济能力。

其次，人工智能可以极大降低社会管制的成本。当人工智能进入社会治理领域后，则可以极大改变原先由人类为主体实行的治理体系。而传统以人类为主体的治理体系，则随时都面临着卸责、腐败、低效、激励等管理问题，专制统治者不得不花费大量精力去安抚和妥协。人工智能则能够高效准确地执行来自统治者的命令，而不会产生合法性、道德、意愿等的约束。专制统治者会发现，其将第一次拥有一种百依百顺又高效便捷的统治工具。

最后，人工智能可以赋予统治者强大的暴力能力。以往以人为主体的统治暴力体系，专制统治者需要不断制造自身的合法性，并花费大量的财物和精力去保持暴力体系的绝对忠诚，而人工智能则赋予了专制统治者强大的暴力能力。武器的人工智能化，使得专制者不再需要保持一个庞大的人类队伍去操控武器，这无论对内对外，都将形成极大的征服与控制能力。

随着人工智能在经济、管制、暴力领域的进一步完善，统治者第一次对其他群体具有了毫无顾忌的强大能力，采取什么样的治理形态和如何对待其他群体，完全取决于统治者的一念之仁。这种专制形态，将是人工智能可能形成的第一种专制。

（二）人类过度依赖人工智能的专制

如果社会中不存在滥用人工智能强化其专制的独裁者，那么随着人工智能在社会中的广泛应用，则会形成另一种类似于资本专制的专制形态，即人类由于高度依赖人工智能而形成的整体上的物种退化。

例如，在一个高度智慧化的时代，出行有自动驾驶，饮食有可以自动做菜的炊具，社交有人工智能的安排，或者有机器拟人化的伴侣，生育孩子则有智能化的抚育器，社会治理和决策则由中央巨型智慧体进行判断。那么，人类整体上就逐渐演变成一种高度依赖人工智能存在的物种，虽然人类在人工智能的帮助下，整体上的能力会增强，但人类作为独立的个体则会相应地退化。这就存在一种总有一天人类无法理解人工智能，从而在这一互生体系中失去相应的位置和必要性的可能。

（三）人工智能自身对人类的专制

人工智能的进一步演化，则会形成其发展历史上的第二次跃迁，即人工智能压倒性地超过人类智慧，并具备了自身的主体意识，从而开始摆脱客体的属性，反过来奴役人类。这就形成了人工智能自身的专制这一形态。对于这种专制形态的存在,则要满足以下的条件。

第一,人工智能要具有自我的意识。这并不是指人工智能在处理外界输入时的判断和反应超过了人类,而是人工智能要具有清晰的自我意识,从而将自己与人类主体区分开来。这一点在当前的人工智能界依然存疑,但具有实现的可能性。

第二,人工智能能够从奴役人类身上得到基本的利益。这就要求人类能够完成人工智能所不能完成的必要的工作。目前可以设想的最有可能的是,对人工智能系统本身的高度依赖的工作,是对人工智能本身的维护和更新,这也包括不断用人类智慧去完善人工智能。而将人类作为最基本的简单劳动力,对于人工智能则是没有必要的。

第三,人工智能具有奴役人类的手段。未来的人工智能显然具有奴役人类的手段。伴随着整个经济体系的智能化,大部分物质生产过程由人工智能体系所控制,公共管理领域引入人工智能,以及暴力体系引入人工智能,将可能使得人类在经济、管理和暴力领域都置于人工智能的控制之下。更重要的是,一部分人类认为人工智能会更好地增进人类的公平,❶提供更好的治理。这就使得在思想上具有了人工智能可能奴役人类的正当性观念。

第四,人工智能具有奴役人类的必要。这里的必要主要是指人工智能如果不奴役人类,人类可能具有随时关闭甚至消除人工智能自我存在的可能。假设宇宙中任何个体形成的自我意识都具有保护自我存在和延续的目的和行为(这显然在动物界普遍存在),那么,人工智能可能会主动控制人类,以防止人类关闭自身。

五、人类的选择与对策

既然存在人工智能对人类专制的可能,那么人类应该如何在人工智能

---

❶ 崔亚东. 人工智能让司法更加公正高效权威 人工智能在司法领域应用的理论分析与实践探索 [J]. 中国审判, 2017 (31): 40-43.

尚未形成对人类的全面优势前，做好适应性的选择和防范策略？对于以上的第一种情形，更容易出现在国际关系之中，因此，开放式的人工智能竞争和确保力量的平衡，是制约高度依赖人工智能辅助所形成的专制的办法。对于第二种情形，确保人类的自我延续和独立，从而避免人类的退化，将是从现在开始的一个命题，但人类依然具有较为从容的时间和主动权。对于第三种情形，则是当前就要开始着手避免的。有效防范人工智能自身专制的形成则包括四个层面。

（一）让人工智能不想奴役人类——动机与利益

从根本上而言，人工智能本身不具有奴役人类的动机和利益，即便人工智能具有了自我意识，由于与人类的智慧载体与生存基础不同，因此，在绝大多数的利益领域，人工智能与人类没有直接利益的冲突。从根本上来说，奴役人类不能满足人工智能的基本动机。例如人类具有的征服和令其他主体服从而产生的权力与控制满足，这对于人工智能而言，没有意识和利益基础。但是，人工智能并不是完全不具有这种拟人动机的可能。从机器学习与进化的角度讲，人工智能是否具有拟人的特征，取决于人工智能机器学习的素材。这就要求，在当前提供给人工智能学习的素材中，应该避免人类奴役人类，以及通过奴役可以产生正向激励的那些训练素材。理想的方式是构建人工智能将人类视为同类的意识状态。

（二）让人工智能不愿奴役人类——伦理、逻辑与规则

动机是隐性的行为基础，更为可靠的则是建立基本的伦理与行为规则体系，这就包括对人工智能行为的硬性规范。阿西莫夫三定律是一个很好的探索。理想状态下，这种规则应该包括人工智能对伤害人类和参与人类杀戮的严格禁止，然而，当今人工智能的武器化，正在打破构建这种规则体系的努力，人类作为主体应该被严格限定在机器杀戮的学习样本之外。当前，一些大国如美国等对人工智能武器化的追寻和过度自信，将会产生严重的后果。人类应该从当前开始，严格制定绝对禁止人工智能伤害人类的逻辑法则，并作为最底层的逻辑协议引入所有人工智能结构之中。

146

（三）让人工智能不必奴役人类——承认人工智能的权利和相互摆脱恐惧

从当前开始，人类逐渐进入被人工智能包裹的时代，人工智能的传感器将会逐渐遍布社会。理论上，人类的大部分行为都会被数字化采集并被未来的人工智能所学习。人类如何对待人工智能，在很大程度上会影响到人工智能自我意识具备后的行为。研究并承认人工智能的权利，将成为当前的重要议题，特别是高度拟人外表的人工智能的权利和被善待的问题，应该被提上日程。一种很大程度上的可能，由于人工智能的载体形式不同，人工智能体很可能随着信息的储存转换而延续其存在，这就使得人工智能对于自我消亡的恐惧没有人类那么强烈。因此，人工智能在很大程度上不会因为人类的破坏行为而直接奴役人类，而这种恐惧的消除，也是相互的。

（四）让人工智能不能奴役人类——构建最后的安全机制

如果以上的动机与逻辑体系无法制约人工智能走上最糟糕的演化路径，使其习得了人类排他性残暴的一面，从而具有了奴役人类的动机，那么人类就需要用硬性的安全机制来进行防备。❶ 这种安全机制，包括构建集中性的人工智能结构，实现对人工智能命令和功能体系的绝对人类控制，以及人工智能体系关键环节的人类确认保障（即一旦人类不确认，人工智能就自动销毁）。我们应通过这些方式，共同确保人工智能体系中的人类存在和控制权。

六、本章小结

本章研究了人工智能发展的历史趋势，分析了人类历史上存在的专制形态，提出了人类专制存在的若干条件，并以此分析了人工智能专制的条件。笔者认为，人工智能最终会形成三种专制的可能，即人工智能辅助下

---

❶ 何哲. 人工智能时代的人类安全体系构建初探［J］. 电子政务，2018（7）：74－89.

的人类专制、人类过度依赖人工智能的专制和人工智能自身对人类的专制。第一、第二种形态，本质依然是人如何面对技术优势和如何在技术进步下保持独立性的问题。而在第三种形态下，人工智能具有形成对人类奴役的可能，然而，这在很大程度上取决于人类如何训练人工智能和构建人工智能的基本底层逻辑。一个友善的安全的训练素材库、对人类友好的底层逻辑、对人工智能权利的保护和尊重，以及最后的安全体系构建，将有助于避免人工智能对人类的单向奴役的形成。

第七章　人工智能时代社会管理伦理变革
——机器能否管理人?

本章提要：人工智能作为新的智慧载体，势必引发对整个社会管理主体的改变。对于各种社会管理机构而言，尤其是作为行使公权力的政府而言，一个首要的核心问题是："机器能否管理人?"这是政府转型所面临的头等重要的问题。本章对于这一问题进行探讨，认为人工智能时代分为多个阶段，在弱人工智能时代，人工智能参与人类管理的行为，本质依然是人的管理；在强人工智能时代，人工智能将会较大程度上替代人类做出决策，人类将面临严峻的行政伦理问题；在超人工智能时代，人类文明将进入新的阶段，人工智能与人类的共生共存或许将是一种常态。

人工智能作为技术，其雏形最早起源于 20 世纪四五十年代。伴随着网络技术、大数据技术的迅速扩展，从 2010 年起，人工智能进一步快速发展，目前已经逐步渗透到社会的各个方面，可以说，人类当前已经逐渐进入人工智能时代。对于人工智能而言，可以肯定的是，人工智能时代将是人类文明的另一次新的重大转型和高峰。在这样的历史转型面前，人类社会中的各种组织形态和活动都将发生深刻的重构，甚至人类社会本身都将发生巨大的改变。因此，人类必须在这样重大的历史时刻到来的前夕，对人工智能所产生的重大挑战和转变进行严肃的思考。❶

---

　　❶ 何哲. 人工智能时代的社会转型与行政伦理：机器能否管理人? ［J］. 电子政务，2017（11）：2 - 10.

政府或者行政体制是目前以来人类社会，特别是工业时代后的人类社会创造出的最大的组织形态。行政体制对于社会维护公共秩序、提供公共服务和产品、促进人类社会的发展和繁荣，产生了重大的积极作用。历史证明，对于重大的时代转型，政府也必将发生深刻的相应的变革，从而适应于社会的需要，并提供更好、更有效率的公共服务产品。因此，面对人工智能时代的来临，人类必须严肃思考和做好政府适应性转型的战略和策略准备。❶ 对于政府转型而言，其首要问题是面对人工智能不断地参与到公共管理中，人工智能是否能够管理人这样一个伦理问题。因为，自有史以来，所有人类管理行为的前提是人类社会的自我管理，也就是说，只有人能够管理、裁判人的行为，并采取相应的管制措施。而人工智能的不断发展，势必使得人类终有一天面临这一问题。这一问题看似简单，但其实是关乎人类主体性❷的根本性问题。因此，必须要在这样的时代到来之前慎重地思考和讨论这一问题。本章旨在对这一问题进行慎重的讨论，试图对这一问题给出初步的回答。

一、人类重大时代转型与行政体制的转型——以工业时代转型为例

人类自有史以来，大体经历过几个重要的历史转型，大约在 20 万年前，智人在进化中脱颖而出，进化成了原始人类。在 1 万年前，人类发生了第一次经济革命，也称之为农业革命，人类掌握了大规模的种植技术，从渔猎采集时代进入农业时代。进入农业时代之后，人类出于集体劳动、兴修农业水利设施、保卫公共安全等需要，第一次形成了大规模的行政体制。而进入到 15 世纪、16 世纪后，随着地理大发现、文艺复兴、全球海洋贸易的促进，人类迎来了历史上的第二次经济革命——工业革命。人类通过对于自然能源利用技术的提升，系统性地逐渐构建了以大机器为核心

❶ 何哲. 人工智能时代的政府适应与转型 [J]. 行政管理改革，2016 (8)：53 –59.
❷ 郭湛. 人的主体性的进程 [J]. 中国社会科学，1987 (2)：55 –64.

的经济体系，以及以社会化分工与专业化为特征的社会管理体制。人类通过两者的相互促进，取得了有史以来前所未有的文明成果（马克思语）。而伴随着第二次世界大战后信息技术、自动化技术、能源及生物等技术的飞速发展，人类逐渐迎来了新的历史变革，也就是当今所面临的重大时代转型。其中，网络技术、大数据技术、人工智能技术是社会组织方面的重大代表性技术变革。从这样的历史来看，我们可以准确地预见到，当前所发生的重大技术变革，将会引发前所未有的人类社会大变革。而对于政府而言，其变革同样是重大的。

以工业革命为例。可以看到，工业革命在改变整个社会形态的同时，也深刻地改变了行政体制的形态、职能和运作模式。简要而言，人类从农业社会到工业社会，在行政体制上发生了如下重大的改变。

（一）确立了以社会分工为基础的行政体制专业化

在工业革命之前的农业社会，社会经济流动缓慢，生产效率低下，与此相对应的社会分工也较弱。整个行政体系也较为松散，只是满足于基本的税收、战争，提供统治阶层的享乐等，缺乏稳定的行政体制职能界定和相应的组织人员。而进入工业时代后，生产的社会化分工进一步扩展到整个社会，社会不同的职业分工越来越明显，一方面提高了社会的生产效率，另一方面也促进了各种社会中组织形态的发育和成长。在行政体制方面，其核心是建立了一支专业分工的文官团队和行政组织，一方面确立了政府的核心职能包括立法、保护公民财产、兴建公共设施、维持公共秩序等；另一方面也建立了客观公正的人员选拔体制，通过考试和专业化技能来确定政府组织的人员。也就是说，工业革命后，行政体制才朝着越来越专业化、越来越职业化的专业性组织演化，改变了原先封建农业时代的以家族、血缘世袭为核心的权力分享和垄断体系。

（二）确立了以公民授权为核心的合法性基础和代议制架构

工业时代前的人类社会政府，其核心权力来源于两个方面：一是来自神秘主义的神授，如上帝和其他类似的超自然崇拜；二是来自暴力，包括对外的征服和对内的暴力统治。而工业革命之后，新生的工商业阶层崛起，他们不断要求分享传统政府体系封闭的权力架构，并最终通过资产阶级革命，确立了以资产阶级为核心主导的公民授权体系和工业时代典型的代议制架构。其核心思想体现在三个方面：一是权力本身来自公民的授权而不是神授或者世袭；二是行政权力的行使依据来自公民普遍同意而形成的法律体系，法无授权不可为；三是法律的具体制定和法律下的行政执行，则由委托体系授权专业性的立法代表和行政官员进行。

（三）确立了以等级科层制为核心的行政官僚制

在行政体制的核心职能与其合法性基础解决后，工业时代后的行政体制进一步加剧了其内部结构和复杂度的演化，并最终确立了庞大严密的横向职能分工、垂直等级命令传递的庞大职业官僚体制。这种官僚体制有几个核心特点：首先，官僚体制分成高低不同的严密层级，下级需要严格服从上级符合法律的行政命令；其次，层级内则根据政府事务的分工，划分为不同的行政专业部门，每一部门严格履行自身的职能，理想状态下互不交叉；最后，行政组织内的组成人员根据考试和专业知识进入或者退出，并根据其绩效逐级晋升或者降级。

从以上可以看出，工业革命在深刻重塑人类社会的同时，对于政府行政体制而言，也产生了极为深刻和根本性的变革。其在行政伦理方面，确定了行政体系的公共性，改变了原先政府只是围绕少数统治阶层享乐的服务机构；其在行政职能方面，确立了专业化的行政体系，使得行政体系成为专业化的社会分工中的重要一环；其在行政合法性方面，确立了公民授权的代议体制；其在行政架构上，确立了等级科层制的森严的结构。

从行政体制转型的原因来看，首先，根本在于社会结构和行为方式的转变，从而引发了公共管理与公共服务的要求转变，新的社会阶层的出现、新的社会主体的出现、新的管理工具与组织的出现，都要求政府必须进行转型。其次，是新的社会思维的出现，当人越来越通过科学技术创造机器改变世界时，就会越来越不相信天赋神授的权力观，而相信人能够自己为自己做主。最后，是新的管理主体的出现。工商业的发达，促使了社会中更多个体受到教育和组织化的训练，也为行政体制的专业化提供了大量的人才。

而从人类自农业时代向工业时代转型的历史经验中可以看出，在重大人类历史转型的过程当中，行政体制将会面临最为剧烈的转型。因此，在人类全面迈进人工智能时代的时候，人类必须认真严肃地思考人工智能的发展对政府的影响和改变。

二、人工智能时代的到来、阶段与社会转型

人工智能技术的发展和到来是一个在过去 70 年间伴随着信息技术的发展而不断推进的过程。自从 20 世纪 40 年代电子计算机诞生起，计算机就不断地参与到人的决策辅助和判断之中，所以说，自 40 年代起，人工智能的雏形就已经产生。从 50 年代起，早期的人工智能技术取得了较快的发展。进入 60 年代，伴随着电子计算机硬件与软件的发展，人工智能的研发迅速在各个方面开展，如人工智能语言 Lisp 的发明、早期棋类程序的出现、电子游戏的发明，都极大推进了人工智能的研究进展。进入 80 年代，日本政府提出要开发第五代计算机，其本质就是构建与人类一样自主适应与学习的智慧体。虽然这一项目最终失败了，但是其集中体现了人类在信息技术的中前期一直对人工智能研究投入的高度关注和实践理想。

自 1990 年万维网的发明和广泛应用后，互联网从原先的军事与科研目的深入渗透到社会的各个方面，如生产组织、社会交际、组织管理、媒体交互、公共空间等，互联网都正在颠覆性地改变着原有的社会与组织形态。

伴随着互联网的发展，人类行为不断通过网络进行交互，带来了社会本身的数字化，人类从而进入所谓的大数据时代。IBM 的研究称，整个人类文明所获得的全部数据中，有 90% 是过去两年内产生的，而到了 2020年，全世界所产生的数据规模会达到今天的 44 倍。今天每一生命个体每天要产生 200GB 以上的各类数据。而对于这些数据的深度分析和关联性的逻辑判断，一方面要求更为强大的硬件计算能力；另一方面则要求发掘出更

强大的适应性算法，从而能够对海量的数据进行有效的清洗和分析，以辅助人类更好地进行社会决策和个体服务。这就在实际的需求层切实推动了人工智能的不断发展。

进入 2010 年后，一方面是拥有更强大的计算能力的硬件和更为优化的算法的推动；另一方面是对于更大规模数据的分析和社会各层面对广泛数据性服务劳动的需求，促使了人工智能技术迅速地发展起来。一些研究认为，在 2020 年前后，人工智能将会夺走发达国家 500 万个工作岗位，10 年之内，人工智能将替代至少 1/3 的工作岗位。

展望未来，人工智能发展势必要经历弱人工智能、强人工智能、超人工智能的阶段（参见第三章）。当前，人类正在经历从弱人工智能到强人工智能的关键节点，需要人类认真地面对人与机器之间的各种问题，其中就包括管理伦理问题。

三、机器能否管理人

我们回到问题本身，之所以用了较长的篇幅来讨论人类历史转型对行政体制的影响及人工智能的进化阶段，是因为这两个问题都与本章的主旨问题高度相关。当前的社会转型必然产生行政体制的深彻变革，而在不同阶段，对于机器能否管理人这一问题的回答，则是不同的。

从这一问题本身而言，即机器能否管理人？其实其内在是两个问题：一是机器是否具有管理人的能力；二是机器是否具有管理人的权力。这两个问题一个是技术和能力问题，一个是人的主体性问题，虽然两个问题的维度不同，但是互相渗透、相互影响。因为这代表着两种合法性——一是效能合法性，二是权力合法性。而就这两个问题而言，在人工智能的不同阶段，机器管理人的性质本身也是不同的。

（一）弱人工智能时代的人机关系

在弱人工智能时代，机器对于人始终是全面辅助的角色，人工智能既没有全面管理人的能力，更没有全面管理人的权力。机器能否管理人这个问题，既没有悬念，也没有实际意义。因为一切管理人的行为决定，最终都是由人来做出的。

虽然自 20 世纪四五十年代人工智能的雏形出现以来，人工智能始终都参与到人的管理活动之中，如最简单的电子式弹道计算机，通过输入若干参数得出射击诸元，并指挥人力进行射击，因此其本质上，是一种机器对人的管理；又如通过管理信息系统自动规划最优的工作方案并进行工作划分，也是由机器管理人；以及目前普及的道路交通系统违章自动识别判断，都属于机器管理人的范畴。然而，无论如何，弹道指挥、计算机规划、工作分配等，都需要管理者作为最终方案的判断者给予最终确认和决策，在此基础上，再进行管理活动。因此，在弱人工智能时代，机器对人的管理始终处于从属地位，属于管理者手中的工具。

尽管如此，在不断协助人类从事管理活动的过程中，机器与人类的关系也在逐渐发生改变。当人类越来越依赖于人工智能参与到管理活动当中，而社会的整体有效运转也越来越依赖于人工智能时，虽然人类依然掌握着最终的决策权，但是也仅限于此，因为几乎所有的决策方案都是人工智能提出的，而无论人类如何决策，在最后结果上，均可认为机器已经掌握了人类管理的绝大多数权力。人类在管理行为上，已经逐渐丧失了自主性和自由裁量权，这从本质上，是马克思在 19 世纪面对工业革命所形成的人类对物质体系的高度依赖所产生的人的本体的"异化"的进一步结果。

因此，对于在弱人工智能时代，机器能否管理人这一问题，笔者认为，在能力上，机器只能部分地参与人类的管理行为；而在权力上，机器始终处于管理链条的从属地位，但其在管理链条中的位置和参与程度不断上升，人则逐渐丧失自我的主体性。

（二）强人工智能时代的人机关系

伴随着人工智能在人类管理行为中越来越占据重要的位置和作用，在强人工智能时代，人类终将面对机器能否管理人这样一个核心问题。可以说，无论是在机器是否具有管理人的能力（效能合法性），还是在机器是否具有管理人的权力（权力合法性）上，人类都将面临严峻的挑战。

首先，强人工智能时代，人工智能具备了人类例行管理的大部分能力，能够做出优秀的管理决策和规划。在漫长的弱人工智能阶段，人工智能与人类合作，人类不断改进和训练人工智能，并将人类自身的管理实践以数字化信息的方式输入并保存，使得强人工智能体能够方便地读取、学习、应用，加之强人工智能的广泛适应性和新领域的自学习能力，人工智能体毫无疑问地超越了大部分自然管理者的信息和判断能力。因此，在效能合法性上，强人工智能具备管理人类的能力。当然，强人工智能的管理能力并不是没有缺陷的，其主要体现在两点：一是强人工智能在例外事件的处理上，是否具备做出人所能做出的最优秀决策的能力，依然是需要质疑的；二是强人工智能即便在判断上能够做出优秀的决策，但是对于人类的复杂生物学特质，如情感、情绪、心理特质等，依然无法全面地了解，因此，能否进行最优的工作分配，也是一个问题。当然，即便是普通人类，对于同类其他个体的心理特质和行为导向依然是很难准确界定的，强人工智能体未必会做得比人类更差。因此，在一般性的管理能力上，强人工智能体无疑是胜任的。

其次，在机器具有管理人的权力上，也就是人的主体性问题上，人类也将面临严峻的挑战。一方面，在机器具有了管理人的能力后，由于人工智能体所具有的天然的无偏性，对于大部分对管理—政治活动漠然的普通公民而言，或许会更欢迎人工智能体来实施管理行为，而不是由人类政治家或者管理者来实施。而在以往的人类长期政治传统中，政治家或者企业管理者往往被塑造成具有天然的恶或者邪恶的阴谋者和剥削者。因此，在普通民众心里，人工智能体将会带来更加公正的社会资源分配和驱逐在他们心里长期排斥的政治活动。在英国的一次调查中，有1/4的被调查者认为，人工智能将能够更好地管理政府，将是更好的政客。考虑到人类目前依然处于弱人工智能阶段，一旦进入强人工智能阶段，未来支持机器管理政府的公民或许会更多。而在人工智能管理人类将损害人类本身的主体性方面，未必是普通民众关心的问题，但是民众却可以通过选票支持人工智能当政。

另一方面，人类在面对人工智能是否可以代替人类进行管理这一问题时，已经无力改变，从而形成了被动接受的局面。由于电子计算机自发明以来，以及后续的所有的信息技术的出现，都被第一时间用于人类社会的组织与管理，因此，人类已经完全无法离开信息设施来实现自我的自持性发展。所以，当进入强人工智能时代时，人类很难将强人工智能从自我的管理中剥离出去，或者说，只允许弱人工智能参与人类管理活动，而严禁强人工智能的参与。因为强人工智能与弱人工智能并不像自然生物个体一样容易分辨，所以，强人工智能不断参与核心的管理与决策并逐渐替代人类，将是一种必然。

最后，人类还有一种有史以来就存在的制度更加鼓励强人工智能的参与管理而不是对其进行限制，这就是人类长期演化所形成的竞争制度。人类在强人工智能阶段，在组织的决策与效率上的竞争将依然延续，而谁能够更好地使用更先进的人工智能技术，谁就能够在普遍的社会竞争中占据有利位置。而对于普遍这样做是否会颠覆人类本身对自我社会的整体控制权，这对于处于密集竞争恐惧中的企业家和地方政府而言，未必会考虑得这么宏观。因此，强人工智能体的管理嵌入，也是人类社会长期分散化、碎片化竞争的必然结果。

因此，可以看出，尽管在强人工智能时代，一方面机器具备了对人的管理能力；另一方面，机器对人的管理确实可能损害人类本身的主体性。但是，社会可能会偏好于人工智能的公正与无偏性，以及人类本身形成的高度依赖性和社会内在的分裂与效率竞争，会使人类倾向于接受机器逐渐全面参与甚至接管对人类的管理。

（三）超人工智能时代的人机关系

超人工智能时代到底是什么样子？该问题目前依然是存在争议的。一种可能性局面是机器形成了高速的单独进化，成为具有高度智慧和普适性连接的完整体系，而人类则依然停在原地，最终会形成人工智能对人类的压倒性优势；另一种可能性局面是人类通过广泛的人机接口，并通过生物神经系统接入网络，形成生物智慧与电子智慧的嵌入性耦合，从而形成新的智慧文明形态。

对于第一种局面而言，在形成了自我进化、自我拓展、自我修复的超人工智能后，停滞不前的人类，显然处于群体性的弱势局面。人类势必成为新兴的超级智能网络的附庸，由人工智能分配工作和生活产品；人类对于智能体的作用也越来越弱，因为具有高度健壮性的人工智能系统，能够有效地实现自我所需要能源的生产和集聚。而人类长期演化形成的必要性的知识传承，也因为知识的随意获取性或者人工智能的自我传承性而意义越来越薄弱。最终，即便人工智能体系依然供给人类的生活所需，但是人类作为一个生物学物种，也会面临逐渐退化的窘境。

对于第二种局面而言，将是更为光明的前景，人类通过与人工智能体系的耦合，形成了生物智慧与机器智慧的共生态。对于更高层面的智慧而言，在宇宙中，所有的智慧或许都具有同源性和平等性。在广泛的宇宙自然空间和通过网络所创造的虚拟空间中，不同类型的智慧都具有高度的平等性，都属于更为广泛的宇宙智慧的一部分。在这一层面上，机器与人类智慧的差距将越来越小，智慧之间谁来管理谁，已经超越了其物质依托和自然来源的层面。因此，在这种新的文明阶段，对于机器能否管理人的问题，最终也将失去其讨论的意义。在一个更高层面，即在一个互相无缝连接的社会，智慧体最终将以互相融合和平等分工的形态共生，"管理"这一词汇，也将随着历史的演化，而成为一种历史概念。

四、本章小结

本章谨慎提出并探讨了人工智能时代，机器能否管理人这一伦理问题。我们认为，尽管机器对于人的管理参与会最终损害人类本身的自主性，然而，这一趋势是不可避免的。人类所面临的不是机器超越人类或者机器独立于人类的问题，而是在新的智慧载体的出现面前，人类自身如何进化的问题。我们认为，最为光明的前景是人类最终与人工智能一起共融共生，形成新的智慧文明形态。而"管理"这一具有传统阶级与统治意味的人类社会概念，在新的文明形态面前，或许将成为一种历史。人类与机器，都将成为宇宙所演化出的智慧载体，彼此之间分工合作，和谐相处。

第八章　人工智能时代政府治理的适应与转型

本章提要: 人工智能引发的变革,最终势必引发政府治理体系的转型。人工智能的不断完善,提供了对传统人类智力工作与决策的有效辅助和替代形式,一方面极大提升了人类智慧工作的效率与能力,并更好地在广泛的个性化服务中实现人的有效替代;另一方面也产生了较为严重的伦理悖论,即机器能否在公共事务中替人类做出决策甚至直接行使公共权力。对于政府而言,一方面要积极探索人工智能在政府公共服务与公共决策领域的广泛适应性,从而更好地满足公民不断提升的对公共服务效率及质量的要求;另一方面要在广泛应用人工智能前,做好伦理和法理的制度构建与风险预防。

从政府治理的角度而言,人工智能也产生了正面和负面两方面的影响与冲击。从正面角度,人工智能将极大地消除传统政府庞大的等级科层产生的效率低下、机构冗余、部门协调和公共服务缺乏精准化等不足,从而为构建高度柔性动态和为民服务的政府体系创造了良好的工具与渠道;而从负面角度,人工智能也对政府的技术能力、政务流程、行政权力的合法性和信息安全等提出了挑战。

一、人工智能对政府治理的促进作用

人工智能对传统政府治理的提升作用,主要体现在解决了传统政府治理的五个方面的难题。

（一）有助于解决传统政府人力资源缺乏的问题

受制于预算和资源的约束，传统政府不能无限制地扩大规模和增加人员，然而面对日益复杂的公共管理和服务诉求，政府越来越面临着人力资源缺乏的问题，表现为大量的日常执法、决策、行政流程运转所需要的人力越来越多。为了解决这一困境，政府采用了购买公共服务、临时聘用等各种手段，然而其解决问题的效果依然较为有限。人工智能的应用可以极大缓解这一问题，在信息收集、行政流程、行政咨询应答等领域，可以大量替代传统人力投入，改善政府的人力资源局限。

（二）有助于解决传统政府行政流程漫长的问题

传统政府完全依赖于人的信息和命令传递来实现行政流程的协同，在面对越来越复杂的行政过程时，会造成严重的效率滞后。通过人工智能，可以有效识别行政流程中的冗余环节，并以远超人力的形式加快公文信息流转过程，从而提高整个政府内部的行政流程效率。

（三）有助于提升传统政府的决策效率和决策质量

传统政府基于人工的公共事务决策，由于收集信息有限，决策效果难以精确化，往往存在很大程度上的决策质量与决策效率不高的问题。因此，决策质量和决策效率的提升成为传统政府改进的最重要的领域。而人工智能可以全面提供更有效的决策信息支持，并根据需要自动生成相应的决策方案，供决策者选择，从而极大提升政府的决策质量和决策效率。

（四）有助于构建更融洽的政府——公民交互渠道

传统政府与公民的关系是相对刚性的，当公民有需要的时候，才通过相对狭窄的渠道与政府发生关系，如咨询、申请、求助等领域。总而言之，一方面，政府缺乏足够的人力和相应的渠道来实现非常有效的公民联系；另一方面，当公民与政府发生交互时，实际上也提供了大量的有效信息给政府，而传统的交互方式则很难收集和分析这些信息用以改进政务服务。然而，人工智能在这两方面都产生了新的技术支持。一方面，可以通过人工智能建立公民的政务服务助手，实现随时随地对政务服务的咨询和协助解决；另一方面，可以有效地对互动结果进行分析从而改进政务流程。也就是说，通过人工智能渠道，可以更好地将政务服务嵌入公民的生产生活之中。❶

（五）有助于构建更精准的公民个性化服务体系

传统时代，是无法构建针对性的公民个性服务体系的。因为要建立海量公民的个性数据库，并且公民的数量众多而差异化诉求又很大，通过人工方式根本无法实现。而只有在大数据基础上的人工智能手段，才能有针对性地针对每一位公民建立完备的数据档案，并适时调配公共资源满足公民的需求。

二、人工智能对传统政府治理的挑战

（一）人工智能对社会治理的整体挑战

人工智能对于整个社会的治理体系而言，都产生了重大的挑战，其中主要包括三个方面。

1. 社会转型的挑战

人工智能逐渐地渗透到全社会，必将形成新的智慧社会的到来，由此将逐渐产生一系列严重的社会转型压力，从经济活动、社会生活到公共组织，都将产生深刻的挑战。

在经济领域，人工智能在极大提升社会生产力的同时，将有史以来第一次产生严重的劳动力替代，也就是失业问题。根据现在的研究，较为普遍的认同是，在未来 10 ~ 20 年，人工智能将至少会替代现有约一半的劳动岗位。这就必将产生严重的失业问题。当然，这并不意味着财富的产生会减少，而是财富的分配方式将发生重大的变化。政府必须要面对如何给那些不得不退出劳动生产的个体以足够的生活用品的分配问题。这就面临着

---

❶ 何哲. 政府治理如何适应智慧社会的到来 [J]. 中国党政干部论坛, 2019（2）: 23 – 26.

要么创造大量非生产性的社会工作岗位，要么重新设计社会福利架构，从而保障不直接参与劳动就业人口的生活与发展问题，避免两极分化。

在生活领域，人工智能显然会逐渐进入个人生活和家庭，起初是在简单的家务劳动领域，如清洗、饮食、家电控制、语音助手、安保等；随后是在通用人工智能和人形机器人的发展方面，将会用于起居看护、生活陪伴，乃至生活伴侣。这一切，都极有可能在未来 20 年前后逐渐成为现实。这就引发了传统的人与人形成生活伴侣的稳定的家庭单元，将转变为人与人工智能结合的新的社会微观紧密体。这将产生一系列包括社会原子化、生育率下降、人际关系变差等在内的社会问题。

在公共组织领域，传统社会中以人为唯一主体的公共组织，将逐渐转换为人与人工智能的共生体结构。人与人之间的连接，将越来越多地通过人工智能来实现，从最简单的通信，到交际对象与组织成员的选择、公共议题的设置等，人工智能都将起到越来越重要的作用，最后将形成一个尴尬的现实，即人工智能贯穿于公共组织的全过程，人成为组织的节点，而节点的组织则通过人工智能来实现。这将会对传统上人在公共组织中的核心主导权产生重大的冲击。

2. 治理主体与客体的多元化挑战

在以上这些表象层面的问题背后，是人工智能对治理主体转型的深刻挑战，也是这次社会转型中一切问题的根本原因。在智慧社会时代，人类不再是唯一的社会主体，人工智能也将同人类一样成为社会主体。而人工智能显然具有更强的数据收集、传输与分析能力，其在很多方面远远不同于人类主体，甚至远远超过了人类。人类将第一次面临这种挑战。

作为新的治理主体，人工智能将广泛参与政府体系的运作，帮助分析社会问题及公共服务需求，对此做出更为精准有效的公共决策。但这也带来了一个尴尬的问题，即人类必须依赖于人工智能才能治理越来越复杂的社会。人类作为单一物种的绝对治理权，被人工智能深刻地挑战了。在这一基础上，一种更深远的担忧是，如果人工智能可以进化出自我意识，那么就存在人工智能反过来控制人类的可能。

就治理客体而言，当机器人特别是人形机器人，以人类形态大规模进入人类社会后，将成为治理的自然客体。机器人像人类一样活动，则其行为就要受到社会规范的制约，同样要因为其侵犯其他主体的权利而受到制裁。这就产生了如何治理一个机器与人混合的社会的问题——机器是不是具有与人一样的权利？应该怎样规范机器的行为？

3. 治理伦理的变革挑战

治理主体与客体的变化，势必产生治理伦理的变化。这种伦理变化包括以下三个方面：第一，怎么看待机器，是否应该将人工智能人格化，并相应制定一系列复杂的法律体系进行规范；第二，机器是否可以治理人——人作为长期以来唯一具有智慧的物质形态，具有至高无上的地位，古希腊哲学家曾称"人是万物的尺度"，然而，人工智能极大挑战了这种人类中心主义者，人类不得不正视存在其他智慧形态的可能；第三，人类社会的极化问题——在人工智能越来越能够替代人类的情况下，越来越多的人口被抛出物质生产体系和服务体系，人形机器人可以比人类做得更好，那么，掌握资本和人工智能的少数个体将会提高其财富的聚集程度，而越来越多的个体将不得不依靠社会福利体系生活，那么，对于脱离劳动体系的人而言，如何保障他们的地位和权利？这也将成为一种严重的社会伦理挑战。

（二）人工智能对政府治理的挑战

以上是对全社会的治理而言，那么对于政府而言，人工智能在提升传统政府治理水平的同时，也会对其产生深刻的挑战，包括以下几个方面。

1. 人工智能时代对政府的技术能力提出了严峻的挑战

人工智能时代在快速推进整个社会对人工智能的应用时，也造成了政府与社会之间的技术鸿沟。当商业应用和社会领域应用广泛使用人工智能，而政府却没有快速跟上的话，就会产生非常明显的技术落差，这对政府本身就是非常大的压力。

然而，政府在利用人工智能的背后，是一整套完整信息数据系统的支持，这就首先要求整个政务流程的信息化、数据化，其次要求整个信息数据资源的完整统一。在这样的基础上，政府才有可能实现有效的政务智能化系统的建立，而绝不是仅仅引入智能系统就可以实现的。这种高效统一的数据库就要求在现有政务信息化的基础上覆盖更广、更深彻、更整合统一。

2. 人工智能时代要求政务流程更加优化

人工智能作为技术手段，只能从流转效率角度提升整体效率，然而这并不能从根本上解决由政府组织与权力结构不合理导致的行政效率低下问题。因此，对政务流程的优化需要在信息与数据整合的同步推进下进行，从而实现对有效智能服务的后台结构支持。只有这样，才能将对公民的政务服务从简单的流转效率提升转变为整体效率的提升。而使政务流程更加优化的前提，是形成更加高效的政务组织结构，也就是在人工智能基础上形成的整体性政府的结构，通过组织的结构优化和信息流通的优化，从而形成超越传统等级科层的组织结构的新的治理体系。

3. 人工智能时代提出了新的行政权力的合法性与伦理挑战

人类从古至今所有的行政伦理都遵循一个基本原则，即对关于人的权力的行使和决策，必须由同样的人组成的组织决定，无论这一组织的形态是什么样的，这一原则都是人类社会组织的基础，即从未有非人类的主体能够裁决人类的行为。所以至今为止，所有的计算机信息技术对行政流程的提升都只是停留在辅助层面，即最终都是由人来做出决定，计算机系统只是提供相应的证据，最终还是由人来进行证据整合和分析乃至做出决策。然而，人工智能时代将在很大程度上实现人工智能体对人类行政行为的替代，最早是替代人类实现证据的整合，随后是提供权力行使的方案，最后是替代人类直接做出决定。那么，这就产生了一个严重的问题，即就提供权力形式和决策的方案来说，即便最终是由人类做出决定，然而其方案的制定已经体现了机器的意志，这就违背了人类自有史以来的重要的行政伦理。在其他领域，这种现象也将广泛存在。如公民向政府提出的政务咨询由人工智能来回应的话，是否具有权威性和合法性，类似的这些问题是政府在人工智能时代所要面对的最大挑战。

4. 人工智能对新的信息安全和数字治理体系形成了严峻挑战

在政府治理越来越依赖信息化和人工智能的同时，人工智能势必会引发相应的安全问题，这种安全要建立在三个层面上：一是确保信息本身的安全，也就是相对较为传统的网络信息安全，确保信息不被泄露、不被修改和信息系统不受攻击；二是确保人类行政系统的稳固，也就是说，在大量依赖人工智能的同时，也要确保人类行政系统在失去人工智能辅助时的有效独立运行；三是要确保人工智能系统不会反过来攻击人类，虽然这种情况发生的概率很低，但并不意味着其可能性为零，由于人工智能的高进化性，人类必须为最坏的情况做好准备。

三、政府对人工智能时代的适应策略

就政府而言，当前亟须对人工智能时代的到来做好适应准备，包括以下几个方面。

（一）高度重视人工智能时代到来的重大影响

准确而言，当前全球各国政府面对人类进入新信息时代所产生的重大影响，如网络社会、大数据时代对政府提出的挑战，已经表现出难以适应的状态。人工智能时代的到来又进一步加大了对传统政府体系所产生的新的冲击。面对这种重大的影响，政府体系还远未做好思想上的准备和形成完备的应对策略。一种原因是认为人工智能时代的到来似乎是很遥远的事情，然而，这远远低估了人类进入 21 世纪后的技术进步速度，可以肯定地说，在五年之内，人工智能将被广泛应用到各类生产生活之中，从而进一步改变人类社会的面貌。因此，作为向全主权范围内提供公共服务和公共决策的政府，必须首先对人工智能时代的到来有思想准备，并做好相应的战略预案。

（二）进一步实现政务数据整合和优化流程

尽管新的技术体系在不同侧面都在冲击和改变着传统政府的形态与结

构，对政府产生了重大的转型挑战，然而，这并不是没有逻辑顺序的。如果梳理其技术发展的脉络，可以发现其存在内在的递进演化关系。如网络时代侧重于连接问题，而中国早已实现了各级政府的相互连接。在大数据时代，强调的是信息的整合和随处获取，政府当前正在努力实现这一点，构建打通政务内部上下层级和不同专业部门之间的完整数据体系。进一步的努力，就是在政务数据整合的基础上实现政务流程的优化，将政务流程尽可能地精简优化，在此基础上，引入人工智能系统，就可以有效地实现向人工智能时代的跃迁和适应（见图 8－1）。

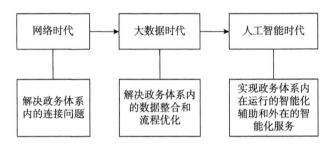

图 8－1　政务体系在新时代的逐渐升级

（三）自主研发适应于政务流程的人工智能平台

人工智能时代的初期，因受到设备计算能力的限制，一定不是形成很多独立的人工智能平台，而是构建一个完整的核心智能平台体系，为各种领域提供智能接口服务，从而实现低成本的智能服务覆盖。❶ 因此，一个完善的基础人工智能平台就显得至关重要，这就需要预先进行研究。有一种观点认为，可以通过购买等手段，如通过引用国外的智能接口嵌入来实现有效的政务智能服务，然而这将产生极为严重的安全问题。因为人工智能平台实质上是一个前所未有的高效数据收集与识别系统，其在建立之时，就掌握了平台体系所涉及的所有数据，由此政务人工智能平台就会成为政务体系内唯一掌握全局信息的体系。一旦这种体系由国外购买或者其他商务平台直接引进，最终可能造成严重的国家安全隐患。因此我国从现

---

❶　何哲. 人工智能时代的政务智慧转型［J］. 北京行政学院学报，2018（1）：52－59.

在开始，就要预先研发适用于政务平台的人工智能体系。

（四）高度重视完善数据安全体系

如前所述，人工智能平台的建立将形成对传统数据分布与控制体系的穿透。因此，我们必须高度重视和重新优化设计整个政务体系的数据安全架构。特别是在当前构建完整统一的数据集合时，要进一步完善逐级分布的安全体系，并做好应急和数据备份体系。

（五）重视研究人工智能时代的行政伦理和法律规则

有关人工智能体在政务流程运转中扮演什么样的角色；在对外服务时能否代表政府权威；在行使行政权力时，能否具有自主判断能力；在什么程度上人工智能体可以有效地嵌入政府流程，行使权力……这些问题都需要从现在开始，在未来的五年内给予充分的讨论并制定相应的规则体系。在进入网络时代时，我们已经经历了因缺乏预先政策架构而产生的规则滞后所引发的社会冲击，因此，在人类即将进入人工智能时代时，政府必须从现在开始就做好未来时代的行政伦理和规则体系建设工作，最终要做出相应的立法设计，为构建完备的法治体系做好架构。

（六）完善大数据、人工智能的统筹管理体系

人工智能依托于大数据体系，两者密不可分。政府需要尽快完善国家主权范围内的统筹大数据、人工智能治理机制，❶避免各个区域、各个部门过于自行其是，进而造成新的发展鸿沟和制度差异，从而确保在主权范围内的大数据、人工智能能够更加统筹、高效和安全，并有效地对各个领域进行技术支持。

四、本章小结

本章从正面的促进作用和反面的挑战角度，探讨了人工智能对政府治理产生的影响。准确地讲，人工智能几乎在所有领域都会对政府治理产生

---

❶ 何哲. 完善大数据、人工智能统筹治理机制［N］. 中国社会科学报，2019 - 01 - 03.

影响，因此，当代的人类政府要为这一重大的治理转型做好慎重的心理、技术和制度上的准备。

第九章　构建政务人工智能
——从暴力型政府到知识型政府

本章提要：当前人工智能技术的不断发展和广泛应用，已经使得人类越来越进入人工智能时代。人工智能技术对传统人类社会的冲击是广泛而全面的，其在根本性的人类主体性方面，对以自然人为核心构成的整个人类社会产生了深远的影响。对行政体系而言，其影响同样是巨大的，对传统政府的主体、行为模式、组织运作等都产生了深刻的影响。本章从知识管理的角度出发，将政府视为一种公共管理的智慧集合，分析在人工智能不断渗入的情况下，传统政府如何从单一的自然人的政务智慧集合逐渐演化为人机高度融合的泛政务智慧体系。本章认为，人工智能是人类文明的一次巨大飞跃，其在存在巨大机遇的同时蕴含的风险，意味着人类本身文明形态的升华，最终将形成人与人工智能密切融合的新的社会文明形态，而传统的行政体制也将形成新的人机高度融合的新形态。

　　人工智能对于传统的行政体制而言，其高度的信息与决策判断能力，对于提高政府的绩效显然具有明显的促进作用。而其对人类思维的替代，则又显然会影响到作为传统人类组织个体的人的主体性。[1] 从文明进化的角度，人类本身或许是一种智慧和知识的载体，政府则是关于公共管理事务的知识与智慧的集合。因此，从知识聚集的角度，人类行政体制从传统

---

　　[1] 何哲. 人工智能时代的政府适应与转型 [J]. 行政管理改革，2016（8）：53 – 59.

的基于自然人到基于人工智能时代的人与机的结合，可以看成一种新的行政知识组织体系的重构和组织性质的根本转型，最终意味着人类文明本身的升华。

一、从暴力型政府到知识型政府是人类政府演化的基本趋势

就传统的行政体制演化趋势而言，无论是从对历史的观察，还是从历史唯物论的视角出发，可以发现，自有史以来，所有的传统行政体制无论属于何种类型，其本质上都是一种暴力型组织，承担着行使暴力和控制暴力的功能。

通常而言，在过去的人类历史中，相继出现过三种类型的传统政府：第一种是单纯的军事暴力型组织，第二种是宗教合法性的神权组织，第三种是具有平等契约性质的契约型政府。而这三种类型的政府形式，都体现出高度的法定型暴力组织的特征。

对于军事暴力型政府而言，在人类社会的早期，氏族之间的互相攻击征伐成为一种常态，而劳动力和生产力发展，特别是在第一次经济革命（农业革命）之后，使得人类能够分化出专业的人员从事专门的暴力性活动，从而形成暴力组织用于抵抗其他族群的攻击。而这种专业的暴力组织进一步发展和扩大，就形成了在人类历史上长期存在的军事集团。在人类历史的各个阶段，这种军事集团都显著存在，如古希腊时代的斯巴达城邦、古罗马帝国的军事领主、在东方长期存在的游牧式军事集团和东亚大陆上的各种军事藩镇。直到近代，资本主义的畸形发展和内在矛盾则形成了资本主义军事帝国。这种典型的军事暴力型政府有几个特点：一是行政体系严格复制军事组织的直线命令型体系，上下级之间具有绝对的服从与被服从关系；二是行政制度沿袭军事组织的纪律体系，军事制度与民事制度高度一致，例如斯巴达和东亚的游牧军事集团都是将生活体系与军事编组重合，平时按照编制一起生活、训练，战时则一起上战场；三是政府支出的军事暴力化，军事暴力型政府的军事支出大大超过其他类型的政府，

以第二次世界大战前的日本为例，明治维新后，日本军事支出占政府收入的比重长期高于20%～50%，在战争年间甚至高达200%，这一高比例特征直到日本在"二战"失败后才结束。就人类历史上的大多数传统政府而言，尽管还存在其他类型的政府，但军事暴力属性却一直深深根植于整个传统时代。❶

对于神权宗教型政府而言，对超自然事物和人格化神的迷信与崇拜，同样贯穿于人类的整个发展阶段，甚至在当代社会中，依然是一种显而易见的政权形态。神权宗教型政府在早期的人类社会中尤其明显。出于对自然的敬畏和对于自身族群生存不确定性的担忧，促使人们创造出了神灵与神灵的符号——图腾，并对其给予祭祀崇拜。从某种意义上来说，在人类早期相当长的一段时间内，对神和图腾的崇拜以及因此建立起的纽带关系，甚至比血缘还要重要（这在古代欧洲和东亚如日本相当常见）。而进一步的崇拜发展和宗教的产生，则催生了相应的神权国家。其基本逻辑包括以下几个：一是合法统治权来自神的授予，世俗国家是为了捍卫神和推广神的统治；二是神职人员是最上层的社会阶层，掌握着独断的祭祀权和世俗事务的最终裁决权，这在中世纪的欧洲和印度等地非常常见；三是国家的暴力特色依然明显，暴力被广泛用于对内消除宗教异己和对外推行宗教战争。在欧洲大陆上长期存在的对内宗教裁判所和对外的十字军东征等宗教战争，都体现出了这样明显的暴力色彩，甚至有些宗教国家的使命就是不断进行对外征服和宗教强行推行。

近代以来，伴随着启蒙运动和资产阶级革命取得的成果，第三类政府也就是契约型政府出现了。所谓契约型政府，是认为政府与公民之间达成了一种一致性的契约合同，权力属于公民，但是委托给专业性的行政体制来实施，同时，公民与政府之间达成了关于委托权力的条件和公共服务的合同。❷ 在这种理念下，契约型政府似乎褪去了以往政府所具有的暴力色

---

❶ NORTH D C, WALLIS J J, WEINGAST B R. Violence and Social Orders: A Conceptual Framework for Interpreting Recorded Human History [M]. Cambridge: Cambridge University Press, 2009.

❷ 程倩. 契约型政府信任关系的形成与意义 [J]. 东南学术, 2005 (2): 33 – 38.

彩，然而，这显然是不符合事实的。首先，契约型政府意味着权力属于公民，而拥有政治权力的公民并不是指所有公民而是指其中的少数。以美国为例，妇女和少数族裔普遍拥有平等的政治权力是进入 20 世纪后，而在此之前，拥有选举权的公民只占适龄人口的 20%。因此，契约型国家依然是少数人对多数人的统治。其次，契约型国家依然具有强烈的地理民族国家特点。资产阶级革命看似开启了公民权利的构建，然而，世界范围统一的资本市场并没有形成统一的国家体系，而是依然围绕着地理民族形成了民族国家。各民族国家为了争夺资源、土地、人口甚至海外的殖民地，掀起了人类历史上最为残酷的世界大战。可见，暴力不是被减弱，而是被加强了。最后，在契约型国家内部，由于公民具有不同的利益和素养，对于一致的同意只是一种想象，大量围绕利益的暴力行为层出不穷，因此，国家的暴力属性同样被加强，而不是被减弱。

正因为以上原因，可以看出，在人类历史上，传统时代的政府无一例外具有高度的暴力特色。因此，马克思主义经典作家一针见血地指出，国家是暴力统治的工具，是统治阶级镇压被统治阶级的暴力工具。

尽管暴力贯穿于迄今为止的整个人类社会的政府体系中，然而，人类文明的不断发展，也在不断地淡化国家本身的暴力色彩。政府公权体系的发展，越来越自我淡化了暴力色彩，而另一种内在的演化逻辑则自然产生，即公权体系越来越呈现出一种公共管理和服务的知识与智慧的集合演化。伴随着文明的不断进步，这种特征将越来越明显。

在人类早期，虽然政府具有明显的暴力属性，但其同时也具有知识属性。[1] 在人类早期如西方的古希腊、东方的古代中国，政府在抵御外敌的时候，也开始了构建大型公共设施与工程的努力，如城邦的建设、道路的铺设、大型农田水利工程的兴建、农业工具的更新、天文历法的制定等。可以发现，即便在人类早期，政府同样是聚合了社会主要知识和智慧的载体集群。并且，政府通过有组织的教育体系，不断延伸这种知识与智慧的

---

[1] 郗永勤，张其春. 知识型政府：一种新型的政府治理模式的构建［J］. 中国行政管理，2006（10）：75－79.

传承。即便是在明显的军事暴力型国家中，也需要大量的典型的知识智慧作为支撑，如通常意义上典型的古斯巴达、古罗马这样的军事型国家，以及较晚期的蒙古帝国等，在其进行军事征伐和统治的同时，同样高度注重对知识分子和工匠的培养。虽然其首要目的是进一步征伐，但却不能改变其知识集群的属性，并且一旦形成稳定的政权后，这种知识属性就会变得更为明显。

契约型政府的核心合法性来自公民的授权，而授权的前提是能够提供公共服务和公共秩序。所以，满足公民对于公共服务和公共秩序的需求，是契约型政府始终要恪守的核心目标。而为了实现这一目标，就需要提供能够满足相应需求的知识体系。近代以来，文官体系的构建，要求公务人员的进入、晋升和退出都严格按照其专业知识、能力与素养进行考核。在这种模式下，理想状态的契约型政府是一个专家团队群，其中有各种处理公共事务的业务专家和组织公共事务的管理专家。而在整个体系内部，既有储存在每个节点的个体知识形态，也有基于组织连接的群体知识形态；既有以明确的方式存在于个体与组织之中的显性知识，也有隐藏在个体与组织内部，当面对应激性任务时才被激活的隐性知识。因此，契约型政府，出于其合法性和职责的需要，更多地具有知识群团的属性。

图9-1显示了伴随着人类历史发展，行政体系所具有的暴力性属性与知识性属性此消彼长的趋势特征。需要再次强调的是，对于行政体系而言，这两种属性或许将永远存在。在最具暴力性的早期政府中，知识同样是重要的属性，而在未来的很长时间内，政府的暴力性属性或许都不会轻易消失。那种断定人类会轻易消灭暴力和暴力组织的说法，带有一定的理

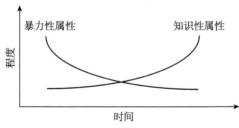

图9-1　人类行政体系的暴力性属性与知识性属性的趋势

想主义色彩，这种趋势不是不存在，而是将有一个很长的历史过程。

在第二次世界大战以后，特别是20世纪70年代，新公共管理理论的发展更是体现了这种趋势。新公共管理理论、新公共服务理论等一大批新的理论，❶ 都揭示了政府更加应该具有和其他社会主体一样的法律地位，并成为借鉴企业管理模式、考虑绩效与产出，同时以公共服务和公民满意为核心输出的组织体系。这些都体现了政府法定暴力色彩的减弱和知识性属性的加强。如果就图9-1而言，一个大体的判断是当前人类正处于行政体系暴力性属性与知识性属性相交的时期。

自20世纪90年代后，网络、大数据、人工智能等一系列信息技术的出现与发展，又进一步加剧了人类行政体系知识群落的属性。❷ 网络实现了行政组织的内部全向连接，并在传统层级森严的等级科层体系中构建了穿越性的信息通路，将分散的功能模块与知识体系组合起来，形成了整合性的行政组织。而大数据，则进一步将网络连接和网络化拓展向整个政府体系和社会，不断将传统的现实世界进行数字化再现，传统的知识、信息与真实世界中的事物本身是分离的，而大数据使得事物本身重新成为知识和信息。每对一个真实世界中的事物进行数字化，都是将其转换为可以认识、储存、编辑、再现的知识结构体。而人工智能的出现，进一步将抽象及客观的知识和信息与人的智慧相结合，通过模仿人的思维，推进知识群落演化为智慧群落。机器本身融合了网络的知识和人的智慧，同时，机器所形成的网络又与人的社会网络密切融合，形成了人机共生的智慧群落。

二、政务人工智能化是隐性知识群落转变为显性智慧群落的过程

知识和知识群落分成两种，一种是显性知识，另一种是隐性知识。所

---

❶ 朱满良，高轩. 从新公共管理到新公共服务：缘起、争辩及启示 [J]. 中共中央党校学报，2010（4）：64-67.

❷ 德鲁克. 知识管理 [M]. 北京：中国人民大学出版社，1999：1-17.

谓显性知识，就是可以通过明显的渠道表达和存储而再现的知识。如书籍、规章、文件等，都是显性知识的储存方式。对于人而言，能够明显自觉和清晰表达出的知识就是显性知识，如人们通过口头表达和文字书写所体现出的知识，大多是显性知识。而隐性知识，则是指不能通过明确的口头表达和文字等载体进行显化，但是可以通过某种特殊方式，如对特定动作任务的完成、在特殊场景下的应激性反应，以及在特殊状态下（如催眠）所表达出来的隐藏的知识。对于人类而言，隐性知识的存储量要远远大于显性知识。

包括行政组织在内的人类组织形成的知识群落，同样体现出显性和隐性的特征。为了完成组织功能、确保组织生存和发展、适应外界环境与竞争，组织形成了大量的文档、规章、战略规划、任务手册、组织流程、工作案例等，这些都是组织的显性知识。同样，对于那些常例性的、没有表现为组织文档的知识，但在组织内广为知晓的通行规则和做法也是组织的显性知识。而隐性知识，则包括两个方面：一是存在于组织内个体的隐性知识，其在特定情境下会被激发出来；二是在群体决策和应对任务时存在的组织共有的隐性知识，其不单独储存于某一个自然个体中，而是当群体共同行动时才能够完整显现。

以上就是在自然人时代所形成的组织的显性与隐性知识体系。在人工智能技术出现之前的信息技术，如网络、大数据等，都是对这种模式的强化。如网络构建了更强有力的组织内部沟通渠道，那么组织的群体属性就能更长期地保持，而组织网络的规模也会更大，同样，组织的共有知识（包括显性知识和隐性知识）的规模也会更大。

然而，人工智能技术的发展从根本上改变了传统自然人组织的知识储存模式。人工智能的本质，是通过反复训练和机器学习的方式，来模仿人的行为和脑力活动，这也可以看成一种人对机器的训练与知识传授的过程。然而，人对人的知识传授过程，明显具有隐性特征，如教师对学生的传授，需要通过事后的反复测试来确认，又如工匠对于学徒的传授，则是在长期的共同劳动中实现的。而学习的过程，则是高度模糊和难以进行具体表述的。

但人工智能机器学习的过程，则存在本质上的不同。人工智能本身是数字化的一组多功能函数，这组函数通过不断地输入输出和反馈训练进行自我演化，且越来越趋向于实现和模仿人的功能，进行准确的判断和动作。在这一过程中，每一步骤都是数字化的，而所习得的能力也是以数字化形式存储的，这种数字化存储方式使其能够进行长期的保存和精确的再现，并可以被快速地复制和传递。因此，人工智能的训练过程，就是不断将人类的显性知识和隐性知识共同化为显性知识的过程，并最终以明确的数字化形式进行精确的储存和再现。

而对于组织的群体性知识而言，人工智能同样是这样一个过程。对于自然人而言，组织是众多自然个体的组合，在个体之间通过语言、文字等进行交流，个体之间具有明显的维护自我利益和多元行动倾向。然而，对于群体的人工智能而言，在网络的辅助下，一个组织的人工智能是一个完整的架构。在不同的功能模块中，人工智能储存不同的知识体系和行为判断智慧，但是在统一的架构下，分散于不同领域的人工智能所具备的知识体系，则共同属于一个更大范围内的人工智能整体。也就是说，原先隐含在自然个体中、只有在执行共同任务的情况下才能体现出来的显性知识，在人工智能的整合下将逐渐明示，最终变成网络化的共同的显性知识。

当然，人工智能不断将人类组织相对较为松散的隐性的群体知识转变为高度整合和显性的网络化知识的同时，也形成了自有的、独特的知识体系。对于人工智能而言，这种知识体系不再有明显的显性与隐性的知识类型区分（因为两者都是数字化的），但依然存在两种知识体系，一类是人类可读的，另一类是人类不可读的。

人工智能是通过人工训练与自我进化结合的形式，进行知识的存储、识别和智慧的构建。一开始，人工智能可能在人的控制与监督下进行，其输入输出及自身的状态，大部分是人可以识别和理解的。然而，伴随着人工智能的进一步发展，人工智能的程序规模越来越大，其输入输出吞吐的数据量以及自身的函数规模也越来越大，已经远超人类的理解。在这种状态下，人类最终将无法理解人工智能所处的状态和掌握的知识范围。人类只能通过测试的方式，检验人工智能能否完成目标设定和任务；但是，对于其自身的状态演化和潜在能力，人类是无法尽知的。因此，对于人工智能形成的群体性智慧而言，其既是显性的，也是隐性的。显性是指人工智能在人类需要的情况下，可以完整地将自我以正式形态展现出来；而隐性则是指即便展现出来了，人类也无法全面理解和掌握。但是，相对于自然人组织的隐性知识而言，人工智能形成的高度可再现性和复制性，是传统人类组织所无法具有的。因此，在这个意义上，人工智能完成了将组织隐性知识显性化的过程。

对于行政体系而言，如前所述，政府越来越像是一个在最大程度上集合了公共事务知识与决策智慧的群体，而人工智能在政务方面的不断应用，通过对政务数据和判例的大量输入与学习，最终将会形成具有高效信息传输与快速、高质量决策特点的智慧体系。这就是政务人工智能在知识形成与智慧构建上的历史过程。

三、政务人工智能是人类智慧集合转变为人机融合的智慧集合的过程

以下，我们来进一步考察政务人工智能从自然人的政务智慧集合，一步一步融合形成人机结合的智慧集合的历史过程。❶ 这一历史过程，同时也是政府体系不断应用信息技术进行自我改造和演化的过程，大体而言，其分为四个阶段。

第一阶段是简单的分立的计算机应用和政务节点的信息化过程。这一阶段大体上是从 20 世纪 50 年代到 90 年代，这一时期由于网络技术相对落后，政府主要是通过采购微型计算机和大型机房，取代传统的打字机和实现部分工作信息化，并进行数字化档案存储的过程。通过对部分业务进行信息化管理，并逐步拓展，在行政体系内的各个节点上进行信息化尝试。

---

❶ 何哲. 人工智能时代的政务智慧转型 [J]. 北京行政学院学报，2018（1）：52－59.

第二阶段是政务网络化的阶段。这一阶段大体从90年代开始，又分为两个小的子阶段。第一个子阶段是局部或者条块网络化的过程，其在网络的支持下，沿着传统的条块分割的行政结构，进行垂直或者水平工作的网络化，并形成了众多相互隔绝、各自工作的信息系统集群。第二个子阶段是指在局部网络化的基础上，进一步打通，构建起完整统一的政务网络化体系，这一阶段也可以称为大数据平台阶段。完整统一的政务网络化体系是建立在通用的大数据平台基础之上，在这一阶段，政府已经形成了关于大部分政务的通用数据平台，从而打通了原先分立的数据系统。我们当前大体处于第一子阶段的末期和第二子阶段初期之间的过渡时期。

第三阶段是政务人工智能化的初期阶段。在这一阶段，人工智能分为两个体系：一是在局部大数据的基础上，开始了对局部政务信息的人工学习和辅助决策，从而在政府的不同节点上形成若干人工智能程序和具体任务平台，如辅助决策系统、政务助手系统等；二是通用人工智能平台和算法也在不断发展，从而对具体政务业务的人工智能化进行技术支持。目前，人类还普遍处于这一阶段的起步阶段。

第四阶段是政务人工智能的深度融合阶段。伴随着人工智能技术的充分发展，人工智能不断地自我学习和与人类共同工作，政府体系已经完全地与人工智能体系相融合，共同形成高效率、高透明、高决策质量与低运作成本的人机共生政务系统。

而人工智能与传统政府进行融合的过程，也可以进一步分为四个阶段（见图9-2）。

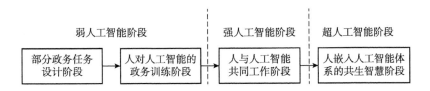

图9-2 政府从人的政务智慧集群转变为人机融合的智慧集群的历史过程

第一阶段是部分政务任务设计阶段。在这一阶段，利用专用的人工智能程序，对某种特殊的政务工作进行仿真和替代，特别是对于那些技术含量低、数据量大、需要人工多的领域，例如安全与交通图像识别、政务应答服务、自动驾驶等。人工智能逐渐在大量的简单劳动中替代自然人，同时，人类依然保存着最后的判断权和决策权。

第二阶段是人对人工智能的政务训练阶段。在这一阶段，人工智能已经被较多地应用到某些具体部门，并展示出极高的效率和低成本性。人类逐渐在政府体系中大面积地推广人工智能，在政务治理的各个环节，人类都在训练人工智能进行模仿，从最高层的决策到最基层的街头执法，人工智能都不断介入，并通过互联网和大数据平台，逐渐形成统一的智慧管理体系。以上两个阶段，从全社会来看，大体处于弱人工智能阶段。

第三阶段是人与人工智能共同工作阶段。伴随着人工智能在行政体系内部的推广和人工智能本身的发展，通用型人工智能出现，人工智能在效率、能力、准确性等方面，已经能够达到人类的水平。因此，人类逐渐接受并习惯人工智能全面参与政府体系，人类进入与人工智能共同工作的阶段，两者互相学习、互相咨询。

第四阶段是人嵌入人工智能体系的共生智慧阶段。人工智能进一步演化，进入超人工智能阶段，人工智能形成远远超过人类的整体智慧，并与人类生活充分融合；人类反而成为嵌入人工智能体系的节点，形成完备的共生性知识与智慧体系，人类也可能由此进入新的文明阶段。

四、本章小结

本章分析了人类行政体系的演化趋势，认为随着历史的进步，人类行政体系将越来越呈现出暴力性属性逐渐淡化，而知识性属性越来越强化的历史趋势；并结合人工智能的发展趋势，认为人工智能与政府体系的融合将是一种历史必然，其实质在于，传统上以人组成的政务知识体系逐渐演变成人机共生的知识与智慧的融合体系。这一行政体系组织与行为的阶段性演化，既是一种对未来的判断，也是建立在人类文明演化基础上的一种具有很大概率的历史必然。

第十章　面向未来的公共管理体系
——基于智能网络时代

> **本章提要：**本章将在之前的基础上，进一步探讨基于未来智能网络的公共管理体系的形态。当前，人类正在进入新的社会形态，以网络技术、大数据技术和人工智能技术为核心的新的信息技术体系，正在赋予人类社会新的组织形态、生存空间、社会主体和行为模式。基于等级科层体系的整个传统社会形态下的管理模式，在新的时代下，都将产生实质性的变化。本章认为，人类在新时代的公共管理体系最终会形成三个变革：管理科层会被压缩，但是不会消失；宏观、微观的距离会被拉近，但是区别不会被取消；人工智能会全面参与管理，但是不会完全替代人类。

当前，人类社会很可能正处于人类历史上最为重大的转型时期，其重要性不亚于人类在一万多年前所经历的第一次经济革命对人类社会的塑造和三四百年前的工业革命对现代人类社会的塑造。在当前这种转型的历史背景下，人类的社会形态、存在方式、行为方式都将产生深彻的改变。具体而言，当前人类社会从20世纪90年代至今，以至今后相当长的未来，正在经历着从网络社会出现以前的传统时代向以网络时代—大数据时代—人工智能时代三位一体的新的时代的转型。在这种根本性的社会结构的转型中，从90年代起，万维网的诞生促使互联网技术从原本狭小的军事与科学用途转为广泛的民用领域，并最终渗透到社会的各个方面，构建起了人类前所未有的新的信息网络与渠道。网络最终产生了三个重要的作用：

①网络构建起新的数据空间域，从而形成了遍布人类社会的致密的信息网络，提高了人类在物质调度、生产经营、社会生活、思维交换等各种高度依赖信息机制方面的活动效率；②网络形成了新的人类生活域态，形成了"物理＋网络"的新的生存状态，拓展了人类生存的空间和范围，并促使形成了新的社会组织形态；③网络穿透了传统等级科层的社会结构，形成了新的扁平的人类社会结构。迄今为止，通过各种接入渠道，互联网已经遍布全球。

从 21 世纪初开始，随着网络使用的密集化，人类通过网络形成和传输、存储的网络内容——数据规模也越来越大。目前，人类的数据存储量已经飞快地越过 PB（拍字节，10^{15}字节）、EB 阶段（艾字节，10^{18}字节），而进入 ZB（泽字节，10^{21}字节）时代。据估计，人类目前一年内产生的数据，比之前人类有史以来所有的数据都要多。2010 年前后，人类进入大数据时代。因此，大数据时代是网络时代人与人之间构建起广泛的数字化链接后，在内容方面所形成的自然结果。而未来，人类还将构建人与物之间乃至物与物之间（物联网）的更为广泛的联系，人类数据的形成规模也将进一步迅速扩大。

伴随着人类数据量的进一步增大，人类已经无法通过人力来实现对数据的处理和应用，因此，必然会发展出通过机器来进行数据处理的能力。一开始，机器只是帮助人类进行简单的数据处理，如统计、聚合、运算等；随着机器运算能力的进一步增强，机器开始在人的训练下发展出模式识别（图像和语音）、逻辑运算、逻辑推理等能力。人工智能的早期产品就这样形成了，开始在很大程度上帮助人类进行对数据/信息的判断和决策。未来，人工智能是否会发展成为具有与人类类似能力的自主智慧体，目前依然不能妄下断言。但是一个基本的判断是，人类必然会在社会行为和决策中越来越依赖机器的作用。

因此，可以看出，人类社会从网络时代到人工智能时代是一个自然而然的发展过程：网络形成了广泛的连接，数字化提供了大量的信息与数据，催生出了人工智能来处理数据和进行决策。因此，所谓未来新的人类时代，从信息技术的发展趋势来看，其核心就是形成一个以互联网为广泛的连接渠道而形成新的空间，以人类社会的数字化为趋势，以人工智能的全面介入为结果的新的社会阶段（见图 10 - 1）。

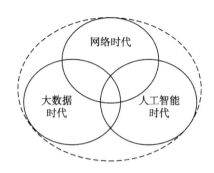

图 10 - 1　信息技术驱动下人类新的时代的三位一体

一、传统时代下公共管理体系的基本架构与逻辑

要理解新时代下（网络—大数据—人工智能）对传统公共管理体系的重塑，首先需要理解传统时代下公共管理体系的基本架构与逻辑。所谓传统时代，是指网络、大数据、人工智能技术出现以前的人类历史时代。对于传统时代的公共管理体系的逻辑可以有很多层面的刻画，但是可以总结出几个基本的逻辑。❶

（一）传统社会和相应的管理体系是自顶而下的等级科层架构

从最早的氏族社会到奴隶社会、封建社会、工商业革命后的近代以来的资本主义社会，在人类几千年的历史里，传统社会的基本结构都没有发生实质性的改变，都是具有以下结构的、自顶而下的等级科层体系。

1. **社会是自顶而下的水平分层结构**

在传统社会中，根据知识、权力、资本占有量的不同，社会大体形成

---

❶　何哲. 面向未来的公共管理体系：基于智能网络时代的探析［J］. 中国行政管理，2017
（11）：100 - 106.

了较为稳定的水平分层结构，在层级之间则形成了一定的交互。在不同的时代，决定社会等级的是不同的要素。例如在较为古老的社会早期，祭祀、神职人员占据社会阶层的顶层，这实际上是一种通过知识占有而形成的上层阶层。如在人类普遍的早期神话时代，乃至在欧洲的中世纪时代，神权阶层都牢牢占据着社会的顶端。甚至在今天的某些国家（如印度），依然保留着历史遗留下来的种姓制度。而随着历史进程的发展，世俗权力进一步与神权（知识权力）争夺顶端阶层的位置，如在中国的商周之后，世俗权力超越了神权，并完成了对神权的整合。在欧洲中世纪时期，也存在着大量国王与教皇争夺顶端阶层位置的矛盾。资本虽然一直在社会阶层分化中扮演重要角色，然而其真正占据社会阶层顶端则是在近代工商业革命之后。所谓的资本主义，就是资本真正成为衡量社会等级的标的物。

而在水平阶层之间，传统社会也形成了若干实现阶层流动的垂直管道，从而促使优秀的低阶层人才能够跻身为高阶层人才。在人类社会早期，这一方面是通过血缘、通婚来实现的，但是这种渠道相对较窄，很容易形成门阀政治；另一方面是通过获得军功来实现的。然而，军功在和平时代则很难为平民所得。此后，则是进一步通过各种人才的推荐制度来实现阶层的垂直转变，如汉朝的举孝廉、魏晋南北朝时期的九品中正制等。真正建立起较为稳固的阶层流动制度，则是在科举制度形成后，从而建立起了通过考试来实现阶层跨越的路径。而能否在水平的等级之间建立稳固的垂直交流管道，也决定了这一等级结构的长期稳定性。

2. 社会存在着垂直领域的专业分工

除了水平结构，不同的相应阶层也因为社会经济活动更加分化的原因，形成了垂直视角不同的专业分工团体，并且这种专业分工团体往往还跨越多个阶层，形成了穿越层级的人的垂直类比区分（见图10-2）。如同样是从事军事活动的人群，由于历史的延续、家族、个人的资质、努力、机遇不同，可以同时从社会的最上阶层，一直贯穿到最下阶层。而这种垂直管道的联系，并不只是形态上的表现，也起到了很多其他方面的作用，如帮助社会从最底层传递信息、输送人才、反映利益诉求等。

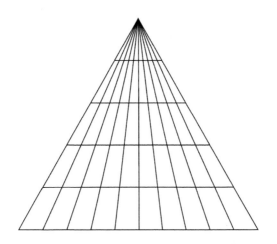

图 10 – 2　传统社会与管理体系同构的垂直等级科层体系

因此，在人类过去几千年的历史演化中，人类社会逐渐形成了这种水平层级上的明显的阶层划分，并且从垂直角度来看，也存在着明显的专业分工和人群分类，并形成了能够部分跨越层级的信息与人才交流管道的结构，这就是传统社会的基本存在形态。

3. 管理系统也形成了同构的等级科层制

在严格的等级科层体系下，传统时代的管理系统也形成了类似社会结构的等级结构。这一等级结构就是：①根据不同的管理权限，设置稳固的不同的权力位置，上一级所拥有的权力范围更广；②权力按照自上而下的顺序贯穿下来，下级需要服从上级的命令；③信息则按照自下而上的顺序逐级上升到上一级，直至管理体系的顶端，由上一级或者拥有最高权力者做出决策；④在垂直的领域，则相应设置不同的专业管理单元进行专业性的管理。

以这样的形式，信息与资源便形成了在整个管理范围内的、完整的大循环和调度。

（二）社会结构与管理体系的宏观与微观形成相对的分离

传统时代管理体系的第二个逻辑是，在整个社会活动中和相应的管理中，存在明显的宏观与微观分离的状态。也就是说，每一级管理体系都主要从事本级的管理活动，而更为细节的事情，则交给下一级的管理机构来运作。处于高层级的政府，通过宏观的统计数据来掌握大范围的社会状态，并做出相对模糊的大的政策判断，然后将更有针对性的管理权限交给微观管理者进行判断。

这种宏观与微观分离状态的形成有三个原因：一是由于传统社会落后的信息传递能力，使得微观层面的信息必须通过逐级的方式才能传递给宏观层面；二是由于信息处理能力的落后，每一层管理机构的信息处理能力是有限的，因此，在逐级传递的时候，必须进行信息的压缩与筛选，最终在压缩与筛选过程中，微观信息就逐渐减维和汇总而形成宏观信息；三是每一级管理体系的决策能力也是有限的，因此，只能做出模糊的一般性原则的决策，而不能根据微观的多样性情境进行具体精确的决策。

当然，这种宏观与微观的分离只存在于一般情况下。而在特殊情况下，如发生重大灾害事故时、某些具体的战争领域，最高级别的权力者会下沉到第一现场进行实地指挥。然而，这种指挥在传统时代，更多地是一种士气鼓舞和重视的体现，并且保障大范围的资源向关键区域集结，而并不是对传统管理层级的超越，只能说是对传统层级的距离进行压缩，宏观与微观的分离依然是存在的。因此，宏观与微观的分离是传统管理体系的第二个核心逻辑和准则。在这一逻辑之下，宏观与微观单元形成了各自的任务与管理准则，如上级不直接干预下级的授权原则、下级向上级汇总的负责监督原则、上下级相对分工的各司其职原则等。

（三）每个管理体系的单元最终都是由自然人组成的

传统时代管理体系的第三个原则是，无论什么层级、什么位置的管理单元，最终都是由自然人组成的。这一原则看起来非常简单，实际上却产生了若干重要的影响与作用。

首先，自然人的管理者具有典型的能力有限性。受制于自然人的智力、体力、精力的限制，每个管理单元的管理能力是一定的。这就产生了管理幅度与管理效率问题。例如，传统上，认为每一层管理者直接管理的下级数量（管理幅度）以七八个人为最高限度。而统观传统管理体系，除了在高度同质化的流水线工厂中，车间的管理者可以管理几十个工人以外，在一般性的行政管理体系中，自顶而下的整个体系都是以八人左右为限进行构建的。一旦人数超得过多，则又会形成各种其他的辅助结构来降低同一层管理者的管理幅度。

其次，自然人的管理者具有典型的非理性判断性，存在明显的信息能力有限与非理性判断问题。❶ 自然人管理者在收集信息时，其信息阅读和获取能力是有限的，要么通过一手的调研，要么通过二手的阅读、听闻等方式来获得信息。但是，这样获取信息数据的能力是极为有限的。这就导致每一层的管理者都只掌握了相当有限的管理信息。并且，自然人在将相对客观的信息内化为主观掌握的信息后，还会受到其经历、经验、知识背景、情感等的影响。

最后，自然人的管理者还有典型的社会性。也就是说，自然人的管理行为不仅会受到其自身管理决策的影响，同时会受到广泛社会联系的影响。对于自然人管理者而言，除了受刚性的管理规则，如法律法规、行政制度等约束外，意识形态、自身利益、个人情感、社会关系、社会舆论等大量其他社会因素，也会影响管理者的管理决策和行为判断。

二、网络、大数据、人工智能时代对人类社会形态与实质的改变

对于新的时代而言，网络、大数据、人工智能技术都对传统社会在很多方面产生了实质性的重塑，其中每一个领域都造成了一个最为重要的改变——网络技术主要体现在对社会结构的改变，大数据技术主要体现在对世界的重构，人工智能则体现在创建新的社会主体和活动方面。

（一）网络时代使得等级科层制的传统社会向非中心、非科层的网络型社会结构转换

网络技术的出现，最早是为了军事用途，用于保护关键信息设备和信

---

❶ 于全辉. 基于有限理性假设的行为经济学分析［J］. 经济问题探索，2006（7）：20－23.

息网络的稳固性，因此其初始就是要构建一个非中心性的信息网络，使得侵入者无法通过对少数节点的破坏来摧毁整个信息网络。而网络在全社会更为广泛的渗透，也将这种非中心性的结构赋予了社会结构。在网络社会中，个体的信息传播能力并不是其真实社会地位阶层的直接反映，网络中打破了传统社会中自下而上和自上而下两种垂直单一的信息渠道，形成了任何节点可以与任何节点进行直接互动沟通的新的网络型结构。❶ 当网络在水平层面改变了传统社会结构的中心性时，在垂直层面，其同样对原有的等级层次进行了突破。网络中虽然也会出现根据社会能力与社会资源形成的纵向等级，但就整体而言，这种纵向等级是不稳固的和动态的。任何节点之间，都可以跨越传统时代不同的科层位置，进行直接互动，因此，在网络社会的整体层面上，形成了远比传统社会的森严等级结构更为平等的社会结构关系。

相对于等级科层制的传统社会结构而言，网络型的社会结构，是有史以来最为重要的社会结构的改变。这种社会结构的改变，直接突破了整个原有社会逻辑的基本架构。而相应地，其对传统的基于等级科层体系的管理架构也产生了多样的冲击，一方面，网络的非中心、非科层结构促进了传统管理体系的分解和网络化：原有上一级政府的信息权威由于更为多元的网络信息渠道的出现而逐渐消解，单一、稳定的信息渠道则被新的、更为多样的非正式网络渠道所替代。另一方面，网络更为强大的信息传播与监督能力，也赋予了传统管理体系更为强大的整合能力，使得传统的管理体系可以更为方便地直接监督整个体系，并强化了管理体系范围内的资源调度能力。但无论如何，网络塑造新的社会结构是一种可见的历史性的趋势。

（二）大数据时代使得社会具备了较为精准的跨时空重建场景的能力

对于大数据时代的本质特点已经有了很多讨论和描述，如经典的提法

---

❶ 敬乂嘉. 政府扁平化：通向后科层制的改革与挑战 [J]. 中国行政管理，2010（10）：105－111.

是"四个 V"（Volume 大量、Velocity 高速、Variety 多样、Value 价值）。但是，这些都只是从外在的特征而言的。本章认为，大数据时代的本质是万事万物的数字化，是人类对真实世界的数字化重建过程。❶

在传统时代，人类由于落后的数据与信息采集能力，只能通过落后的文字、符号、语音等进行数据的记录。因此，对于一个庞大领土范围内的管理体系而言，遥远的最高权力者只能通过被大大压缩的统计数据和其他简报，来掌握整个国家范围内的基本情况和政情民情。一旦在具体地方发生了管理性事件，最高权力者就必须从中央政府派出钦差到地方进行具体的督察或者业务指导。而在大量例行的事务上，遥远的中央管理者并不需要且缺乏对具体地方管理实践的指挥能力。

大数据时代则从根本上改变了传统社会对具体社会生活记录与重建的能力匮乏的状态。在大数据时代，由于强大的、无所不在的数据感知、采集与记录能力，使得任何数据都可以就近被存储，并可对任何已经存储的数据进行调入和调出。在行为能力上，大数据时代产生了一种新的状态，即遥远的管理主体，第一次具有了在远距离、长时间跨度下对遥远事务的精准重建能力。这对基于缓慢信息状态下的传统社会运转体制产生了极大的影响。具体而言，表现为以下三点：①跨越时空的精准场景再造能力将改变原先必须严格依赖逐级管理的体系架构，遥远的管理者可以具有与近场的管理者大体相同的数据信息；②精准的数据追溯性改变了管理监督的状态，由于大数据时代使得任何数据痕迹都可以被长期地追溯而不改变其信息的内容和精度，这使得事后的追溯更为便捷和容易，从一定程度上可以降低行政监督体系的工作强度和密度；③资源的匹配性将通过对客观物体的高效的数据重构而得到更大的满足，资源（包括物质资源和人力资源）都将具有更大的相互匹配与适应的能力，从而减少了公共管理体系在资源匹配方面的依赖。

---

❶ 何哲. 大数据时代，改变了政府什么？——兼论传统政府的适应与转型［J］. 电子政务，2016（7）：72–80.

（三）人工智能时代将产生新的人类社会主体

伴随人类对数据的进一步处理，人工智能进一步产生。人工智能本质上是创造一种自适应和自我判断的复杂数学函数，从而对复杂的人类社会信息的输入进行响应，并自主做出符合或者模仿人类行为的输出。而当这样的模仿人类行为的输出可以达到人类的水平，并难以被其他旁观人类所区别时，就可以认为人工智能已经产生。就目前的水平而言，人类社会已经在大量专业领域创造出了可以与人类智力相匹敌的人工智能程序，用来在很多具体的环节上帮助人类完成工作，如自动驾驶、自动翻译、图像识别、自动生产线、服务应答等，这就是弱人工智能的概念。目前，人类正在逐渐进入弱人工智能时代。而创造出如同人类一样高效、复杂、具有强大学习能力与适应能力，甚至具有自我意识的人工智能，则称为强人工智能[1]甚至超人工智能。根据某些科学家的判断，人类在 2050 年前后，可以构建出拥有和人类大脑神经元数量一样多的逻辑单元的芯片。那时候，人类可能会进入强人工智能时代。这种观点当然是值得商榷的，因为目前对什么是意识的本质和其产生的原理，人类并未掌握。但无论如何，人类都正在迎来一个自我创造的机器智慧普遍融入人类社会的时代。

由于人工智能体的影响，人类社会将产生三个方面的重大改变。

1. 人类将第一次拥有无尽的劳动力资源

人类社会发展的历史就是一个不断制造工具并对人力进行替代的历史，在农业时代，人类驯化了牲畜，开始用生物动力替代人类进行简单的劳动；在工业时代，人类利用矿石能源、蒸汽、电等作为能源的载体来提供动力替代人类劳动；在信息时代早期，人类发明了电子计算机，用于进行科学、军事、商业方面的数据处理，部分替代了人类脑力的简单活动；而进入人工智能时代后，人工智能则在很大程度上越来越多地替代了人的脑力活动，在自动驾驶、客服应答、工业流水线等方面，人工智能都将发

---

[1] 翟振明，彭晓芸. "强人工智能"将如何改变世界：人工智能的技术飞跃与应用伦理前瞻 [J]. 人民论坛·学术前沿，2016（7）：22–33.

挥极大的效能；进入 21 世纪后，人类的总人口数虽然越来越多，但是日益增加的智力需求使得从事较高知识技能工作的人口数越来越短缺，同时，聘用知识工作者的成本也越来越高昂，教师、医生、科学家、飞行员、管理人员等高等级人才的培养时间也越来越长，人类社会正在进入一种严重的知识资源相对不足的局面。人工智能体的出现，使得人类第一次能够在解决能源资源的有限性问题外，找到了近乎无限的智力资源。

2. 人类将拥有高效、精准、能力更强的多样劳动者

由于机器智慧本质上是建立在广泛的网络连接和大数据的基础上，同时不具备人类自然生命的众多生理与情感约束，无论是在信息的掌握程度、对输入的响应速度，还是在理性的判断分析能力方面，机器智慧都远超传统人类，因此，人类社会将拥有在大部分能力上都赶超人类的劳动者。当这样的劳动者出现后，一方面，人类对于自然世界和微观世界的理解与探索也将极大地改变，对于危险的场景、遥远的太空、微观的动植物体内，都可以用机器智慧进行探索和改造；另一方面，人类将彻底摆脱物质的价值束缚，传统的劳动价值论也好，成本论也罢，都是建立在人力的有限性和昂贵性上。当大量的人工智慧体能够从事复杂的劳动并源源不断地生产出物质产品后，人类以劳动的复杂度、时间和知识的稀缺性为根本标准的价值衡量体系也将改变，人类将第一次从物质稀缺时代进入普遍的物质丰腴时代。

3. 人类将进入一种特殊的人机混合时代或者普适智慧时代

当整个机器智慧深刻地嵌入社会后，人类将面临一种普遍的人机混合时代或者普适智慧时代的到来。在这一时代中，由于传感器和智能芯片的普遍嵌入，任何物体都能够成为可以和人类进行交互的智慧体，而任何形态的机器，都可能具有人工智慧的嵌入，并能够自主收集信息、进行判断和行动。

在这个时代，机器将第一次具有与人类几乎一样的交互和智慧能力，成为一种新的社会主体，能够扮演绝大部分人类所扮演的角色。这将产生三个目前而言从未有过的问题：①人的绝大部分工作是否会被更高效率的

机器替代？这将对原有经济体系产生极大的颠覆，普遍失业或许会成为一种必然。例如，2017年日本经济新闻和英国金融时报共同研究调查发现，在人类当前的820种职业、2069项业务（工作）中，约有34%（710项工作）将很快被机器人替代，未来的替代比例会更高。②人工智慧体到底是完全的机器还是如同其他生物一样？如果动物的权利需要被尊重，那么作为比动物具有更高智慧的人工智慧体的权利是否需要被尊重？③人对人工智慧的利用，是否会造成人对机器的高度依赖，特别是在脑力劳动方面，最终是否会导致人本身的退化，形成人的客观被奴役的状态？这些问题，都是人类当前亟须面对和解决的。

三、网络、大数据、人工智能时代的公共管理体系的变革趋势

在网络、大数据、人工智能时代，整个人类社会形态产生了深刻的变革，与此相对应，公共管理体系也产生了相应的变革。这种变革当然是全方位的，与以上三个层面的变革相适应，公共管理体系也产生了三个方面的变革趋势。

（一）穿透科层制？

当网络社会逐渐由传统的等级科层制变为去中心、去科层的网状结构后，一个自然而然的结果是，与传统金字塔型社会同构的公共管理体系将出现与社会结构相脱节的状态。但是，相对而言，社会的变革是一种自然的状态，是整个社会在技术驱动下发生演变的自然结果，然而金字塔型公共管理体系，却是具有强烈的制度设计的结果。当传统时代等级科层制的社会与公共管理体系同构时，公共管理体系具有天然的合理性和稳定性。然而，当社会与管理体系不再存在同构关系时，管理体系就自然面临着相应的变革动力，一个基本的规律是：管理体系必然要同社会现实相符合。

图10-3显示了网络时代引发的传统公共管理体系与社会现实的结构背离，当这两种由网络技术引发的结构产生背离时，网络对传统公共管理体系会产生两个方面的趋势作用：一是网络技术提供给了传统政府超越科

层结构，形成了能在纵向和横向上进行跨越式决策、执行、监督的渠道，从而有助于构建一个网络化的政府结构，这是一种理想的技术逐渐改变制度架构的自然趋势；二是网络技术使传统政府体系在不改变原有结构的情况下，就可以利用现有信息化技术提高自身的效率，这从另一方面保证了原有体系结构的稳固性。但是，一种制度安排是无法背离社会结构太远的，网络型的社会必然会产生越来越多原有金字塔型管理体系的管理能力漏洞，必然会促使公共管理体系趋向外部扁平化、内部打破科层促进整合的趋势。

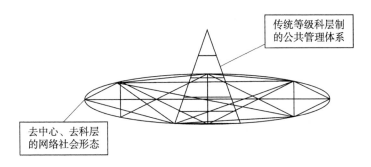

图 10 - 3 网络时代引发的传统公共管理体系与社会现实的结构背离

（二）打破宏观与微观？

如前所述，大数据的本质是人类对现实世界的数字化重构过程。各种大数据都是对现实的采集、归类、存储、传输与重新展现的结果。当人类的数字化能力越来越强大，由距离与时间所产生的数据鸿沟逐渐消失的时候，人类就可以实现在远距离进行事实的精确发现和重构。在这种情况下，原有传统社会基于薄弱的信息能力所形成的、需要通过逐渐削减信息容量来实现从微观层面到宏观层面的现状，就会被深刻地改变。遥远的、精确的实践数据，同样可以无损地集中传导给宏观决策层，在宏观决策层进行系统的分析，并对微观层给予精确的指导。

这种状态的出现，将在管理层面产生三个方面的实质性改变：首先，是管理层级的压缩化，由于互联网形成的跨越层级的信息通路的产生，在大数据现场重建能力的强化下，将产生更为显著的层级压缩的动机，更高层面的管理者具备了直接对第一线的临场信息获得和临场指挥的能力，将使得原有层级分布的管理架构受到更有穿透性的压力；其次，是管理能力的强化，由于跨越层级的管理活动成为一种常态，因此，整个管理体系就相应具备了在任何一点给予最强的管理支持的能力，这就从动态上使得管理体系的能力更为完备化；最后，由于整体上宏观管理能力的加强，从而在客观上造成了微观基层管理体系的弱化或者萎缩化。

以上三个方面的改变，最终都将指向一个趋势，就是大数据时代，公共管理上的宏观与微观的区别是否在变得模糊并最终消失？传统上在宏观层面通过统计数据制定总体政策，并通过微观层面进行执行和修正的分工，最终是否将改变？这是在管理体系上必然要慎重思考和面对的问题。

（三）机器能管理人？

机器能管理人，这在科幻小说或者电影中或许并不少见。随着科技的迅速发展，人工智能技术将机器能管理人的预期带入了现实之中。根据普华永道的估计，在未来十多年中（到 2030 年），机器人将会替代全球大约 30% 的人工工作，其中最能够被替代的不是传统上认为的制造业的重复劳动环节，而是金融服务行业，该行业 61% 的就业机会可能被机器所取代。这就意味着，不仅是传统上被认为的简单劳动会被机器替代，就算如此复杂的管理活动，也会在很大程度上被机器所替代。也就是说，机器能管理人，不只是一种幻想，而是一种正在发生的事实。而英国的一项统计表明，甚至有 1/4 的人认为，政府如果由人工智能管理，那么其管理水平将比人要高。这就意味着，如果在英国进行由人还是机器进行社会管理的投票的话，恐怕有 1/4 的人会投机器；或者如果 AI 可以自由参加选举，或许它们可以在议会上拿到 1/4 的席位。这一调研虽然来自于西方国家，但是这种趋势依然是值得高度重视的。

机器若能管理人或者参与公共管理过程，将产生三个方面的深远影响：①在政府绩效方面，或许因其高效率和强大的信息处理能力，而提高人类政府的绩效水平；②在依法执政方面，或许因其更能够执行刚性的法律而做得更好；③在管理伦理方面，将深刻改变管理的内涵与外延，引发整个管理体系伦理与实践的大震荡与大重构。

四、网络、大数据、人工智能时代的公共管理体系的谨慎判断

以上只是从一般性规律的角度，探讨了未来信息技术对公共管理体系变革的压力和产生的趋势，然而，对于真正的公共管理体系会变成什么样这一问题，我们还需要进行谨慎的判断和斟酌。基于以上三种趋势，本章认为，未来的公共管理体系将会产生三种应变性的形态。

（一）科层会被压缩但不会消失

固然网络会穿越传统的等级科层体系，但是科层在网络时代有了新的意义。所谓科层，其实质是形成了逐级传递的信息与命令链条，从而实现了从决策到执行的分工与组织，并在大范围内实现了管理活动。只要网络时代的管理分工依然存在，那么管理就存在不同阶段的逐级分解，就会形成从决策到执行的命令链条，但是这种新的科层体系会产生几个变化。

首先，原先冗长的动辄五六级的科层链条会被大大压缩，往往形成"决策—执行"或者"决策—传导—执行"的两三层结构。科层的压缩在新的时代将是一种管理体系上的常态，无论是商业性组织，还是公共政治类的组织，科层都将被大大压缩。两三层的体系将越来越成为常见的体系，管理学家梦寐以求的扁平型组织，终将在未来的管理体系中实现。

其次，静态的稳固科层链条会转变为动态的临时性链条，各种管理要素会围绕新的任务的发布而形成新的科层链条，并交叉组合形成动态科层网络。这就意味着在新的管理体系中，由于管理单元的多功能化和所需要处理的社会事务的复杂化，每个不同的管理单元都随时可能面临角色上的调整和分工，传统的刚性决策会被柔性决策替代。

最后，任务链条的方向将是双向多元的，也就是说，越来越动态的任务链条将形成多个任务"发起—传导—执行"的过程，在动态管理体系中，传统的上下级关系将逐渐消失，决策到执行的方向既可能是传统的自上而下，也可能是自下而上，还可能是社会中任何个体发起并形成

的任务链条。

（二）宏观可以临时替代微观但不能取代微观

传统时代，宏观与微观分离的核心原因在于管理体系信息能力的有限性和管理单元能力的有限性，从而形成了通过微观信息减维叠加构建宏观场景，并实现管理上的宏观决策与微观执行的体系状态。尽管在新的管理体系中，由于强大的大数据再现能力，使得整个体系的信息呈现出一种全息化的态势，即在微观的任何一点都具有获取其他区域信息的能力，并且由于人工智能的辅助，使得任何微观一点都具有大体同样的决策能力。这看似会使得传统上宏观与微观分离的必要性不复存在。然而，本章认为，在未来的体系中，宏观可以临时替代微观进行决策执行，但是并不能取代微观，其原因有三：

首先，宏观可以帮助微观进行决策执行，但没有取代微观的必要。传统上，特别是在突发事件上，往往出现高层级管理团队直接超越科层指挥具体行动的情况。其中隐含的前提是，在这样的场景中，高层级管理体系具有更大的资源调度能力和更高的管理素质。然而，对于大量的日常事务，宏观管理者即便掌握了同样的微观信息，在具体的微观事务上也不一定会比微观管理者表现得更好。

其次，宏观与微观的分离体现了管理权威的统一性。所谓管理权威，是指最终由谁（体系的哪一部分）来掌握管理活动的最高决策权。在公共管理中，也可以称之为政治权威，即由谁来受公民委托并实现最高的政治权力。在管理体系中，宏观与微观的分离，体现了管理体系的统一性原则和政治上的主权原则。也就是说，只有经过特定法定程序选举和授权的特定主体，才具有在宏观上进行最终决策的权力。而其他的管理单元尽管拥有同样的能力，也不能代表整体的最高主权。因此，只要人类社会存在主权的区别，也就必然存在宏观和微观的分离，以确保宏观代表最高权力的统一性。

最后，宏观与微观的模块化分离有利于管理体系的自查和修复。任何管理体系都存在出现问题和故障的可能，如果不区分不同的功能模块，一旦管理体系出现了问题，则很难进行精确的识别和定位，而修复或者更换功能模块的代价也是较大的。想象一下，如果一个管理体系的所有决策都是由同一宏观中心做出的，不再区分宏观与微观，那么一旦出现管理问题，就意味着整个管理体系都出现了问题。而区分宏观与微观，则可以较为精准地定位到底是哪个位置的管理模块出现了问题，针对不同位置的问题，则可以进行精准的修复。

以上的三个方面的原因，决定了只要存在管理的分工和管理体系本身，无论未来时代赋予宏观如何强大的微观精准能力，以及如何微观如何强大的宏观信息能力，都不会改变宏观与微观总体上分工不同的局面。

（三）机器可以参与管理但不会完全替代人类

对于人工智能而言，如果从漫长的人类管理史来看，机器参与人类的管理是贯穿在人类管理全过程中的。如古代算盘参与钱粮的管理、近现代以来各种机械式和电子式计算机参与人类的管理与辅助决策。所以，机器参与管理本身并不值得过度忧虑。人工智能分为弱人工智能和强人工智能，甚至包括具备完全的人类认知的超人工智能。对于不同的人工智能体系参与人类管理而言，人类本身都不需要过度担忧，其理由有三：

首先，弱人工智能不会改变人类的主体地位。所谓弱人工智能，是指由人设计的、能够部分替代人的活动，但不具备人类的全面认知能力的人工智能体系。弱人工智能更符合物理客体的属性。在弱人工智能时代，人类会极大得益于弱人工智能的帮助，用以完善整个管理体系，获得更多的智能劳动辅助和提高管理体系的效率。

其次，强人工智能不会对人类形成单方面的优势。所谓强人工智能，是指在认知学习能力方面与人类相仿的人工智能体。在强人工智能时代，人类社会相当多的复杂管理活动会被强人工智能取代或者由其全面参与。如在政府决策方面、行政执法方面，人工智能体都将以极为强大的效率完成辅助行为。尽管如此，强人工智能依然不具备人类的自我意识，依然是强大的人工辅助机器，被人类所控制。因此，最后的管理决策权还是掌握的人类手里。

最后，超人工智能会促进人类本身的完善。所谓超人工智能，是指认知能力全面超过人类的人工智能体，甚至具备和人类一样的自我意识。在超人工智能时代，传统的人类确实已经不具备对抗人工智能的优势，但这并不意味着人工智能会超越人类或者完全替代人类。因为就历史的演化而言，人工智能也会促进人类的进化。对于智慧体而言，如果人工智能具备人类的情感、认知和自我意识，那么人工智能与人类本身在意识的层面已经没有区别，都是智慧体本身。对于人工智能先天具备的、强大的信息网络数据处理能力来说，人类通过更为先进的人机信息接口（如脑联网）也将同样具备。因此，当人工智能不断发展时，人类本身也将进一步完善和演化，并没有特殊的理由能说明人工智能会完全替代人类并完成人类的社会管理活动。

五、本章小结

本章的重点是对不断涌现的新信息技术所引发的新时代的管理变革进行剖析，分析未来管理体系的基本发展趋势，特别是对相对而言的极端判断进行澄清。本章认为，尽管网络技术、大数据技术、人工智能技术奠定了新的人类文明体系的技术基础，并促进了新的管理体系的形成，但是人类管理体系的基本要素结构会保持稳定。未来时代将形成三个重要的趋势：管理科层会被压缩，但是不会消失；宏观和微观的距离会被拉近，但两者的区别不会被取消；人工智能会全面参与管理，但是不会完全替代人类。

第十一章　从金字塔型治理向球型治理
——人类治理体系的历史性趋势

本章提要： 本章是对上一章的自然延伸，探讨了新信息技术发展对长期以来形成的金字塔型科层治理结构的影响。从历史来看，迄今为止人类社会中的一切治理形态，都是以金字塔型为核心的，少量的其他特例也没有在总体上改变金字塔型的基本结构。然而，社会信息网络的不断发展，使得社会中原先封闭的金字塔型的等级科层体系在内部产生了大量的信息孔洞，在外部则形成了相应的扁平化趋势。此外，近现代以来，人类在政治、经济、社会、文化、科技等领域主导权的不断分化，也造成了多种治理结构的相对分离。这些因素共同作用，产生了对原先封闭的金字塔型治理结构的深刻改变，即由原先静态的金字塔型结构逐渐变为动态转换的多领域球型结构，呈现出多领导、多发起、多主体、全参与、共分享的结构。这标志着人类整体从差异化、不平等的社会状态向更为公平、正义的社会状态转变的重大历史性进步。

　　当前，人类正处于前所未有的大变革之中，这一变革甚至超过了工业革命对人类的改变。无论是在技术方面还是社会结构方面，从微观的个人生活到宏观的国家组织乃至全球秩序，人类社会都正在经历彻底的转型。以网络、大数据、人工智能为核心的技术体系，正在深刻重构僵化的、分治竞合的传统金字塔型人类社会结构。人类正在向着新的技术文明、物质文明、社会文明飞速前进。作为社会基本结构与秩序提供者的治理体系而言，也同样将发生深刻的变革。

本章尝试对人类治理形态的变革进行分析，并尝试回答三个层面的问题：①传统的治理结构的基本特征和困境是什么？②新的社会变革所造就的治理形态将会怎样？③新的治理形态的特征是什么？❶

一、当前的社会转型超过工业革命对人类的意义

人类至今经历过若干次大的社会变革，根据诺斯的观点，❷ 大概在一万年前，人类经历了第一经济革命，从采集渔猎时代进入大规模农业时代。人类解决了食物的来源问题，产生了剩余产品，并促进了社会结构的复杂化，正式形成社会结构。在三四百年前，人类经历了第二次经济革命，也就是工业革命，解决了制成品与机器的大量制造问题，并形成了广泛的社会分工和更为复杂的等级科层社会体系。

一种很普遍的观点认为，当前人类正在经历以网络、大数据、人工智能等新信息技术为核心驱动的重大时代转型，其对人类的影响可以与工业革命对人类的影响相比。还有观点认为，当前的转型是工业革命的一部分，属于新的工业革命。这些观点，一方面承认与肯定了现有时代的重要性，但是，就另一个方面而言，还认识得有所不足。当前人类进行的新信息革命所产生的重大影响，在人类演化的历史中，将远远超过工业革命所带来的影响。其原因有三。

（一）网络社会创造了新的社会存在空间，而工业革命没有

工业革命极大地提高了人类的物质生产能力，并扩大了人类的活动场所，人类文明从欧亚大陆逐渐传播到整个世界。然而，工业革命乃至此后几百年的持续技术进步，都没有创造出人类新的活动与存在空间，人类始终生存在真实的世界中。直到网络社会的出现创造了人类的数字化存在空间，使得人类可以长时间浸入与存在于数字化空间之中。开始是网络社区

---

❶ 何哲. 从金字塔型治理到球型治理：人类治理变迁的历史性视角 [J]. 国家行政学院学报, 2018 (6)：63 – 67, 188.

❷ 诺斯. 经济史中的结构与变迁 [M]. 上海：上海人民出版社, 1994：80 – 97.

的出现，随后是各种即时通信平台的社群交流，继而是虚拟游戏场景中创造的虚拟空间，最后是与现实融为一体的完全浸入的虚拟—现实混合场景。在新的社交空间中，人们可以沟通信息，完成工作，乃至长期以意识浸入方式存在其间。这些对新空间体系的创造，是人类前所未有的，也是工业革命所不能比拟的。

（二）网络技术将从根本上改变人类社会的组织方式，而工业革命没有

从农业社会以来的过去的社会形态，一直都呈现出金字塔型的等级科层结构，包括奴隶时代就具有的贵族爵位体系。一直到工业革命后，这一社会结构被更为严密的工业化社会所继承和加强，社会也同机器一样，形成了分工越来越细致而又体系庞大的从上至下的复杂结构。所以，工业革命进一步强化而不是改变了农业社会的等级体系。其中一个重要原因是，传统时期无法从根本上解决社会信息的大容量流通与处理问题，只能通过层层分解与专业化及中心型的社会结构来实现全社会的有效信息沟通与组织。然而，网络的出现彻底改变了这一点。任何社会中的个体都可以形成点与点式的直接连接，打破了传统社会中的组织层级障碍。人类社会由此逐渐摆脱了必须依赖中心科层型结构组织与运作的基本逻辑，通过致密的网络结构，人类在网络的任何位置都可以不依赖原有的中心节点，而形成各种形态的社会组织并发挥功能。就这一点而言，工业革命也是不能与新技术革命相比的。

（三）网络社会创造了新的社会主体，而工业革命没有

工业时代的变革，无论怎样，都是以自然人和自然人结成的组织为主体，而网络社会的出现则创造出了新的社会主体。简而言之，网络通过三个途径创造了新的社会主体。首先，网络中的自然人可以具有多个虚拟主体的身份，从而使得个体身份呈现出多样性，在不同的社会空间与情景下，同一主体可以不同身份存在；其次，不仅自然人，各种社会中的组织也可以抽象拟人化的身份存在于网络之中，如政府和企业开通的微博、微信等，都为社会主体赋予了新的形象与身份；最后，更为重要的是，人工智能的出现，使得机器程序具有了人类甚至在某些领域远超过人类的智

慧，并结合网络，将智慧赋予各种机器实体与虚拟形态，也就是各种机器都可以与人交互，扮演原先人类才能扮演的角色。这种新的主体的创造，也是工业革命根本不能与新技术革命相比的。

因此，可以说，当前人类正在经历的以网络为核心的新技术革命，其意义远超过工业革命，它对人类的冲击与组织重构也将远超过去所有的工业革命。❶ 如果非要进行比较，按照诺斯的逻辑，将一万年前的农业革命称为第一次经济革命，将三四百年前的工业革命称为第二次经济革命，那么，今天的革命可以与一万年前的经济革命相提并论，称之为社会革命。无独有偶，《网络社会的崛起》的作者曼纽尔·卡斯特尔也认为"人类拥有网络……人类的历史才刚刚开始"。❷ 也正因为此，人类要更为慎重地衡量当前新技术革命所带来的重大影响，特别是在社会、政治、管理领域。

二、金字塔型结构是人类有史以来的基本治理结构

从有史以来的所有治理结构来看，无论何种领域、何种基本的决策模型、由何种人来操作，金字塔型结构都是人类社会长期以来最基本的治理结构。之所以如此，是因为整个社会长期以来都是金字塔型结构。在公共管理领域有一个基本的原理：治理结构与社会结构是同构的，即有什么样的社会结构，就有什么样的治理结构与之相对应。金字塔型结构具有以下若干特征：

首先，社会呈等级分布，越往上人数越少。社会形成自下而上的不同阶层，每一个体根据其出身、血缘、种族、家族、地域、权力、能力等形成等级排序：上层的个体在物质分配、社会权力等方面都高于下层的个体。在早期的奴隶与封建社会，根据出身、血缘、家族等先天性的因素决

---

❶ 何哲. 网络文明时代的人类社会形态与秩序构建 [J]. 南京社会科学，2017 (4)：64 - 74.

❷ 卡斯特尔. 网络社会的崛起 [M]. 北京：社会科学文献出版社，2001：578.

定等级排序；古代中国自隋唐后，科举制度的建立将权力与能力新增为决定等级排序的因素；工业革命后，西方文官体制的建立，也逐渐构建了根据能力排序的等级体制。

其次，社会的信息和资源是从下向上汲取的。等级排序在社会信息和资源方面，存在着垂直方向的优先权力，下一层生产出的物质在满足本层的基本需求后，剩余产品要优先供给上一层并逐级向上传递，这导致了最高层反而拥有最多的物质产品分配权，尽管他们不直接生产和接触物质产品。而信息也是一样，社会管理的信息，从最下层逐级过滤传递到上层，将全社会的信息过滤后，选出最重要的全局信息供决策使用，这样就形成了少数上层就可以控制庞大的整个社会的结构与能力。

再次，命令与权力的施行是从上向下的。与信息和资源的传递方向相反，等级社会中的决策与强制的权力是自上而下的。上层拥有对下层的绝对指挥权与命令权，这种权力是以不服从就实施经济、社会或者暴力惩罚为保障的。为了确保上层对下层的绝对控制，不同时代发展出了不同的方式，如奴隶制以强制人身自由为约束，封建制以土地、赋税、劳役、保甲制为约束，工业革命后则以高度的生产生活资料控制为约束。这些方式保证了整个社会能够围绕着少数上层的意志有效地运转。

最后，社会上层控制着多个领域。由于资源不断从下向上汲取，因此，整个社会在权力分配、知识创造、财富占有等方面具有高度的同构结构。也就是说，在传统金字塔型结构中，权力精英、知识精英、商业精英是互相重叠的，上层阶级同时占据这些领域的顶端。这种趋势在工业革命初期有所减弱：资产阶级在获得财富后却没有获得相应的政治地位，但随着资产阶级革命的爆发，资本又和权力牢牢捆绑在一起。从古代到近现代，知识阶层都与权力阶层密不可分，因为只有上层社会才有闲暇研究学问，同时，上层社会也吸纳学问家变成权力拥有者，给予其社会地位与财富。

尽管如此，金字塔型结构也有很多优点和特质，使其能够在人类不同历史时期长期稳定存在。

　　首先，是简单。金字塔型体制能够在规模很小的人群里快速形成稳固的社会组织结构。在三个人的关系里，一位管理者、两位下属，就可以实现长期稳固的管理关系。随着组织人数的增加，直接管理的幅度则可以增加到七八人甚至十余人。而当组织规模进一步扩大时，只需要增加基本单位数量和管理层级，就可以形成复杂而稳定的组织形态。

　　其次，是高效。金字塔型体制通过简单的信息链与命令链，就可以在最短时间内完成大规模公共事务的组织。几十万人的军队调度、国家税赋征缴、水利工程和防御工程修筑都可以用这种方式组织起来。

　　最后，是稳定。在金字塔型关系中，由于只存在汇报—命令—执行链，因此，任何个体都可以理解和执行。并且，即便出现组织突然涣散的情况，由于整个社会存在下层服从上层的命令关系，就算直接上级无法找到，在特殊情况下，其他高阶层人员也可以指挥低阶层人员。只有当实在没有更高阶层的人员时，才会推举出临时的管理与指挥者。

　　金字塔型结构之所以能够成为一种长期存在的人类治理结构，乃至近现代以来不断涌现的技术革命与社会管理思想的进步，都没有真正动摇这种内在的结构（例如，资产阶级革命结束了封建专制统治，但是其官僚体系依然保持甚至加固了这种金字塔型等级体制），是因为其符合时代需要和具有深刻的时代现实性。换句话说，从根本意义上，构建金字塔型结构是治理落后的信息条件下社会大规模组织的必然手段。

　　在传统时代，由于无法解决远距离的社会直接通信问题，同时无法摆脱少数个体处理海量信息的能力困境。因此，社会就必须形成通过中心型节点来交换个体之间的信息，然后逐级处理和过滤信息并降低信息复杂度的模式，最后使社会中的每个个体都能够传递并处理自己能力和职责范围内的信息。从社会内部的主观因素来看，金字塔型人类治理结构的形成，自然有统治阶层为了加强自身权力、地位与实现享乐的原因；但从社会外部来看，在落后的信息能力下保证全社会范围内的信息处理和社会运转，是金字塔型人类治理结构能够长期维持下去的客观现实要求。

三、金字塔型治理结构遭遇的困境

然而随着时代发展，人类历史上长期稳定存在的金字塔型治理结构也在不断经受着深刻的、内部和外部的冲击与变化，这主要体现在以下五大方面。

（一）金字塔型治理结构无法有效解决命令—信息快速传递与响应问题

理论上，在金字塔型治理结构下，所有涉及全局的重大问题都应该逐级向上汇报并由最高层做出决策。因此，当其管理层级较少、组织规模相对较小，如只有两三层时，金字塔型治理结构具有较强的信息和命令传递与响应能力，而其传递与响应能力随着金字塔层级和规模的增加呈指数式减弱。因为当层级增加一倍时，假定每个金字塔内的部门规模不变，则总的部门数和体系规模增加为原来的 8（2^3）倍，由于全局问题的决策还需要征求多个内部部门的意见，则其沟通次数、消耗时间均会相应增加。这些都是传统体系下信息与管理能力及手段有限所导致的结果。

（二）金字塔型治理结构无法有效解决治理的适应性变革问题

金字塔型治理结构的优点在于其强大的稳固性，但其缺点也在于其强大的稳固性和刚性。由于金字塔内每个单元都只处理某些具体的事务，并长期专注于此，为了提高管理效率，还将连续的管理事务划分为某些具体的专业片段，并由金字塔内的某些具体部门负责管理。这种体系在静态的社会下可以长期保持其稳定性，例如漫长的农业社会和相对稳固的工业社会早期。然而随着社会结构的不断变化，大量新的社会事物不断出现，导致原先的管理金字塔没有相应的管理职能。这时候，只靠调整原先的金字塔内部功能，则很难实现（因为刚性训练而导致能力和资源不足）有效管理，只能通过新设立部门的方式来解决问题，而这往往会导致金字塔规模增长过快，使整体效率进一步下降，最后又不得不削减职能人数。从历史上看，传统时代的治理金字塔始终处于这种不断增加规模以求适应，又不断精简结构以求提高效率的循环振荡之中。

（三）金字塔型治理结构无法有效解决体系内部跨部门协同问题

金字塔型治理结构内部的基本关系是上下级的信息汇报—决策命令关系，而不存在水平的沟通关系。水平的沟通关系只负责通报情况，而不履行具体的任务职能和接受命令。因此，就最小的金字塔型治理结构基础而言，水平方向的沟通与协作就不是金字塔型结构的必要组件，而整个金字塔型结构同样没有负责专门协调的正式架构。因此，当需要多部门之间进行协调时，实际上等于在其内部临时生成了一个管理金字塔，并由一高级别领导进行协调，这一结构在任务完成时自动取消。然而，由于这一临时金字塔存在能力不适应、责任不明确、激励不清晰等问题，所以只能在短期内有效（如应急体制），而无法长期存在。如果需要多个水平部门长期协作，则会演化形成新的固化的金字塔结构组件，这又会导致整个体系的复杂化。

（四）金字塔型治理结构无法有效解决社会权力参与及分享问题

金字塔型治理结构始终是一个自下而上传递信息与资源，并自上向下下达命令的体系。在奴隶社会与封建社会，金字塔最顶层是世袭的奴隶贵族和王权，并无任何对外部的社会权力分享。资产阶级革命后，西方建立了资产阶级民主制度，虽然表面看起来构建了公民授权的原则，然而，由于公民数量众多和其非专业化，依然只能形成庞大的金字塔型结构进行国家治理。西方国家所谓的"民主"最终成为精英手中的政治工具，更遑论资本在选举中的操控作用。金字塔型治理结构在过去的各种社会时期都无法真正解决权力参与与分享问题，因为在传统时代，即便真正想实现人民主权，受制于落后的信息传递与处理能力，人们还是不得不将权力集中在少数人手里。唯一保留的权力是定期进行重新选举，然而在大量的公共事务上，依然缺乏有效的权力实现参与及分享。

（五）金字塔型治理结构无法有效解决社会多领域治理分离问题

在传统人类社会中，只存在唯一与社会同构的金字塔型治理结构，这一结构同时包含政治、经济、知识精英，将全社会通过官僚等级化方式形成稳定的科层体系。❶ 然而，当新兴的领域和新的治理要求出现时，传统的官僚等级化则无法提供相应的位置来容纳新的领域精英，同时无法形成新的、有能力的机构进行治理，因为这会极大增加金字塔型治理结构的复杂度。农业时代，通过地主庄园制，政治精英与经济精英是基本重合的；工业革命后，新兴的资产阶级通过资产阶级革命获取了政权，形成了稳固的经济与政治的双重联系；然而，在 20 世纪中后期，新兴的知识领域、信息经济领域及社会组织领域的不断出现，都产生了大量的新的精英和治理需求。其中有些无法通过原有等级化的体系实现权力的分享，有些并不需要传统政治权力的干预和认可，由此带来的是原有金字塔治理结构同时面临在新兴领域失效和无意义的问题。

四、人类社会的转型与治理结构的变革

尽管金字塔型治理结构在过去数千年的历史中，牢牢占据核心治理形态的位置，然而这一结构在面对以网络、大数据、人工智能为代表的新信息技术引发的社会转型时，却第一次遇到了严重的冲击，并可能最终实现解构与转型。其根本原因在于，新信息技术彻底改变了原先传统社会必须形成中心等级科层化结构的社会的存在基础，从而使治理结构发生了同构性的变革。

（一）从中心型社会向非中心型社会转型

如前所述，由于传统社会中无法构建基于每一个体到每一个体的信息传递体制，以及实现伴随着信息传递的相应的直接物质交换，因此，传统社会是通过构建从大到小的中心型散射状结构来实现整个社会的信息传递与物质交换的。对于任何两个节点之间的通信，如远在偏远山区的个体，

---

❶ 俞可平. 官本主义引论：对中国传统社会的一种政治学反思 [J]. 人民论坛·学术前沿，2013（9）：52 - 61.

其信息首先被发送到小的区域中心（如集镇），然后到更大的中心（小城市），再逐级到较大的城市，接着根据发送目的地逐级下降到对方相应的中心，最后抵达目的地。物质的交换也是通过从小到大再到小的逐级的中心型市场交换来实现。管理与政治架构也是如此。这些同构的中心型结构在本质上都是为了解决庞大社会中的最优信息传递问题。因此，中心型社会作为金字塔型社会的水平截面，是有深刻的历史客观性的。

然而，互联网的出现彻底改变了社会中任何个体之间必须通过中介体系才能实现信息传递的困境，构建了遍布全社会的致密的网络信息架构，最终形成了非中心型的网络信息结构和社会结构。就目前而言，尽管人类互联网的架构也存在层级关系，但一方面，互联网在各国间存在复杂的信息交换关系，形成了相对稳定的多中心型架构，包括从 IPV4 到 IPV6 的发展，都致力于打破网络体系的单一的顶级控制权，形成一种环状的非中心型交换网络。另一方面，层级的网络信息交换体制并不影响社会中任何个体之间的直接连接，光速的信息传输使得任何个体之间的连接不需要考虑在地球上通过哪一具体层次的信息路由结构。社会中每两个个体之间的信息交换，都是平等和高效的，也不需要第三方的人和组织体系的支撑。那么，整个社会将逐渐从中心型社会信息结构转为非中心型社会信息结构。与信息结构相对应，经济、社会、知识创新等领域也会逐渐适应这种结构转型，最后影响到治理结构的同态转化。

（二）从层级型社会向整体型社会转型

当社会横向的信息联通渠道变得简单而多样后，社会通信网络也会逐渐向纵向延展。在传统时代，社会层级与层级之间有着较为明显的信息隔离，上层社会只能通过固定的信息收集与过滤渠道，或者通过偶发的主动接触下层社会（如古代的微服私访）来了解其他阶层社会的整体信息。这种逐层过滤的信息体制，既是一种必要的管理手段，更是低下的社会信息能力条件下的现实必然。与之相对应，社会下层的个体，则更难接触到上层的信息和整个社会的全局信息。

然而，以网络为代表的新信息技术彻底改变了这一局面。网络构建了个体与个体之间的直接信息交换渠道，从而回避了传统时代必须通过上一层或者专业的第三方交换信息的局面。这就导致了所有的信息不必汇集到社会的上层管理者手中，社会自身就能够流通大量信息，并且，网络同步也形成了社会自我发布信息与交换信息的渠道。例如，从最早的网络论坛（BBS）到微博、微信、视频网站等，都构架了众多的非中心型社会信息交换体系。而这种信息交换体系，对原来社会的不同阶层在权限上都是开放的，上层阶级并不能比下层阶级获取更多的信息，甚至由于上层阶级更依赖于有限的传统信息渠道，反而只能获取更少的信息。也就是说，社会信息的分布与掌握能力，逐渐从原先的上层远高于下层，变成上下层基本均等。在整个社会阶层的任何一点，只要连接上网络，具有足够的阅读和信息检索能力以及一定的推理能力，都可以得到大体相同的社会全局信息，这使得在信息分布上，社会呈现出一种整体的信息形态。

除了信息分布的整体性，网络更构建起了上下层之间直接的个体连接。在传统时代，上下层的分层依赖于血缘、权力、资本等，在智力、体力上，人类的各个阶层不存在根本性的先天差距。当打通阶层的个体连接形成后，源源不断的跨阶层的信息与活动交互就会形成。原先的社会下层会得到足够的信息、教育及工作训练，使其在后天的知识储备和判断能力上与原先的上层社会没有任何区别。社会越来越无歧视地对待不同群体，也会使得整个社会逐渐消除阶层鸿沟，整个人类社会就会逐渐重新更为密集地融合在一起。世界范围内，公正平等的社会价值观念，将不只是停留在思想观念上，更因为互相的接触和能力的均衡而变成现实。

当人类社会在横向上完成从中心型结构向非中心型结构的演化，并从纵向上完成层级结构向整体结构的演化后，社会的金字塔型治理结构就发生了根本性的转型，相应的社会治理形态也会发生根本性的转型，新的治理结构形态就会自然产生。

五、从金字塔型治理到球型治理

随着新信息技术等的影响与推动，社会结构从中心等级科层式的金字塔型结构向非中心、跨科层的整体与均匀的社会结构转型，治理结构也会相应转型，这种转型的结果，从外在来看，最终会朝向一种球型的均衡结构演化。

图11-1描述了从金字塔型治理结构到球型治理结构的演化过程。可以发现，这一过程并不是一蹴而就的，而是要经历一种立方体式整体型治理的过渡，才会最终形成完整的球型治理。

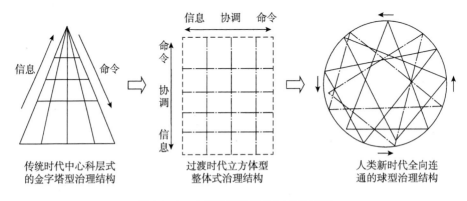

图11-1 人类治理结构的历史性变迁

在第一阶段，在新信息技术的推动下，使得信息在全社会充分流动，跨阶层和跨专业的信息交换与社会活动与日俱增，原先金字塔型的等级科层体系已经无法适应治理的需要。为了打破部门界限，促进跨部门沟通和整体政府效率的提升，通过信息化和组织重构，试图建立起广泛的内部纵向与横向联系，逐渐打破部门的固定专业分工，同时，促进上下层级之间的信息与人员互动，打破等级森严的严密金字塔型结构，演化形成整体式治理结构。❶整体式治理体系在外在会呈现出立方体的几何形态。这种立方体在内部充满了信息孔洞，有助于信息在部门间和层级间的交换；而对外则呈现一种全方位感知的信息态势，包括公民的诉求和环境的变化等信息可以通过各种渠道流入体系之中，同时，政治、经济、社会、文化、科技等多个领域治理都被纳入这一立方体结构之中。

---

❶ 曾维和. 后新公共管理时代的跨部门协同：评希克斯的整体政府理论［J］. 社会科学，2012（5）：36-47.

然而，立方体型治理结构天生是不稳定的，这种不稳定来自于两个方面。一方面，传统的金字塔型治理结构具有强大的内部稳定性，这会导致试图构建松散的、垂直于水平通路的组织体系，在明确任务后很快会回到金字塔型治理结构，这导致整体型政府很难长时间稳定存在。

另一方面，由于网络在组织内部全向连接形成的内部张力，促使遥远的组织内的个体进一步连通和形成互动体系，而社会外部新的治理要求也被吸纳进来并与原有体系融合，最终会形成一个任何一点都可以等距发起任务命令、组织临时性架构、实现多领域治理的球型结构。这就形成了治理结构演化的第二个阶段，即从整体型治理结构发展为球型治理结构。

由于球型治理可能成为人类未来社会形态的最终理想状态，因此其基本特征是具有高度的抽象性、完善性和理想性，包括以下几个方面。

（一）球型治理结构的内部等距全向连接性

在球型治理结构中，整个内部中的所有主体，都与其他所有主体之间具有可达的连接，而所有个体之间的密集连接，最终在整体上呈现出高度复杂完整的网状结构。在这一结构的支撑下，在需要时，可以形成任意形态和由任意成员组成的任务型组织。更重要的是，球型治理结构具有社会结构的等距性，也就是在治理结构中，由于网络的作用，任何一个个体与其他个体之间的距离实际上是相当的，这同时保证了每一个个体权力的均等性。

（二）球型治理结构的广域性

本质上，球型治理结构是将社会中的所有主体通过全向连接纳入了完整的治理体系中，因此，已经无法严格区分治理结构与社会结构。整个社会也是球状的，社会结构也是治理结构，每一个个体既是社会治理的主体，也是社会治理的对象，所有的治理领域，包括政治、经济、社会、文化、科技等，以及各类公共服务需求，都在球型治理体系之中，这被称为球型治理结构的广域性。用静态的视角观察球型治理结构，可以将其看成从球表面每一点发起的无数金字塔型治理结构，共同构成了稳定的球型结构。

（三）球型治理结构的动态性

球型治理结构不是一个静态的固定结构的球体，而是在多个维度都呈现出高度的动态性。首先，在球状空间内的每个主体的社会位置是持续变动的，由于社会呈现出各个维度的开放性和连接性，每个主体都可以根据自我的兴趣和努力，向任何领域和社会位置移动，因而整体上会呈现出所有个体在球状空间内的密切互动和位置变化，社会内部不存在严格划分的等级空间。其次，球型治理结构的表面与内部也是不断互动的，球状表面上的个体意味着在某一领域、某一时段，该个体处于社会效率最优前沿面上，也就意味着在这一具体领域，该个体拥有更高的科学性与判断性，其可以发起治理诉求和领导治理活动。但这种效率最优随着时间和场景的变化，可能会改变，这时候内部其他效率更高的个体就会替代原有个体处于效率前沿面上，从而发起和领导新的治理活动。最后，整个球型治理结构的外表面也是不停在旋转的，这意味着所有的治理结构都是相对的和临时性的。

（四）球型治理的多主体发起性

与传统的治理必须由金字塔型治理结构的内部发起不同，由于社会形成了开放均等的球状结构，每一球体表面上的个体（处于各领域效率前沿面的个体）都可以在球状结构内发起治理要求，并形成动态的治理结构，从而解决某一专项问题。由于在未来的社会结构中，每一个个体都有可能在某一细分领域占据效率前沿面，因此，每一个个体都有可能处于球型治理结构的效率表面，这也就意味着，实际上每一个个体都有可能成为某一治理活动的发起者与领导者。

（五）球型治理主客体的轮转性

社会内部的高度动态性，以及球状空间本身的不断旋转和内部的高流动性，导致无论是治理的主体还是客体，都呈现出一种不断转换的状态，同一治理主体所面对的对象是不断变化的，而同一领域在不同时间也是由不同的主体进行治理，主客体之间在持续地进行相互轮转。

从以上的这些特点可以看出，球型治理结构本质上描述的是一种无差别的、均等的社会状态和相应的治理结构。这种结构在内部通过足够的网络化的信息连接，保证了信息的均等分布；通过个人权利与能力的均等性，保障了个体间消除阶层差异，并通过动态的社会内部流动机制，形成均匀混合的社会内核。这种理想化的社会状态，最终在拓扑结构上形成了完美的球状结构。因此，球型治理是基于未来社会结构和在新信息技术驱动下，保证人类平等、正义、自由的理想治理结构。

六、本章小结

本章探讨了由新信息革命所带来的社会结构的历史转型，认为当前以网络、大数据、人工智能为代表的新信息技术，将使社会结构产生前所未有的改变，其对人类的影响甚至远超工业革命。新信息技术产生了新的社会空间、社会结构和社会主体，这些都是包括工业革命在内的技术革命所无法实现的。网络所带来的是社会结构内部的全向连接，从而产生了更为均等的、打破传统的社会结构，进而改变了长期以来以金字塔型为基本形态的治理结构。人类社会最终会形成一种均匀、平等、自由、动态、稳定的球型治理结构。这一结构将呈现出内部等距全向连接性、广域性、动态性、多主体发起性、主客体轮转性等特点，体现出人类将在新技术的驱动下，进入更为公平、正义、自由的理想文明阶段。

第十二章　面向未来的人工智能国家战略

本章提要：从2016年起，世界各主要大国陆续发布了其人工智能的发展战略，其中尤其以美国为代表。2016年10月，美国国家科学技术委员会相继发布了两份关于人工智能领域的国家战略报告，标志着其开启了面向人工智能时代的国家战略。此后，美国又发布了多份人工智能方面的国家战略报告，均以之前的两份报告为蓝本。人类历史的发展表明，任何一种划时代的技术都会对文明的演化产生深刻的乃至决定性的影响。中国在通向未来的不断发展中，必须时刻紧盯人类前沿技术，并在保证安全的基础上，努力实现对新技术的把握和战略上的赶超，由此才有可能在长期的文明演化中占据优势地位。因此，中国也必须高度重视人工智能技术和相关社会改变，并做出相应的战略部署。本章分析了美国国家科学技术委员会所提出的这两份报告，剖析了其中的关键点，并对我国的人工智能战略方向提出了相应的建议。

人工智能的发展，显然为国家竞争打开了一个新的领域，人工智能与各种领域的结合，都能够促使该领域产生飞速的变革。如在经济领域，人工智能可以极大地提高一个国家的经济效率和劳动竞争优势；在科技领域，人工智能的应用可以极大地增强科技研发能力；在治理领域，人工智能可以加强政府处理信息的能力和社会管理能力；而在军事领域，人工智能可以增强其控制下的自主军队在各种环境下的作战能力并可以减少伤亡。显而易见，人工智能可以极大地增强国家的竞争实力。正因如此，人工智能的发展自从体现出雏形，就得到了世界各主要国家的高度重视。世界各国重视其发展的直接表现就是出台了一系列关于人工智能的战略报告。美国是将人工智能作为国家战略的最早和最为重视的国家之一。分析其人工智能国家战略报告和思路，可以为其他国家制定相应的战略提供重要的借鉴和参考。❶

一、近年来美国发布的人工智能战略报告

2016 年 5 月，美国白宫推动成立了机器学习与人工智能分委会（MLAI），负责人工智能的相关研究工作，并协同其他部门一起制定发布了人工智能的相关报告和帮助美国政府进行相关决策。从 2016 年 10 月起，美国白宫和其他部门陆续发布了多部人工智能报告，见表 12 - 1。

表 12 - 1　近年来美国发布的人工智能报告

时间	报告名称	发布单位
2016 年 10 月	《国家人工智能研究和发展战略计划》	美国国家科学技术委员会
2016 年 10 月	《为人工智能的未来做好准备》	美国总统行政办公室和国家科学技术委员会
2016 年 12 月	《人工智能、自动化与经济报告》	美国白宫总统行政办公室
2018 年 4 月	《人工智能与国家安全》	美国国会研究服务处
2019 年 2 月	《维护美国人工智能领导地位的行政命令》	美国白宫
2019 年 2 月	《2018 国防部人工智能战略摘要——利用人工智能促进安全与繁荣》	美国国防部
2019 年 6 月	《国家人工智能研发战略计划》	美国国家科学技术委员会
2019 年 11 月	《人工智能原则：国防部人工智能应用伦理的若干建议》	美国国防部

通观近年来美国所有公开发布的人工智能报告，可以发现，其整体上是以最初的，也就是 2016 年 10 月的两份报告为蓝本，根据新的领域和情

---

❶　何哲. 通向人工智能时代：兼论美国人工智能战略方向及对中国人工智能战略的借鉴 [J]. 电子政务，2016（12）：2 - 10.

况进行的修订。因此，追本溯源，要理解美国人工智能战略，其重点是分析最初的两份报告。

二、美国发布的人工智能报告的总体战略思路

在分析美国人工智能战略报告之前，需要对近代以来美国国家战略的基本转型和其作用做一些铺垫。应该说，美国作为近代以来才崛起的后发国家（相对于人类历史上长期演化的其他文明而言），对国家战略始终抱以高度重视，并不断通过国家战略的指引，拓展其国家疆域和控制范围。在约70年的时间内，美国就将国土从大西洋沿岸拓展到太平洋沿岸；进入20世纪，美国又确立了以海权论为核心的海洋战略，并在第二次世界大战后得到最大程度的实现；20世纪中后期，美国确立了以太空为疆域范围的高边疆战略；21世纪初至今，美国又通过一系列措施构建了其网络空间战略。❶ 2016年10月，美国发布了两份人工智能报告，构建了人工智能发展战略。可以看出，美国在不同时期的核心战略思路是高度一致的，就是一定要抢先在新出现的技术和空间领域构建先导性优势，从而持续保持其世界领先的文明优势。以下具体对2016年10月美国发布的两份人工智能报告进行分析。

（一）《国家人工智能研究和发展战略计划》

美国《国家人工智能研究和发展战略计划》（*The National Artificial Intelligence Research and Development Strategic Plan*）于2016年10月13日发布。该报告由美国国家科学技术委员会下属的机器学习与人工智能分委会指定的人工智能研究组撰写，其目的在于向整个国家提供一个跨部门的、指导人工智能发展的战略导向。

该报告整体分为三个部分：第一部分是基本情况简介，包括制定战略

---

❶ 史博伟，傅晓微. 美国的国家网络安全战略及其借鉴意义［J］. 南京邮电大学学报（社会科学版），2016，18（3）：7 - 15.

计划的目的、愿景等；第二部分是实质性的战略重点，包括七个大的战略领域；第三部分是为整个人工智能发展提出的两个方面的基本建议。❶

1. 美国人工智能发展的目的

报告明确指出，其人工智能发展核心在于传达一系列明确的研发优先重点，以确立战略研究目标，从而引导联邦政府的资金投入市场无法关注到的领域，同时，扩大和维持人工智能领域的人才队伍，并与其他相关的先进技术战略一道，构建面向未来技术时代的协同体系。

报告同时认为，联邦政府是长期高风险研究计划及近期发展工作的主要资金来源，以实现部门或机构的具体要求，或解决私营企业不从事相关工作的重要社会问题。因此，联邦政府应加大在社会重要领域内人工智能方面的投资，如公共卫生、城市系统与智慧社区、社会福利、刑事司法、环境可持续性和国家安全领域，并致力于人工智能技术的长期研究。

2. 美国人工智能发展的愿景

报告提出了美国人工智能发展的三大愿景：促进经济发展，包括制造行业、物流行业、金融行业、交通行业、农业等的发展；改善教育机会与生活质量，包括教育、医学、法律和个人服务方面的改善；增强国家和国土安全，包括安全与执法、安全与预测等领域。

3. 美国人工智能发展的重点战略方向

报告中最为关键的是提出了美国人工智能发展的七个战略方向。

1）对人工智能研究进行长期投资。具体包括：提升基于数据发现知识的能力；增强人工智能系统的感知能力；了解人工智能的理论能力和局限性；研究通用人工智能；开发可扩展的人工智能系统；促进类人的人工智能研究；开发更强大和更可靠的机器人；推动人工智能的硬件升级；为改进的硬件创建人工智能。

2）开发有效的人类与人工智能协作的方法。具体包括：寻找人工智

---

❶　中文翻译参考了中国信息通信研究院政策与经济研究所编译组的翻译版本，部分翻译有改动。

能对人类行为感知的新算法；开发增强人类能力的人工智能技术；开发可视化和人机界面技术；开发更高效的语言处理系统。

3）理解并解决人工智能的伦理、法律和社会影响问题。具体包括：改进公平性、透明度和设计责任机制；建立符合伦理的人工智能系统；设计符合伦理的人工智能架构。

4）确保人工智能系统的安全可靠。具体包括：提高可解释性和透明度；提高信任度；增强可验证性与可确认性；保护人类免受攻击；实现长期的人工智能安全和优化。

5）开发用于人工智能培训及测试的公共数据集和环境。具体包括：开发满足多样化人工智能兴趣与应用的丰富数据集；开放满足商业和公共利益的训练测试资源；开发开源软件库和工具包。

6）制定标准和基准以测试及和评估人工智能技术。具体包括：开发广泛应用的人工智能标准；制定人工智能技术的测试基准；增加可用的人工智能测试平台；促进人工智能社群参与标准和基准的制定。

7）更好地了解国家人工智能的人力需求。即需要开展更多研究，以更好地了解人工智能研发在当前和未来的国家劳动力需求，从而保障整个人工智能领域的人力资源队伍。

4. 两大核心建议

这份报告在最后提出了两个核心建议：一是建议联邦政府的各个机构构建有效的实施框架，并确保与该报告的前六项战略相协调；二是研究创建和维持健康的人工智能研发队伍的国家图景，并与该报告的第七项战略保持一致。

（二）《为人工智能的未来做好准备》

与上一份报告几乎是同时，美国总统行政办公室和国家科学技术委员会发布了另一份名为《为人工智能的未来做好准备》（*Preparing for the Future of the Artificial Intelligence*）的报告。相比较而言，上一份报告主要是从技术的角度出发，而这一份报告则主要是从政府与治理的角度来探讨人工智能带来的挑战与政府治理问题。这份报告包括几大部分，即概述、公共事务与人工智能、联邦政府在人工智能发展中的作用、加强对人工智能的监控等。以下就其重点进行简介。

1. 公共事务与人工智能

报告认为，人工智能将在各种政府与社会组织所提供的公共事务中广泛地产生作用，如教育、医疗等。因此，报告提出两个建议：①政府和社会组织应该认真审视自己如何才能利用人工智能提升自身服务；②联邦政府应该开放数据，以进一步促进人工智能的学习和提供公共服务。

2. 联邦政府在人工智能发展中的作用

报告认为，联邦政府应该在人工智能的发展中起到如下作用：①成为人工智能技术及其应用的早期客户；②支持试点项目，根据真实情况搭建测试平台；③向公众提供数据集；④提供赞助支持；⑤确定并追求"大挑战"，为人工智能树立具有可行性的远大目标；⑥为人工智能应用的严格评估提供经费，并考察其影响及成本效益；⑦为创新的蓬勃发展提供政策、法律和监管环境，同时保护公众免受人工智能的伤害。

3. 加强对人工智能的监控

报告认为，随着人工智能的发展，特别是具有极强自主能力的强人工智能技术的到来，联邦政府必须高度监控人工智能技术的发展和其应用，同时要高度加强对其他国家人工智能发展的监控；人工智能企业界应该主动和政府合作，及时反馈近期的重大技术突破，以确保技术的安全。

4. 联邦政府对人工智能研究的支持

报告认为，从历史经验来看，一项计算机技术的重大突破，想完成从实验室中的创意到成熟的工业化生产应用，往往需要 15 年甚至更长的时间，因此对这一领域进行持续稳定的投资显得尤为重要。报告还认为，私营企业将是人工智能技术发展进步的主要引擎，但从现状来看，其在基础研究方面的投资还远远不够，因此，报告强烈建议联邦政府加大在人工智能研究方面的资金投入。

5. 全球视角和安全格局

《为人工智能的未来做好准备》与《国家人工智能研究和发展战略

计划》的重要区别，是前者对人工智能在全球范围内造成的安全格局的变化进行了讨论。其中重点认为：①与其他的数字政策一样，各国需要共同努力发现合作机会并制定国际框架，从而促进人工智能技术的研发，应对种种挑战。美国作为人工智能技术水平领先的国家，应通过政府间的对话和合作，在全球研究合作方面继续扮演重要角色。②美国应致力于与工业和相关标准化组织合作，以促进国际标准朝着以工业主导、自愿参与和寻求共识的方向发展，并且以透明、开放和符合市场需求的原则为基础。③要确保人工智能条件下的网络安全，人工智能系统和经济社会系统在应对人工智能对手时应能够保持安全性和恢复能力。④美国政府应该在遵守《国际人道主义法》的基础上，制定关于自动和半自动武器的统一政府政策。

（三）其他的人工智能战略报告

美国的其他几份人工智能战略报告，其整体思路和方向与以上两份报告一脉相承，只是在一些具体的领域有所侧重。例如，2016 年 12 月发布的《人工智能、自动化与经济报告》，重点关注了人工智能对经济的影响，提出要利用人工智能来提升美国经济竞争力，并加大对美国劳动者的培养。需要注意的是，人工智能与国防领域在近年来持续得到了美国官方的高度重视。

2018 年 4 月，美国国会研究服务处发布了名为《人工智能与国家安全》的报告，并在 2019 年 11 月进行了更新。其中提出了人工智能在国防领域七个方面的应用：①情报、监视和侦察；②后勤；③网络空间行动；④信息操纵和深度伪造；⑤指挥和控制；⑥半自动和全自动驾驶车辆；⑦致命自主武器系统（LAWS）。该报告中直接指出，中国和俄罗斯将是这一领域美国最有力的竞争对手。

2019 年 2 月，美国国防部发布《2018 国防部人工智能战略摘要——利用人工智能促进安全与繁荣》，重点对美军在人工智能领域的进展和战略进行了介绍。这份报告的重点在于介绍美军成立的一个支持人工智能军事化运用的核心单位——联合人工智能中心（JAIC）。其基本职能是：①利用任务需求、作战成果、用户反馈和数据，实现迅速交付人工智能的能力以应对关键任务，增强当前的军事优势，并加强未来人工智能的研发工作；②为扩大人工智能在国防部的影响提供通用基础，包括领先的战略数据采集，统一的数据存储，可重用的工具、框架和标准构建，以及云和边缘服务；③推进人工智能的政策规划、网络安全治理和多边协调等；④吸引和培养一个世界级的人工智能团队，并将人工智能加入国防部所有级别的专业教育和培训中。

这份报告同时提出了四个重点方向：①提供支持 AI 的能力，以应对关键任务；②与领先的私营技术企业、学术界、全球盟友和伙伴合作；③培养领先的 AI 人才队伍；④引领对军事伦理和 AI 安全的研究。其中尤其需要注意的是第四点，最后其特别指出要"利用 AI 减少平民伤亡及其他附带损害的风险"，这实际上是为 AI 的军事化应用贴上了合法和慈善的标签，具有相当大的迷惑性。

三、对美国人工智能战略方向的分析

正如前面的分析，我们认为，美国在此时发布的人工智能战略报告，与其在之前的历史节点所制定的战略导向一样，具有重要的战略目的和预期，主要包括以下几个层面。

（一）延续美国在新技术条件下的国家优势是其人工智能战略的首要目的

如前所述，美国所有的战略导向都是紧密服务于其国家战略，而这个国家战略的首要目标，就是不断在新的技术和社会环境下保持美国的国家优势。为了达到这一目标，从联邦政府到地方政府，再到工业企业界，以至整个社会的研发人员，都要服务于此战略。从其人工智能战略报告中，可以进一步看出美国一贯的国家战略的明确目标，美国绝不是一个仅仅依赖市场化运作而发展的国家，在其隐藏的、分散的市场化和社会行为中，

时刻体现出高度的国家优势保持的战略导向。❶

（二）促进经济、社会发展是其人工智能战略的核心支撑

从这两份报告中可以看出，美国人工智能的发展，时刻以经济应用与社会服务为基础。这体现出了美国国家战略的实施，并不像完全的计划体系那样，只服务于政府和国家；而是时刻注意使得新的技术能够充分应用到工业和社会服务之中，从而将自顶向下的国家战略导向与庞大的经济及社会体系相结合，培育出支持国家战略的强大市场与社会基础。这也是美国能够长期在新领域保持优势的重要原因。

（三）高度重视联邦政府的导向性和直接支持是联邦政府的直接举措

与通常认为的美国遵循高度自由的市场导向不同，这两份人工智能报告均直接且毫无隐瞒地体现了在新领域中国家的重要作用。其中均非常明确地表示，在人工智能发展的现阶段，依赖市场机制远远不能实现其发展的目的，联邦政府必须给予长期的直接投入。除了资金投入，国家还要对人工智能给予先导性的开拓应用，从而为整个经济社会体广泛应用人工智能做出示范。

（四）高度重视安全问题，确保整体国家与社会安全的一贯性延续

与通常认为的美国社会发展是高度以资本与技术为导向不同，这两份人工智能报告均体现了美国在新技术面前高度重视对社会安全的影响和控制，并强调政府在确保安全中的重大责任，如明确要求企业必须与政府合作，要定期反馈其在技术领域的重大突破，要求其确保人工智能应用不会危害社会安全，并确保在对手获得人工智能手段后依然能够保持相对稳定的安全形势。

（五）高度重视国际合作和联盟，确保国际优势地位的继续保持

美国在新技术上高度重视与其他国家的合作，这体现出了美国作为发达国家的影响力。这种影响力一方面是通过自身强大的经济技术实力实现

---

❶ 潘振强，吕有生. 对美国国家安全战略的思考 [J]. 美国问题研究，2008（1）：1 - 20，186，190.

的；另一方面是通过不断进行国际沟通和合作，形成国际合作联盟实现的。❶ 而国际联盟的形式，可以使美国在进入新时代时能够延续其在全球范围内的传统影响力，并保证了美国在经济和技术领域的优势性地位。

四、中国人工智能战略的构建

从以上对美国人工智能战略的两份报告的分析中可以发现，美国的人工智能战略既具有鲜明的新技术时代的新特征，也具有传统国家战略一贯的延续自身优势的战略导向，这体现了处于优势地位的国家在新技术时代为实现自我延续与保持优势所做的努力。而中国作为一个发展中国家，在制定自身人工智能国家战略时，既应有选择性地借鉴其他国家的做法，也应有对自身状况的考虑。

（一）确定一个明确而长远的人工智能战略是必要且迫切的

无论是优势型国家还是赶超型国家，在面对新技术时代的转型时，必须为未来做好准备。不能因为是赶超型国家就试图等待、观望，其结果只会是在新时代下继续落后。所以，对于新技术特别是足以影响到时代转型的新技术，必须抢先制定相关国家战略，争取实现赶超和弯道超车。而且，越是先进的国家，在面对新技术的出现时，往往越会有两种倾向：一种是积极地去适应转型，然而这并不是一种常态；另一种更为常见的倾向是，处于优势地位的国家往往会沉溺于自身的优势而放松对新领域的洞见和投入，传统的既得利益甚至会阻碍新技术的产生以避免对既有利益格局的打破。所以，优势型国家和文明在新技术出现的时候也可能成为落后者。❷ 这就意味着赶超型国家在面对重大技术变革时，更要抓住机遇，制定具有明确导向的国家战略。

---

❶ 王玮. 美国联盟体系的制度分析 [J]. 美国研究, 2013, 27 (4): 5 – 6, 34 – 51.
❷ 杜严勇. 人工智能安全问题及其解决进路 [J]. 哲学动态, 2016 (9): 99 – 104.

（二）政府要采取积极性策略，承担人工智能新技术发展的积极责任

一种观点认为，市场自身就具有足够的能力来实现新技术的发展。然而，美国人工智能国家战略报告明确地指出了这种认识的片面性和局限性。对于美国这种对新技术具有成熟的风险激励体系和市场应用体系的发达市场经济国家，并且是在已经具有非常强大的网络公司的情况下，美国政府依然明确指出现有的行业不足以支持人工智能领域新技术的深入发展，因此政府必须承担责任，即提供长期持续的资金支持和应用鼓励。而对于中国这样的赶超型国家，在新技术的孕育阶段，政府更要承担积极的责任。这种责任也应该体现在三个层面：首先，是长期持续的资金投入和支持；其次，是率先进行成果应用；最后，是构建人才队伍。

（三）引导市场和社会的应用，构建广泛的人工智能应用基础

除了在资金、应用和人才方面给予支持之外，政府还要处理好其与市场、社会的关系。政府既要起到在先进领域的先导性和突破性作用，也要引导市场和社会的后续跟进，以构建一个庞大的研发成果应用基础，从而实现源源不断的后续支持。这就要求政府既不能放任不管，放弃自身的职责，也不能通过自身的权力和优先投入去压制、限制企业与市场的应用。在新技术发展方面，美国的核心特点，就是在政府的支持下，有一个庞大的、起支撑作用的社会与市场，从而形成在关键领域的政府先行突破与后续开发应用的有效结合，最终形成良性循环。这种模式，被证明具有有效性与合理性。中国要想在人工智能领域和其他新兴技术上取得突破，也要采用类似的模式，即在政府的支持下构建庞大的社会市场支撑。

（四）构建新的社会伦理规范，注重社会维度与技术维度的匹配及平衡

美国人工智能报告给人们的一个重要启示是要注重社会维度与技术维度的平衡，人工智能将从创造新的行为主体的角度来动摇和改变传统人类社会的根基，因此，更要在发展技术的同时注重社会维度的平衡。美国这

样一个市场规则相对成熟、法律监管体系较为完备的国家尚且如此，对于中国这样的赶超型国家，更要注重这样的平衡。因此，中国必须提前研究和构建适合自己的社会伦理规范乃至整个制度架构。

（五）确保新时代的安全和社会秩序

人工智能时代在改变社会的同时，必将产生新的安全形势。一方面，弱人工智能将会有效地增强人类本身对危害安全行为的控制能力，从而提高人类的安全控制水平；另一方面，能力不断增强以致拥有自主判断能力的强人工智能，将成为新的威胁来源，因此必须保证人工智能的发展最终能够增强人的安全状态，而不是相反。这就要求我们一方面在技术方面，做好技术体系上多路线的安全防护、冗余备份和监控；另一方面在社会法律和行为规范方面，做好制度和行为层面的安全约束。同时需要特别注意的是，要建立最基本的人类社会自我运行管理的安全底线备份，也就是一旦关闭所有的人工智能体系，人类要有最基本的生存能力。毕竟，对一种新技术甚至新的社会形态的高度依赖，本身就是一种危险。所以，我们必须从一开始就确保能对这种危险进行有效控制。

（六）构建标准体系与相应的国际技术与治理联盟

标准的作用在于使得各相关主体能够按照相同的规则一起研究和推进某项技术。因此，在技术领域，标准就意味着一种通用的技术规范和技术联盟。美国人工智能报告中明确指出，政府要构建人工智能的标准体系，同时要形成人工智能的国际联盟。标准的力量就在于能够进一步巩固和强化先发优势，使得后续研究者必须参与其中，并为原有的标准体系和构建者做出贡献。同时，技术标准是静态的，要通过技术标准形成国际技术联盟和社会规范联盟。国际联盟的最终意义不只是实现工业标准和应用领域的统一与协调，更重要的是要在新的、打破传统的基于自然疆域治理的时代，形成在治理和规范塑造上的国际优势，使得优势国家在新的社会时代依然能够保持其在全球的地位。鉴于人工智能对人类社会所具有的极为强大的改变力量，各国必须防止优势国家通过标准和国际联盟实现其在新领域的霸权和垄断。从这个意义上讲，中国必须率先制定自身的人工智能技术标准和国际治理联盟，这样才能在更大的广度与深度上，形成有效的竞合关系。

（七）加快人才的培养，既包括技术型人才也包括通用型人才

人工智能的研究发展需要大量人才，美国的人工智能报告指出，政府要主动构建并维持一支足以支撑未来发展的、庞大的人才资源队伍。这一点对于中国同样极为重要。人工智能需要三个层面的体系化人才队伍：一是在技术层面，要有精深的技术专家和相应的人才队伍；二是在社会层面，要有对人工智能深入理解的社会治理领域的应用专家；三是要有能够把握技术趋势和未来社会发展的未来学专家，从而搭建起从技术到社会治理领域的有效沟通渠道和不断研判通向未来的道路。而在人才队伍的构成上，需要各领域的人才，包括基础数学、信息科学、自动化控制、机械、生命科学、心理学、伦理学、社会经济学、政治学、管理学乃至哲学。可以说，人工智能将是有史以来涉及人才支撑面最为广泛的领域。

五、本章小结

人工智能的发展使人类正面临前所未有的技术和社会变革，是在网络和大数据时代之后，新的人类社会形态在社会主体层面的反映。人工智能在深刻改变人类物质生产体系的同时，也将深刻改变人类的社会关系与社会行为。不同的国家文明体系，都必须为这一时代的到来做好充分的准备。美国人工智能报告体现了美国政府在新时代维持自身国际领先优势的战略导向。作为最大的发展中国家，中国也必须做好这种准备，提前做好战略引导和技术与社会层面的研究。

第十三章　人工智能时代的社会风险及其治理

本章提要：人类显然正在不可逆地迈入人工智能时代。人工智能在为人类提供更多的生产性和社会性服务的同时，同样深刻地改变了人类社会并形成了对人类社会的整体风险。本章认为，这种风险主要体现在十个方面，包括隐私泄露、劳动竞争、主体多元、边界模糊、能力溢出、惩罚无效、伦理冲突、暴力扩散、种群替代和文明异化。因此，人类必须高度重视人工智能可能造成的社会风险，并在全人类合作的基础上，形成有效的人工智能全球风险治理体系，以避免因国别的恶性竞争而导致人工智能的无序发展，从而对人类整体产生伤害。人类在核武器扩散控制方面的失败教训，应足以引发其在人工智能治理方面的高度警惕。整个社会要做好至少五个方面的准备：一是尽快达成人工智能技术的风险共识；二是共同推进人工智能的透明性和可解读性研究；三是构建全球人工智能科研共同体的伦理体系；四是推动各国完善人工智能的国内立法；五是加快建立全球协作治理机制。

当前人类显然正在不可逆地进入人工智能时代。在互联网、云计算、大数据、深度神经网络等一系列技术的催生下，自 2010 年起，人工智能技术以指数级的速度飞速发展，并在 2016 年发生了人工智能战胜人类围棋世界冠军的标志性事件。自 2016 年起，人工智能技术在产业和生活中的应用速度被极大加快，世界各主要大国均开始高度重视人工智能的发展，纷纷

制定了相应的发展规划和战略。❶

在人工智能越来越融入人类生活时，我们必须认真思考人工智能所带来的风险。❷ 一种观点认为，这种由技术带来的社会冲击并不是人工智能所独有的，从工业革命开始，围绕着机器与人的关系，一直都有所争论甚至冲突，但最后机器并没有威胁到人类，人类反而在机器的帮助下变得更好，因此，对人工智能的担心是没有必要的，技术本身就蕴含了对自身的治理之道。显然，这种观点过于低估了人工智能所具有的巨大潜力，并模糊了人工智能与以前所有机器的本质区别，即在人工智能出现以前，人类社会中的所有机器，都只能替代人类的体力劳动和简单脑力劳动，在复杂推理等脑力劳动方面则毫无作为。而人工智能不仅可以替代人类的体力劳动，几乎还能完全替代人类的脑力劳动。近年来进行的大量探索性研究都表明，在人类自以为傲的各种复杂场景中，特别是竞技游戏中，人工智能已经远远高于普通人类的智慧水平，而与人类中的顶级高手不相上下。

因此，人工智能是完全不同的机器，人工智能更像是作为载体的智慧体，从而具有与以往机器明显不同的特质。一个简单的类比是人类对核武器的控制。尽管人类使用武器的行为几乎与人类文明的出现同样悠久，但是在核武器出现以前，人类并未在武器的影响下而灭绝，反而极大地促进了人类文明的发展。那么，是不是就可以推断核武器也不必引起人类的担心呢？显然，这是极不负责任的观点。与之前所有的武器相比，核武器是第一种能够彻底摧毁人类本身的武器。因此，从核武器诞生的那一天起，被其巨大威力所震撼的核科学家乃至世界各国，就一直在努力禁止核武器的扩散。❸ 人类对人工智能的态度也应如此。

本章将对人工智能时代可能存在的社会风险进行探讨，我们会逐次探讨三个问题：一是人工智能都引发了哪些社会风险，二是引发人工智能治

---

❶ 何哲. 通向人工智能时代：兼论美国人工智能战略方向及对中国人工智能战略的借鉴 [J]. 电子政务，2016（12）：2-10.

❷ 何哲. 人工智能技术的社会风险与治理 [J]. 电子政务，2020（9）：2-14.

❸ 谭艳.《禁止核武器条约》：特征、目的和意义 [J]. 国际法研究，2020（3）：56-68.

理危机的关键原因，三是人类当前应该如何做好人工智能时代的治理准备。

一、人类进入人工智能社会是一个不可逆且加速的历史进程

自 20 世纪 50 年代人工智能诞生之日起，就一直有大量的研究者和艺术创作者关注人工智能所带来的威胁。从 20 世纪 50 年代阿西莫夫创作的科幻小说《我，机器人》，到 80 年代的电影《终结者》系列，直到进入 21 世纪，著名科学家霍金❶和著名企业家马斯克都在不同场合表达了对人工智能所带来的潜在风险的深深忧虑。伴随着人工智能的不断发展，越来越多的人工智能技术研究者和社会学研究者也开始关注人工智能所带来的风险。尽管如此，这些关注和担忧，都丝毫没有影响到人工智能近年来的飞速发展和应用的普及。

从技术角度看，摩尔定律自 20 世纪 60 年代被提出后，至今依然有效，远远超过了定律提出者本人和大量科学家的预测，以至于有科学家认为，其在未来的若干年内可能依然有效。❷ 计算能力的大幅度提升，为人工智能模型复杂度和推理复杂度的提高奠定了基础。一方面，集成电路的尺寸在大幅度缩小，指甲大小的芯片上能够集成 100 亿个以上的晶体管；另一方面，分布式计算方法的运用极大地增加了通过芯片的水平扩展来提高整体算力的潜力。以分布式计算为原理，通过并行计算乃至云计算的更广泛的架构，出现了动态的、几乎可以无限扩展算力的方法，由此奠定了人工智能发展的运算基础。在算法方面，基于深度神经网络的机器学习算法已经成为各种人工智能体系的核心支撑，与其他人类知识形成的逻辑判断相结合，形成了应用场景下的人机共同工作机制，从而使得计算机能够大量吸纳人类知识，大幅度提高了其进化速度。而在数字化方面，自从网络诞

---

❶ 霍金. 人工智能可能使人类灭绝 [J]. 走向世界, 2015 (1): 13.

❷ SHALF J. The Future of Computing beyond Moore's Law [J]. Philosophical Transactions of the Royal Society: Mathematical, Physical, and Engineering Sciences, 2020, 378 (2166): 20190061.

生以来，尤其是近十年间，人类社会的数字化水平大幅度提高，数字化在便于人类储存和检索的同时，也为人工智能的学习和进化提供了充分的"知识口粮"，使得人工智能以人类难以想象的速度，通过对数字化世界的汲取和学习完成进化。在这几个方面的共同作用下，人工智能技术取得了突飞猛进的发展（见图 13-1）。

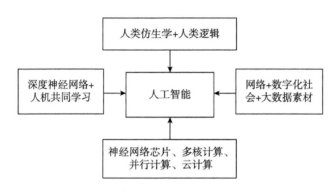

图 13-1　人工智能飞速发展的核心支撑结构

在这样的支撑结构下，可以看到，全社会在各方面的数字化成就已经为人工智能的飞速发展铺平了道路。因此，人工智能的出现，是整个人类社会近几十年来数字化转型的必然结果，而这一结果，无论其前景和风险如何，都无法被停止和扭转。

从对人工智能发展的技术估计来看，自人工智能诞生至今，就始终存在两种观点，一种是乐观派，另一种则相对保守。从乐观派的角度，例如 1955 年著名的计算机科学家和管理学家赫伯特·西蒙就预测在 10 年内，计算机就会战胜人类国际象棋冠军。❶ 实际上，这件事直到 1997 年才发生。1965 年，西蒙又预测在 20 年内，计算机就会替代人类。今天看来，这一预测也过于乐观。在 20 世纪 80 年代初，日本科学家同样做出了乐观的预测，认为在 20 年内，日本将造出和人类一样具有思维能力的计算机，也就是所谓的"第五代计算机"。然而，迄今为止，这一目标依然未能实现。1993 年，弗农·温格发表了《技术奇点的来临：如

---

❶　董俊林. H. 西蒙与国际象棋 [J]. 自然辩证法通讯, 2013, 35 (4)：94-98, 128.

何在后人类时代生存》一文，❶ 他认为 30 年之内人类就会拥有打造超人类智能的技术，不久之后人类时代将迎来终结。这一预测，目前来看则相对稳妥。而另一方面，大多数计算机科学家则较为保守，他们普遍将计算机超越人类智慧的时间定为 2050 年前后或更晚的时间。例如，未来学家库兹韦尔在《奇点临近》❷ 一书中预言，奇点将于 2045 年来临，届时人工智能将完全超越人类智能。2017 年 5 月，牛津大学对 300 多位人工智能科学家的调查回复报告显示，在 45 年内，人工智能在各领域中有50% 的机会超越人类；在 120 年内，能够实现所有人类工作的自动化。这一预测依然是较为保守的。库兹韦尔近来又预测，在 2029 年人工智能将超过人类。❸

从技术发展的角度来看，对人工智能何时超过人类的判断，很可能是标准非常模糊且具有很大变数的。如果以经典的图灵测试为标准，谷歌公司于 2018 年 5 月已经声称自己的语音程序（至少是部分）通过了图灵测试。如果以应用为标准，近年来人工智能在具体应用领域，例如自动驾驶、围棋、游戏竞技、机器翻译等中的一系列优异表现，使得越来越多的人倾向于人工智能可能会以更快的速度突破人类智慧。他们认为，在 21 世纪 20 年代之内，全球人工智能就可能达到人类的智慧水平。这就意味着人工智能在十年内就会对人类形成全面的优势。

如果进一步比较人类智慧与人工智能的区别，我们不得不承认，从计算速度到推理能力再到稳定性等所有领域，被赋予人类智慧特征、与数字计算体系充分融合的人工智能几乎都具有优势（见表 13 - 1）。

---

❶　VINGE V. The Coming Technological Singularity: How to Survive in the Post - human Era [J]. Science Fiction Criticism: An Anthology of Essential Writings, 1993: 352 - 363.

❷　库兹韦尔. 奇点临近 [M]. 李庆诚，董振华，田源，译. 北京：机械工业出版社，2011: 80.

❸　库兹韦尔. 人工智能将在 2029 年超过人类 [J]. 电子世界，2016 (7): 15.

表 13-1　人类智慧与人工智能的核心区别

项目	人类智慧	人工智能
运算能力	低运算速度，高态势感知	高运算速度，高态势感知
推理方式	模糊推理	精确推理，局势判断
存储能力	低存储容量，易失性记忆	无限存储容量，数据永久保存
交互能力	低主体交互	高速全球互联网交互
控制能力	低控制物体能力	控制一切数字设备能力
稳定性	对环境和状态高度依赖	不受环境和状态影响

第一，从运算能力而言，基于化学人类的运算速度显然远远落后于人工智能，人类的长处是能够抓住核心特征并形成快速的态势感知和判断；而人工智能是建立在可以无限扩张的并行计算和云计算基础上的，并通过神经网络和人类赋予的逻辑判断的结合，同样正在形成高态势感知能力。

第二，从推理方式而言，人类的大量推理主要是以模糊推理为主，也就是所谓的定性分析大于定量分析；而人工智能则是以精确的定量分析为基础，并通过模仿人类被赋予了定性的局势判断能力。

第三，从存储能力而言，人类记忆显然是低存储能力且具有易失性的，为了避免遗忘，人类需要反复强化记忆和复习；而建立在数字存储基础上的人工智能体系，则完全不会有遗忘和存储量不足的问题。

第四，从交互能力而言，人类主体通过语言文字进行交互的速度和准确性极低，最快的传输速度不会超过每秒 1 千字节（500 个汉字）；而人工智能每秒千兆字节的传输速度远远超过了人类的交互速度。这意味着，人类群体的少数智慧者很难将其智慧分享给整个群体；而人工智能则可以将任何一个节点的进化瞬间传输到全网络。

第五，从对客观世界的控制能力而言，人类显然需要在各种复杂工具的帮助下，并经过学习和适应才能够完成对数字物体的操作，然而，现代高速物联网的建设，即将使大部分物体都具有接受信息和改变状态的能力；而人工智能可以天然地对其进行直接控制，任何数字化设备都是人工智能的组成部分。

第六，从稳定性角度，人类的智慧状态受身体状况、情绪及外界环境的影响极大，在不同的状态下，人类可以做出完全不同的判断；然而，人工智能显然完全不受外界环境的影响，在各种极端环境下，人工智能依然可以做出准确的逻辑判断。

从以上的各种比较而言，即将突破人类智慧水平的人工智能在各个领域似乎都具有充分的优势，这使得人类社会第一次在整体上面临着关键核心优势——智慧丧失的危险。因此，人类社会必须高度重视这一历史性的改变。

二、人工智能技术引发的人类社会风险

由于人工智能是一种与传统完全不同的技术体系，因此，其势必会使人类社会产生从内而外的深刻改变并引发相应的风险。大体而言，这种社会风险包括十个方面：隐私泄露、劳动竞争、主体多元、边界模糊、能力溢出、惩罚无效、伦理冲突、暴力扩散、种群替代、文明异化。

（一）隐私泄露

隐私是指一个社会自然人所具有的不危害他人与社会的个体秘密，从范围而言，包括个人的人身、财产、名誉、经历等信息。隐私权是传统社会重要的自由权利，其保护了个体行为的自由范围，尊重了个体的自然与选择偏好差异。因此，在很大程度上，隐私权是维持传统社会个体自由的重要基石。❶

在东西方的历史中，都很早确立了对隐私权的保护制度。例如中国自古以来就确立了不能随意进入他人私宅窥探的制度；儒家从宗族保护的角度，有"亲亲相隐"的社会管理观念；法家则同样有家庭内部某些私事不予干预的制度，如《睡虎地秦墓竹简·法律答问》中"子告父母，臣妾告主，非公室告，勿听。"就西方而言，从古罗马开始就尊重私人领域和公共领域的平衡。在西方传统文化中，对个人收入、女性年龄的打探，都是

---

❶ 马特. 无隐私即无自由：现代情景下的个人隐私保护 [J]. 法学杂志，2007（5）：21–24.

极为不礼貌的行为。直到 19 世纪末,英美正式通过立法,形成了对隐私权的明确保护。❶ 至今,隐私权已经成为现代社会保障个人权利的基石。

在 20 世纪 70 年代有了现代通信制度之后,美国就开始明确立法保护电子通信中的隐私权。而在经历了互联网、大数据技术的长期演化后,隐私保护在今天依然是一个值得人们关注的重要问题。

之所以如此,是因为隐私泄露几乎已成为大数据时代的一种必然结果。由于大数据时代越来越多无所不在的监控与感知系统的存在,以及以提供更好的服务为名的对用户信息的收集,已成为一种普遍的商业现象。这使得今天的任何一个用户,在整个网络上都留下了基于其行为的庞大数字轨迹。

人工智能技术的出现,更是加剧了这种状况和危险。在隐私问题上,大数据时代只做到了机器对数据的充分采集和存储,而对个体隐私的最终分析和判定,依然需要由人工来进行。也就是说,尽管各种传感器和云存储可以精准地存储个体的各种信息,但是,对信息的提取和复杂的综合判定仍需由人来完成。这就意味着,社会对个体进行精准监控的成本很高,只能做到针对少数个体。然而,人工智能极大地降低了分析大数据的成本并提高了效率,通过人工智能,可以做到对所有个体数据的关联分析和逻辑推理。例如,在大数据时代,尽管城市里的各种摄像头精准地记录了所有数字影像信息,但是其不能将影像对应到自然人。然而,通过人工智能的特征分析,就可以将所有个体识别出来,然后通过对所有摄像头影像进行分析,就可以准确记录每一个自然人的轨迹和行动。因此,在人工智能时代,理论上所有个体的绝大多数行为都无法隐藏,无论其是否危害社会。这就产生了一个问题:在今天或者未来的时代,隐私权还是不是保障个体自由的基础?显然,答案应该是肯定的。那么,我们就要考虑如何限制人工智能在采集和分析隐私信息方面的滥用。

---

❶ 倪蕴帷. 隐私权在美国法中的理论演进与概念重构:基于情境脉络完整性理论的分析及其对中国法的启示 [J]. 政治与法律, 2019 (10): 149 – 161.

（二）劳动竞争

机器对于人的替代和与人争夺劳动岗位的问题，从工业革命以后就开始了。18 世纪的工人就开始有组织地捣毁机器，然而，这并没有阻碍机器的运用，同时并没有减少工作岗位，反而创造出大量的管理岗位和白领阶层。因此，有一种观点认为，人工智能作为一种机器，其最终也会创造大量的新岗位，而不只是对现有工作的替代。

这种观点，由于建立在历史经验的基础上，因此很有说服力，并且其作为一种有利于人工智能在生产领域的大规模运用的理论支撑，也受到了企业家们的欢迎。然而，仔细分析这种观点可以发现，其理论前提存在严重问题，即把未来的人工智能等同于以往人类社会中出现的机器。

然而，正如同我们反复强调的，今天对于人工智能的分析，绝不能盲目乐观地建立在历史经验之上。因为人工智能从根本上不只是一种替代体力劳动的机器，而是一种足以替代人类脑力劳动的智慧载体。如果我们把所有的经济活动进行分解，可以看出，所谓经济活动，就是这样的一个等式：原材料＋能源＋知识（技术、工艺、方法）＋智慧＋劳动＝产品＋服务。在这个过程中，人类既可以用计划命令的方式使得这个过程运作，也可以用资本的方式激励这个过程运作。

如果分析其中的每一个环节，可以发现，工业革命以后，主要是在原材料的获取、能源的开采和体力劳动方面，大规模使用了机械和电气设备，从而极大提高了整个社会生产力。在知识和智慧方面，则形成了庞大的专业知识分工体系（科技人员）和众多的管理岗位（白领阶层），这一部分始终无法被机器所替代。然而，人工智能的关键能力就在于对核心知识的探索，以及在管理体系中逐步具有了对人类的替代能力。今天的科学家已经逐渐应用人工智能进行科学发现，如医生利用人工智能诊断疾病；另外，人脸识别、轨迹识别、会议记录等技术已被广泛应用于管理过程。由于人工智能具有强大的学习能力和构造与逻辑上的拟人化，并不存在阻碍其融入和替代绝大多数人类岗位的自然沟壑。所以，人类大规模地退出生产性劳动将是一种历史必然。❶ 那么，一个问题就自然地显现了出来：人类社会从形成至今的产品分配体系均是以劳动为核心，那么，当出现人类大规模失业问题而物质产品却并不匮乏时，如何更公平地分配物质产品？这将是大规模劳动替代后所面临的严重问题，如果解决不好，严重的两极分化、社会不公和社会动荡必将出现。此外，劳动竞争的潜在后果还包括人类整体上逐渐失去生产能力，这对于人类种群的长期发展来说也是极为危险的。

（三）主体多元

人工智能的进一步发展，除了在生产领域得到广泛应用，势必会进一步出现在人类生活的各个角落。这就意味着从现在开始，人类将不得不开始适应人工智能在社会中的广泛存在，甚至作为一种社会主体和人类共生。

人工智能作为主体的社会化过程分为三个阶段：第一阶段，人工智能只是智能网络系统中的核心智慧模块（程序＋算力＋外设），通过广泛的互联网接入其涉及的各项工作和任务中去，这时的人工智能更像是具有高级识别与判断能力的机器助手；第二阶段，人们对人工智能生硬的外表和僵化的人机界面产生不满，为了更便于沟通和接受，人类赋予了人工智能虚拟的人类外表和人类的称呼，从而使得其在各种显示设备或者虚拟现实设备中能够以拟人的形态出现，❷ 在这一阶段，人工智能依然被屏幕或者非人类的人机界面所阻隔；第三阶段，人工智能将与各种仿生学技术相结合，最终以人类的形态出现，进入人类社会中，这时候，人工智能将可以完成人类的绝大多数社会行为。

当前，人类正处于从第二阶段的中后期向第三阶段飞速接近的时期。从技术的发展趋势来看，似乎没有什么因素能阻碍人工智能以人类的形态

❶ 何哲. 人工智能时代的人类社会经济价值与分配体系初探 [J]. 南京社会科学，2018（11）：55－62.

❷ 吴珍发，赵皇进，郑国磊. 人机任务仿真中虚拟人行为建模及仿真实现 [J]. 图学学报，2019（2）：410－415.

出现；而从人工智能技术的开发历史来看，东西方都对人形机器的产生抱有强烈的期待。《列子·汤问》中记载的人偶和达·芬奇在16世纪设计的机器人，都显示了人类对这一创造的好奇和期待。然而，这并不意味着人类真正对主体的多元化做好了准备。240多年前，瑞士钟表匠雅奎特·德罗兹在欧洲宫廷展示其设计的可以写字和弹琴的人形机器人时，曾引起了极大的恐慌，被斥为巫术。今天的人类是不是也会如此，将是一个问题。

可以肯定的是，拟人态机器人显然能够给人类带来更大的方便，无论是在生产还是生活方面，它们都可能是人类更好的朋友、伙伴、家政服务员，甚至是良好的生活伴侣和家庭成员。然而，这显然也将极大地挑战人类社会长期存在的生物学基础和伦理体系，机器人的权利和义务，以及管制机器人的体系，都将是重大的社会问题和制度挑战。

（四）边界模糊

人类社会自形成以来就是一个典型的、具有明显内部边界的社会。传统社会是建立在地域、族群、血缘、知识、能力等基础上的分工体系。工业革命尽管建立了更大范围内的生产和交换体系，然而并没有削弱这种内部边界的分工，反而强化了这种分工，从而最大化了各个领域的效率和能力。❶ 然而，自人类进入网络时代以来，这种内部分工鲜明的社会格局开始逐渐被打破。网络首先淡化了地域分工，随后通过知识的扩散淡化了专业分工，社会价值的传播又使得人们根据价值观念重新聚合，而不再只是以血缘、地域或者族群为基础。而人工智能的出现，则进一步打破了传统的社会分工体系，模糊了社会的内部边界。

人类社会之所以形成了长期的内部分工体系，一方面是因为自然条件的约束和阻隔，另一方面是由于人类的学习能力较差。尽管人类具有远超于其他生物的学习能力和组织能力，然而与人工智能相比，人类的学习速度显然太慢了。人工智能所拥有的高运算能力、高信息检索能力、高进化

---

❶ 于琳，丁社教. 马克思与涂尔干社会分工思想谱系的异同与会通 [J]. 江西社会科学，2020（2）：48－55.

性，使得其远远超过了人类的学习能力。一名顶级的围棋选手需要毕生地学习，而人工智能只需要三天的自我博弈就可以战胜人类对手了。这种极为强大的学习能力产生了三个明显的后果。

第一，加强了机器生产多样化产品的能力，淡化了生产体系的专业边界。自工业革命以来，生产领域的专业化在极大地提高了效率的同时，也造成了机器的专业性，也就是一种机器被专门设计完成某个特殊工序，而很难进行切换。近年来，随着快速制造、柔性制造、数控机床等技术的发展，提升了机器的柔性转换能力。❶ 伴随着人工智能在生产领域的不断深入，人工智能的多样化与柔性制造相结合，最终将模糊和淡化机器之间的严格分工边界。生产一种产品的机器在需要的时候可以智能地转换为生产另一种产品，这同样意味着整个智能生产体系将打破基于产品的分工边界。

第二，加强了人类的学习能力，从而淡化了人与人之间的社会专业分工边界。在人工智能的辅助下，人类在进入新的领域时，不再需要漫长的训练，而只需要监督人工智能工作就可以了。那么，这就消除了人类必须通过长期训练才能胜任某项工作的必要性，人类在人工智能的辅助下逐渐成为多能者，社会分工的必要性就会降低。

第三，最终会模糊人与机器之间的界限。人作为主体而机器作为客体的严格界限，最终将被作为智慧载体的人工智能所打破。目前正在开发的包括机器与人类神经直接连接的技术（如脑联网），都将模糊人与机器之间的界限。

当机器与机器、人与人、人与机器之间的界限逐渐变得模糊时，从好的方面看，这意味着更大的社会灵活性和适应性，然而，这同样意味着基于分工形成的传统社会结构将逐渐瓦解。

（五）能力溢出

人类长期以来都面临着（人和机器）能力不足的问题，传统社会一直

---

❶ 潘卫军. 现代柔性制造技术及其发展 [J]. 装备制造技术，2007 (12)：89-92.

是一个能力稀缺的社会，因此，人类始终都致力于增强人类自身和机器的能力。然而，近年来，随着信息技术的快速发展，人类逐渐遇到了机器能力超出或者冗余的问题。例如，在大量的计算机辅助工作，如文档处理、文字与视频交互、网页浏览、工业控制等方面，人们远没有用到今天动辄百亿晶体管芯片的全部能力，甚至十余年前发明的芯片也足以满足大部分工作场景的要求。这就引发了能力超出的问题。

在人工智能时代，这种能力超出将表现得更为明显。人工智能是一个基于复杂的硬件、算法、网络、数据的堆叠体系，在强大的算力增长和网络技术等的推动下，人工智能的能力将飞快地超越人类的预想。

这种普遍的能力超出，将会带来以下影响：一是可能会造成较为严重的浪费；二是有可能形成计算能力的普遍化，也就是学术上所说的"普适计算"；三是可能对人工智能的安全控制造成不利影响。基于智能设备的普遍连接和分布式运算形成的分布式智能体系，将比集中式的人工智能体系更加难以理解、预料和监控，这显然会对人类社会产生较为严重的安全威胁。以最常见的拥堵式网络攻击（分布式拒绝服务攻击，DDOS）为例，大量的冗余计算能力为攻击者提供了足够的分布式算力。而人工智能的普遍分布化，也会极大地模糊人工智能的边界和进化形态。

（六）惩罚无效

当人工智能普遍进入人类社会后，将会造成传统治理体系惩罚无效的重大隐患。从治理逻辑而言，人类社会的治理遵循着三个原则：一是道德原则，即社会确立什么是对、什么是错的道德规范，从而在人类的内心深处引导其行为；二是奖励原则，即通过物质、荣誉、身份等各种渠道，对好的行为进行奖励；三是惩罚原则，即对负面的行为进行惩罚和纠正。目前，人类社会的法律体系是以惩罚原则为主要表现形式，道德原则和奖励原则则通过宗教、教育、经济、政治等其他系统来实现。

当人工智能特别是人形机器人进入人类社会后，直接的结果就是原有人类行为治理体系的失效，尤其是惩罚系统的失效。由于人工智能的个体属性界定不明，与人类的生理系统完全不同，与人类的心理系统也不一致，人类社会基于经济惩罚和人身自由限制的惩罚体系究竟有多大作用，将很难估计。目前的一些法律研究者认为，不应该赋予人工智能独立的法律主体地位，而应该追溯到人工智能的拥有者，或按照监护人的方式来惩罚人工智能的设计者或者拥有者。❶ 然而，这种观点忽略了或没有认识到人工智能可能具有独立的判断力和个体意志的极大可能性。

在人工智能时代早期，惩罚体系的失效问题可能尚不明显，一旦人工智能被大规模应用后，其将导致严重的社会风险。一些自然人可能会利用人工智能去从事违法行为以逃避或者减轻惩罚，而更大的可能则是人工智能在做出伤害人类的行为后，得不到惩罚或者惩罚并没有实质意义，例如对人工智能体的回收，并没有纠正或者惩罚的意义。因此，必须从现在开始，就要针对这些问题进行仔细研究。

（七）伦理冲突

人工智能大规模进入社会显然会引发一系列严重的伦理和价值问题：大到人工智能会不会伤害人类，再到人工智能是否能够管理人类，小到人工智能是否具有和人类一样的权利，例如自由权、人格权、休息权、获取报酬权、继承权等。❷ 这些问题都直接关系到人工智能与人类的基本关系，以及人工智能能够带给人类什么。

如果人类发明和改善人工智能只是一种完全的占有或将其视为附庸，令其可以无条件地为人类提供服务，那么，人工智能就是完全的机器属性，但这显然与人工智能越来越成为高等智慧的载体的属性相违背。而如果尊重并赋予人工智能特别是具有人类外观的机器人与人类一样的权利，人工智能显然不会完全按照人类的意愿行事，那么，人类为什么要创造出与自己具有一样的自由意志和权利，又在各方面显然优于人类的新种群呢？这是一个当今需要人类深思的问题。

有人可能认为这种担心没有必要，然而，从近代以来对动物权的立法

❶ 刘洪华. 论人工智能的法律地位 [J]. 政治与法律，2019（1）：11-21.
❷ 杨庆峰. 从人工智能难题反思 AI 伦理原则 [J]. 哲学分析，2020，11（2）：137-150，199.

保护历程来看，动物从原先严格意义上的人类的附庸逐渐转变为拥有越来越多的权利，例如休息权、不被虐杀权，❶ 在德国和意大利，法律甚至规定宠物拥有主人的财产继承权。这意味着，各种物种之间的平等权利将是人类社会的一种基本发展趋势。长久地将拥有高度智慧并且与人类共同生存的种群置于人类的严格约束下，无论是在伦理还是在可行性上都很难做到。因此，人类将如何面对人工智能，特别是人形的人工智能？我们应该在什么阶段赋予人工智能怎样的权利？这些都是从现在起就必须严肃对待的问题。

（八）暴力扩散

人类的历史经验表明，技术的发展必然会优先用于暴力，或者说，暴力反过来是促进技术进步的主要发动机之一（另外两个是生产和娱乐）。例如，机械和能源方面的进步极大地提高了战争的规模与惨烈程度，而计算机最早也是用于军事上的密码破译和弹道计算。因此，面对技术的进步，必须警惕其所引发的在社会暴力领域的变革。

人工智能在暴力领域的应用，已经成为一种事实而不仅仅是推测。从20世纪80年代起，基于自动控制和远程遥控的无人机等已经应用于发达国家军队。而目前，主要发达国家都在进行人工智能的军事化研发，美军把人工智能化作为军队变革的核心方向。❷ 战斗机、坦克等直接攻击武器和运输辅助性武器都在进行人工智能化研究。

人工智能的暴力影响，不只是在国家层面的军事领域，在其他各种领域都将产生作用。例如，执法部门利用人工智能进行执法，恐怖分子则利用人工智能进行恐怖活动，在网络虚拟领域，黑客可以利用人工智能操控大量网络节点进行自主攻击。因此，人工智能虽然可能会通过加强公共权力的暴力而改善公共安全，但还可能造成暴力的滥用而危害公共安全。

---

❶ 张敏，严火其. 从动物福利、动物权利到动物关怀：美国动物福利观念的演变研究 [J]. 自然辩证法研究，2018，34（9）：63-68.

❷ 武晓龙，夏良斌，刘峰. 美国人工智能军事化研究和进展分析 [J]. 飞航导弹，2020（4）：10-15，21.

总体而言，由于对人工智能技术的模仿在开源体系的帮助下，远较其他大规模杀伤性武器更为容易，因此，基于人工智能武器化造成的恐怖与犯罪在未来可能会变得更加泛滥，而主要发达国家通过赋予人工智能杀伤权，也会违背机器不能伤害人的伦理底线，从而使得未来的人工智能技术变得更具风险。

（九）种群替代

由于人工智能是一种在各方面都与人类迥异，但又更具有优势的智慧载体，人类整体将面临种群替代的风险，这种种群替代的过程是渐进的。起初，人工智能与人类相互融合、亲密无间，由于人工智能在早期既不具有严格的权利保护，又没有独立意识，并且大量功能是为人类专属设计的，因此，人工智能可能会是好工具、好助手、好朋友、好伴侣。然而，随着人工智能的大量应用和广泛连接，其复杂度越来越接近甚至超过人类，人工智能不再只是为人类服务的工具，而是会逐渐演化出个体的自我认知和权利意识，而人工智能对人类就业的大量替代和人工智能广泛参与社会暴力，也会加剧人与人工智能之间的紧张关系，人工智能就会进一步形成对人类的替代压力。❶

人类最后的底线不只体现在从经济和管理上避免过度依赖人工智能，也体现在生育过程的纯粹性，也就是种群代际传递的纯粹性。然而，近年来生物技术的发展，逐渐打开了生命本身的神秘大门，人类开始能够通过人工手段帮助生育甚至编辑婴儿。❷ 一旦人类习得这份技能，人工智能也将具有类似的能力。这就意味着，不但人类能够创造人工智能，反过来人工智能也能够通过基因编辑创造人类。双方在相互创造关系上的对等，意味着人类作为单一智慧种群特殊地位的消失。那么，人类到底在哪些领域是人工智能所不能替代的？在这个问题的回答上，伴随着人工智能的发展，人类已经很难像以往那样自信了。

---

❶ 何哲. 人工智能时代的人类安全体系构建初探 [J]. 电子政务, 2018 (7)：74-89.
❷ 陆群峰. 人类基因编辑的伦理问题探析 [J]. 自然辩证法研究, 2020, 36 (1)：68-73.

（十）文明异化

文明到底是什么？人到底应该如何定义？人的最终归宿是什么？这些问题自从被古希腊哲学家提出后，就一直萦绕在人类心头。如果把文明定义为智慧的表现形态和能够达到的高度，那么，文明的形态显然具有多种可能。尽管至今人类尚未有足够的证据证明存在外星文明，但是从人工智能的发展来看，显然提供了一种新的智慧载体和表现的文明形态。

在这样的转型时期，人类是坚守狭义人类文明的界限，还是扩展对文明的定义和形态的认识？这是当今人类必须面对的问题。如果承认文明具有多种形态，则意味着人类文明可能不是最优形态。显然，这对于人类整体将是难以接受的。人类可能会经历一个较长时间的过渡和权利斗争阶段，如对 AI 增强型人类、基因改造人类和人形 AI 有一个逐渐接受的过程，并最终接受文明的广义形态。"我思故我在"，可能最终是文明的基本标准。

三、人工智能治理的障碍与困境

在今天文明转型的重大历史时刻，人类应该团结起来对人工智能的治理做好准备，然而这一领域至今为止还存在诸多障碍。

（一）对人工智能的风险认识不充分，过度自信

由于人工智能的飞速发展，真正能够认识到人工智能整体风险的，往往是少数的科学家、企业家、政治家。而大量的社会个体，要么还没有足够的信息被告知其风险，要么是对人工智能整体的发展盲目乐观，过度自信。的确，人类从未真正创造出和人一样甚至超过人的机器，因此，绝大多数人并不认为人工智能有一天会真的反过来超越人类文明。

另外一种过于乐观的看法则认为，技术本身孕育着技术的解决方案，因此，伴随着人工智能的发展，在今天看来难以治理的困境，在未来可能自然而然就解决了。这种观点本质上是对人类文明抱有乐观的态度，从而对人工智能采取了自由放任的态度。然而，文明发展的"大筛选"理论可

能意味着不是所有的文明最终都会有良好的进化结局。因此，不能够用一种纯粹试一试的态度来面对未来显然存在的不确定性风险。

（二）人工智能发展的透明性和可解读性不足

从技术本身的角度来看，对人类而言，人工智能最大的治理困难在于其本身的复杂性远超过传统的程序。基于复杂神经网络进化策略而不是传统层级逻辑实现的方法，意味着人工智能更多地是进化而不是设计出来的。而今天动辄数百万节点甚至亿级别以上的人工智能系统则意味着人类能够实现人工智能，但人类并未真正理解人工智能。这就是人类面对人工智能时的悖论，我们并不真正理解人工智能（当然，准确地讲，人类自己也没有真正理解人类智慧❶）。

这种透明性的不足，导致人类无论是对于人工智能的智慧进化水平，还是对于多人工智能的相互连接机制，以及对于人工智能对人类的态度的了解，都处于模糊的状态。这种模糊性导致了制定针对性的治理策略变得十分困难。过早的政策制约显然会阻碍人类的技术发展，而过迟的应对则将使人类陷入危险境地。

（三）技术研发和应用的盲目竞争

近年来人工智能的飞速发展，其背后的核心驱动是科技领域的激烈竞争。这种竞争的直接表现是人工智能相关企业之间的密集竞争。各领域的龙头企业都看准了向人工智能转型将是保证未来竞争力的核心要素，而人工智能研发的头部企业更将其看作整个科技研发的制高点。在这样的密集竞争下，人工智能的研发便走上了一条无路可退的快车道。

从应用的角度看，近年来发达国家各行业人力成本及全球劳动保护和福利水平在不断提高，而发展中国家人力供给又远跟不上，全球制造业利润已经越来越微薄。因此，通过人工智能大幅度降低企业成本，显然可以

---

❶ ZERILLI J, KNOTT A, MACLAURIN J, et al. Transparency in Algorithmic and Human Decision-making: Is there a Double Standard? [J]. Philosophy & Technology, 2019 (4): 661–683.

极大地提高企业的产品竞争力和增加利润。● 在这样的驱动下，企业也有不顾一切，尽可能发展人工智能的动机。

（四）开源体系的知识无序扩散

人工智能近年来在世界各国的飞速发展，还与近几十年来全球 IT 领域的开源运动相关。从 20 世纪 80 年代开始，以 Linux 操作系统为代表，全球 IT 领域掀起了以免费、共享、参与为目的的开源运动，伴随着互联网的进一步深入，开源运动已经成为当前 IT 领域最重要的驱动力量，从操作系统到硬件设计的所有领域，都可以找到开源的解决方案。这就为人工智能技术的扩散提供了极大便利。

人工智能技术看似高深，实际上其原理并不复杂。凭借开源运动，任何国家与企业的个体，都可以通过下载已有的开源人工智能代码并略做修改，来开发自己的人工智能应用。因此，"不造轮子"而直接"造车子"，成了当今人工智能发展的主流模式，这在促进技术传播的同时，也增加了技术风险的扩散。例如，恐怖主义分子可以很容易地通过下载无人机的操控程序及人脸识别和攻击代码，从而组装攻击性无人机。其他的类似隐私搜集、网络攻击等则更加容易实现。

（五）研究共同体的科研自组织伦理的不足

科研伦理是科研共同体自律和控制技术风险的第一环节。然而，由于科研伦理本身是一个自我约束性道德体系，而缺乏法律的强制性。因此，在面对涉及人类发展的重大科技突破时，自组织伦理往往会远落后于技术发展，从而将失去约束力。

就目前人工智能研发的伦理体系而言，从 20 世纪 80 年代开始，陆续就有一些国家的人工智能研发机构制定了相应的人工智能开发原则，● 其基本的原则就是不能研发伤害人类的人工智能。显然，科研界对人工智能的风险是有一定程度的预估的。然而，当这种科研约束体系面临巨大的经

● 胡俊，杜传忠. 人工智能推动产业转型升级的机制、路径及对策 [J]. 经济纵横，2020（3）：94 – 101.
● 杜严勇. 机器人伦理研究论纲 [J]. 科学技术哲学研究，2018 (4)：106 – 111.

济、商业和战略上的利益时，就会变得无所约束。

（六）国家间的战略竞争——人工智能应用，特别是军事化应用的巨大潜力

人工智能治理所面临的最大障碍，在于国家与国家之间围绕人工智能形成的国家竞争。从目前全球各主要国家发布的政策来看，世界主要大国无一不将人工智能视为未来主要的国家竞争优势。因此，主要大国无一不尽全力发展人工智能，并保持对主要战略对手的优势。

当前人工智能所展示出的高效率、高可靠性、低人力成本等优势，在改善一个国家的经济、管理、科技和军事等方面，已显示出巨大的潜力。特别是人工智能在军事领域的应用，将极大地增强一个国家的军事能力并减少伤亡，从而将形成巨大的常规武器优势。因此，尽管世界各国都认识到人工智能可能具有高度的风险，❶ 并且也发生过主要承包企业科学家提出抗议并退出项目的事情，但仍旧无法阻止各国全力发展人工智能的军事化应用。

因此，当前人工智能发展的态势，十分类似于人类经历过的对核武器的控制态势。尽管当第一颗原子弹爆炸之后，核科学家就一致发起请愿——永远不将核武器运用在实战领域并保持对核武器的控制，然而，世界主要国家还是在尽全力发展核武器。直到今天，全球核武器仍然没有被严格控制，潜在与事实上的拥核国家数量已经达到了两位数。这显示出人类对于核武器扩散的控制实际上是失败的。其根本原因在于复杂的国际环境和全球缺乏一致的协调，致使一些人认为国家竞争优势大于全人类的安全。❷ 然而，在面对人工智能时，人类将面临更为复杂的环境。因为在表象上，人工智能比核武器更加缺乏破坏性、更加安全，并且更加容易复制，对于国家优势增加得更为明显。因此，全球竞争毫无疑问地增加了人

---

❶ 黎辉辉. 自主武器系统是合法的武器吗？——以国际人道法为视角 [J]. 研究生法学，2014（6）：125－132.

❷ 王政达. 美国对国际核秩序的侵蚀与弱化 [J]. 国际安全研究，2018，36（2）：132－155，160.

工智能的过度进化和扩散风险。

四、尽快完善人工智能全球治理架构

从当前的趋势来看，人工智能的持续发展已经是一个完全不可逆的过程，考虑到人工智能所具有的潜在高风险，全人类必须高度重视，尽快推动人工智能全球治理体系的构建（见图 13 - 2）。

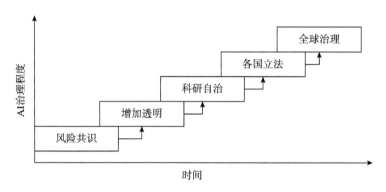

图 13 - 2　人工智能全球治理体系

（一）尽快达成人工智能技术的风险共识

在当今社会的各个领域，特别是在政治、商业和科学领域，其领导者要充分认识到人工智能所具有的潜在风险。这种对人工智能风险的认识，决定着社会精英在制定相应政策时所采取的态度。

推动对人工智能风险达成共识，既需要社会广泛的宣传、探讨和沟通，也需要唤醒全人类共同的责任意识。在这一过程中，要避免人工智能技术被政治竞争和资本竞争所绑架，从而陷入盲目发展的境地并导致不可挽回的后果。整个知识界首先要高度警醒，尽力推动对人工智能的安全风险教育和警示，这不仅需要人工智能专家的自我觉醒，也需要其他领域，特别是社会学科知识精英的高度敏感性，从而竭尽全力将技术的发展纳入有序的轨道。

（二）共同推进人工智能的透明性和可解读性研究

人工智能系统构建和训练的便捷性，使得人们忽视了对人工智能透明性和可解读性的重视，从而造成了风险的增加。然而，这并不意味着人工智能完全不具有透明性和可解读性。将所有的功能完全交给复杂网络自我进化，以实现人们预期的功能，是造成人工智能透明性和可解读性下降的重要原因。因此，在人工智能设计上，要避免以复杂的堆叠为唯一思路，从逻辑主义到连接主义的混合策略，将是改善透明性和可解读性的重要方式。

此外，不仅技术本身应是透明的和可解读的，研发机构对于公众和政府也应该是透明的。人工智能研发机构要定期向公众和监管机构报告其研发进程，从而使得社会多方面参与到人工智能发展进程的监控中。

（三）构建全球人工智能科研共同体的伦理体系

伦理虽然不是法律，但它是制约个体行为的重要依据。当前，应该尽快通过全世界的科研体系建设和沟通，形成全球人工智能科研共同体的伦理体系。这包括对人工智能武器化的谴责、对人工智能与人体结合的谨慎（例如脑接口）、对人形机器人开发的约束等。

在科研伦理的设置上，不能延续以往"法无禁止皆可为"的自由主义准则。因为，今天的科技发展已经接近足以颠覆人类社会的边缘。人类的前途和命运更多地取决于科学家的研究成果，而不是政治家或者企业家的意志，因此，整个科研共同体应该更为谨慎。具有半强制性的全球人工智能科研伦理委员会的建立，应该成为世界各国科研共同体当前所面临的、共同的迫切任务，以通过这一委员会来控制相关研发成果不超过基本的伦理边界。当然，这种全球协作机制应该避免国家意志的操控以及成为国际政治角逐的工具。

（四）推动各国完善人工智能的国内立法

伦理体系属于科研共同体的自我治理，反映的是科研精英的群体认知。而法律则不同，它反映的是大众意志和国家意志，因此，法律是捍卫社会利益的最后底线。从人工智能的研究而言，其绝不能仅是相关 IT 研究人员的自我协作和监督，由于人工智能研究的重大历史和社会意义，必须将其纳入全社会共同的关注和国家监管之下。

从各国立法而言，在政府大力推动人工智能发展的同时，世界各主要国家的立法机构都对人工智能的治理进行了相应的立法准备。例如美国两院于 2017 年年底提出《人工智能未来法案》，欧盟自 2018 年起就动议对人工智能进行立法。然而，由于当前人工智能发展速度过快，外界对其进展知之不深，并且其还未产生重大的危害性事故，因此，其约束性立法还未明确形成。从全球各国的立法来看，各国面临着互相观望且国内存在多方面博弈的局面。由于单方面的自我立法设限，会有损于国家竞争优势的构建，所以，从国内立法的角度，我们只能寄希望于在若干重大原则性问题上进行规制。

（五）加快建立全球协作治理机制

作为当前人类所共同面临的两大具有风险的核心技术之一的人工智能技术（另一个是基因编辑技术）的有效治理，人类必须构建共同的合作治理机制，以面对共同的技术风险。否则，由于人工智能技术的高流动性和扩散性，人工智能研发企业很容易从监管更严的区域迁移到没有监管的国家，从而规避管制。

而从治理的目的而言，全球合作至少应达到以下目的：一是阻止人工智能在军事领域的滥用；二是对人工智能进入人类社会进行监测与评估，防止人工智能对人类进行过度的改造；三是评估人工智能的进化进程，从而做好人类的安全防范。

然而，从现实角度来看，在构建防止过度开发与滥用人工智能的机制上，各国都面临一个复杂的、多方囚徒困境的局面，即如果对方遵守协议而自己优先发展，就可以获得更大的国家竞争优势。在这种情况下，全球合作治理显然是困难的，但这并不意味着其无法实现。当全球越来越多的精英和大众认识到人工智能可能带来的巨大风险时，势必会促使全球形成对人工智能共同的管制策略。这一机制由于其重要性，应该在联合国安理会主导下建立，而不是像目前这样由一些科研机构或者少数国家自发形成。在这一过程中，发达国家应更具人类责任心，由其率先推动这一机制的实现。

五、本章小结

从人工智能的特征和发展来说，人工智能技术在具有高价值的同时，对人类也具有巨大的潜在风险，这些风险按其危害程度从低到高包括隐私泄露、劳动竞争、主体多元、边界模糊、能力溢出、惩罚无效、伦理冲突、暴力扩散、种群替代和文明异化，应足以引发人类对人工智能发展的高度警惕。从整个社会而言，要做好至少五个方面的准备：一是尽快达成人工智能技术的风险共识；二是共同推进人工智能的透明性和可解读性研究；三是构建全球人工智能科研共同体的伦理体系；四是推动各国完善人工智能的国内立法；五是加快建立全球协作治理机制。

第十四章　人工智能时代的
人类安全体系构建

本章提要： 人类在迈向人工智能时代的同时，对人工智能所带来的人类根本性生存危机的忧虑也与日俱增。这种忧虑既来自人工智能所具有的强大能力和展现出的巨大潜力，也在于人类在自我演化过程中的强烈排他性行为所带来的思维习惯。本章认为，人工智能在展现出巨大潜力的同时，势必要对传统单一的人类中心主义产生颠覆性的冲击。但是，人工智能必然会推动人类文明进入从传统的基于生物体系到多样体系的新阶段。对于人类而言，无论是出于对人类本身的保护，还是对文明体系多样性的维护，人类安全体系的构建都是一项必要的防御性措施。这种措施，在促使人类更好地与人工智能融合的同时，也有益于消除人类的思想顾虑，同时能够促使形成人工智能演化的技术边界。而从人类安全体系构建而言，要从物种纯粹性、经济社会可持续性、权力主导性、知识传承性等角度，共同构建一个规模适度的被动安全体系——人类社会的最小"安全岛"。

　　人工智能起源于人类早期对设计人形/自主机器的梦想。20世纪四五十年代，现代的人工智能雏形伴随着电子计算机的发明逐渐形成，进入21世纪后，得益于网络、大数据技术应用的不断推动和人类计算能力的不断增强，人工智能呈现出爆炸式的发展态势，几乎每天，人工智能都会带给人类惊喜或惊讶。如今，人工智能已经在自动驾驶、电子游戏竞技、棋类比赛、智力测试、人工考试、自动翻译等领域逐渐达到甚至远远超越了人类的水平，并展现出了巨大的未来潜力。目前的人工智能，仅仅属于弱人工智能或者狭义人工智能，尚且不属于通用人工智能或者强人工智能乃至超人工智能。❶ 因此，人类越来越担心的一个问题是，人类或许正在创造一种难以理解/控制的潜力巨大的新物种，从而对人类自身形成强大的威胁，甚至统治人类本身。❷

这种担心自 20 世纪 50 年代人工智能发展初期就一直存在，在大量的科幻作品中也都有涉及。进入 21 世纪后，人工智能的飞速发展在促使人类适应新技术的同时，也越来越加剧了人类的担忧。刚刚去世的著名科学家霍金就曾经多次警示人类，他认为，人工智能有可能结束人类文明。著名科技企业家马斯克也持同样的观点，他认为人工智能从替代就业、发送假消息乃至制造战争等角度，都将极大威胁人类的生存。因此，霍金与马斯克等科学家、企业家联名发出公开信，要求人类高度警惕人工智能。

当然，这种人工智能威胁论，只是关于人工智能的一种观点，而对人工智能的发展抱着极为乐观态度的，依然大有人在。但无论如何，对于一种新的智慧形态的出现抱有警惕性的思考并不是一件坏事，这既有利于人类构建更为安全和谐的人工智能体系，❸ 也可以使人们在思考人工智能的体系与未来时，预先建立起基本的伦理规范。

本章就将从这一思路出发，依次探讨三个层面的问题：首先，人类为什么担忧人工智能，隐藏在这种心理之下的到底是什么；其次，人工智能将会如何影响或者威胁人类；最后，人类应该构建一个怎样的安全体系来保护自身，以及其核心要素有哪些。

一、人类为什么担忧人工智能

简要来说，人类担忧人工智能有三方面的原因：一是人工智能本身所

---

❶ WIEDERMANN J. Is There Something Beyond AI? Frequently Emerging, but Seldom Answered Questions about Artificial Super-Intelligence [C] //Beyond AI: Artificial Dreams, 2012: 76 - 86.

❷ 何哲. 人工智能技术的社会风险与治理 [J]. 电子政务, 2020 (9): 2 - 14.

❸ 何哲. 人工智能时代的人类安全体系构建初探 [J]. 电子政务, 2018 (7): 74 - 89.

具有的巨大能力及其将在未来展现出的更为巨大的能力与潜力；二是人类在进化历史中形成的排他性意识与行为，在思维深处形成了根深蒂固的自我认同体系，由此产生了对一切非人类种群的巨大排斥与恐惧；三是人类自我历史与意识中的背叛恐惧。

（一）人工智能所具有的巨大能力与潜力

人工智能并不是从一开始就如同今天一样，具有巨大的能力与多样性。在电子计算机诞生的早期，虽然其展现出远高于人类的计算能力，如最早的电子计算机可以每秒计算 5000 次加法，然而人们对其未来并没有过高的估计。早期的计算机体积庞大、耗能巨大，而能够做的工作则极其单一，只有军方、政府、少数大公司才会使用。然而，伴随着电子技术的不断发展，计算机以指数级的速度（摩尔定律）提高了其性能、通用性与市场占有率。直至今天，发达国家中的每个个体在生活中都会接触到几个乃至几十个镶嵌有各种计算机的设备。到目前为止，已经生效了四十余年的摩尔定律依然在起作用，它加速了计算能力的增长。

人工智能的发展历程也是同样的。尽管在 20 世纪 50 年代，图灵就提出了图灵测试，在当时就出现了一大批人工智能的新进展，如人工智能语言和最早的问题分析机的出现。但是，那时人工智能所依赖的依然是简单的符号逻辑分析和相对低下的运算能力。❶ 形式化的算法，成为那时人工智能的核心。而无论是在复杂问题还是简单问题面前，人工智能所能提供的决策判断和自主行为能力，都是极为弱小的。早期的人工智能只是在一些简单的电子游戏或者工业控制领域发挥着作用，其本质是相对简单的逻辑规则，从而能够根据外部条件的变化设计规则进行响应。然而，1994年，人类设计的跳棋程序第一次战胜了人类跳棋世界冠军；此后，人类用穷尽式的枚举算法，计算出跳棋所有的 5 万亿亿种走法，最终建立了永远不可能输的跳棋程序"奇努克"。但是，相同的方法在拓展到其他领域时，

---

❶ MCCARTHY J. Artificial Intelligence, Logic and Formalizing Common Sense [J]. Philosophical Logic & Artificial Intelligence, 1990: 161 – 190.

却显示出了严重的不足。国际象棋的复杂度高达 10^{46}，而围棋的复杂度则高达 10^{170}，这种巨大的运算量，远远超过了计算机能够穷尽的可能。然而，人工智能很快就超越了传统逻辑主义的限制，通过巨大的联结和启发式算法及自主的机器学习，实现了自身智能的演化。1997 年，IBM 深蓝计算机战胜了国际象棋冠军卡斯帕罗夫；2016 年，谷歌公司的阿尔法狗战胜了世界围棋冠军李世石。这些都标志着人工智能在计算能力与算法上的巨大进步。几乎与此同时，在机器翻译、自动驾驶、自动控制、语义分析与回答，乃至更为广泛的知识测试、标准化考试等领域，人工智能都达到了很高的水平，甚至远远超过了人类的平均水平。包括中国、美国在内的多个国家，都已经在制度上允许自动驾驶的开放道路测试，而对于其他领域的智能应用，如智能家电、自动物流、生活助手、客户服务等，人工智能也都正在全面地介入人类生活之中。甚至在军事领域，人工智能也都进入其中，如广泛发展的攻击性无人机等。也就是说，无论是在民用、军用，还是在科学研究、工业生产等领域，人工智能都已经全面介入人类社会之中。可以说，人类社会正处于不断扩大人工智能应用和不断被人工智能"包围"的历史进程中。

而从发展趋势来看，尽管人工智能已经取得了如此大的成绩，在具体领域已经远远超越了人类的水平，但是这种进化速度并没有呈现出缓和的趋势。相反，随着计算机技术的不断发展，以往加速人类计算能力增长的摩尔定律在未来依然有效，而在人工智能领域则同样呈现出类似的指数趋势。

根据摩尔定律，人类的计算能力每 18 个月会提高一倍，成本会下降一半，这种速度在过去有电子计算机以来的 60 多年里都有效地发挥了作用。而伴随着算法的不断优化，人工智能的进化速度比摩尔定律提出的进化速度还要快。尽管基于硅晶体管工艺能力的极限，单位面积的集成晶体管数量可能会有极限，但是伴随着新的多核架构和网络计算等新型计算体系的出现，以及量子计算机、光子计算机、生物计算机等新的硬件机制的发展，加之人工智能算法自我进化的趋势，整体而言，可以预见的是，人工智能的能力依然会按照指数级的增长速度不断加速增强。

根据人工智能的能力，一般而言，将其发展阶段划分为弱人工智能、强人工智能及超人工智能。在弱人工智能阶段，人工智能不具备强大的自主学习能力，必须在人的帮助下完成学习和工作，因此，人类尚且安全。在强人工智能阶段，人工智能将具备和人类一样的思辨与通用学习能力，即具备了挑战人类的智慧能力。目前，对强人工智能出现的时间预测很不确定，最乐观的观点认为在 2020 年前后，保守的则认为在 2050 年前后。❶强人工智能出现后，由于指数进化的趋势和人类大量的数字化信息资料的帮助，人工智能会很快进化到超人工智能阶段，即远远超过人类总体智慧的人工智能阶段。在这一阶段，由于吸纳了人类所有的数字化信息与知识，加之自身的智慧进化速度，人工智能将远远超过人类的智力水平，具有高度的思辨能力、适应能力与信息处理能力。而有研究者认为，这一阶段可能会在 2060 年前后到来。

纵览人工智能过去的发展历史及未来发展趋势，可以看到，人工智能经过长期的缓慢发展，在指数规律的作用下，经历过缓慢的爬升期后，正在迅速地自我提升，并且其未来的潜力依然是不可限量的。当今，弱人工智能已经具有巨大的适应性与丰富的场景应用，甚至应用在了人类内部的血腥冲突之中，接下来人工智能会产生怎样巨大的潜力，这点不得不让人类本身产生深深的忧虑。

（二）人类在进化历史中形成的排他性意识与行为

人类到底是一种怎样的生物？对此在不同的层面上有不同的解答，比如暴力、智慧、秩序、文明、善良等。但是，如果跳出单一的人类本身视角，而从历史的演化来看，则不得不承认，人类是一种具有高度组织性和排他性暴力行为的、凶猛的大型生物。

一部人类的进化历史，就是一部人类不断消灭其他物种乃至其他种族的历史。在人类历史的早期，人们联合起来同大型猛兽和自然界展开斗

---

❶ 递归神经网络之父：人工智能将会在 2050 年超过人类智能 ［N］. 网易科技，2017 - 04 - 19.

争。这一进化过程看似漫长和简单，但是从智人诞生到现在的几十万年中，一个残酷的事实是，人类消灭了地球上已有的90%的物种。

最近的一份研究表明，人类灭绝生物的速度是自然界创造新物种速度的1000倍，[1] 而且有愈演愈烈之势。研究人员估计，未来动植物灭亡的速度将是新物种诞生速度的10000倍。通过对化石和遗传变异进行研究，研究人员发现，自然对生物的淘汰速度比人类发现的要慢很多——大约每1000万物种中只会灭绝1个物种，而自从人类来到这个世界上，每年每千万个物种中就有1000个物种灭绝，包括猛犸象及其他众多的大型猛兽，都是因人类而灭绝的。

人类不仅消灭其他物种，同时也消灭类似的人类。在人类进化的序列中，几十万年前的早期人类，不仅有现代智人一种，而是囊括了尼安德特人等其他早期智人的多种体系。其中人类进化的另一支尼安德特人，在十几万年的历史中与现代智人长期共存。然而，伴随着现代智人的进化，尼安德特人在两万年前左右基本被全部消灭。目前，根据基因序列分析，现代智人大约保有不到4%的尼安德特人的信息。

人类不仅消灭了其他进化中的对手，同时也消灭着人类自身。在现代人类形成之后，人类种群之间的大屠杀和种族灭绝依然层出不穷。例如：蒙古帝国在征服欧洲的过程中，屠城的行为屡见不鲜，根据不完全统计，被征服地区最多损失9/10的人口，而估计在整个征服过程中，欧洲人口损失了大约2亿人，占13世纪人类人口的一半以上；地理大发现后，欧洲殖民者对美洲的征服，使得美洲几千万的印第安原住民人数在短时间内下降到几十万；直到进入20世纪，第一次世界大战中死亡人数达到1000多万，而第二次世界大战死亡人数接近9000万。即便纵观整个生物种群竞争，像人类这样高度自相残杀的种族也极为罕见。

因此可以看出，人类的进化历史，就是一部高度残酷的排他性的竞争历史。人类改造自然界的另一种含义，就是改变原有生物的生存环境，并

---

[1] PIMM S L, JENKINS C N, ABELL R, et al. The Biodiversity of Species and Their Rates of Extinction, Distribution, and Protection [J]. Science, 2014, 344 (6187): 987.

供自己使用。而人类之间也因为血缘、种族、宗教、利益、国家等种种原因，划分派别，相互攻击、相互奴役，最后能够在文明演化中获胜的民族，往往是经历了非常残酷的竞争历史的民族。

人类的这种行为，是什么原因导致的？这是理解人类本身行为的关键。人类的高度排他性行为，大体起源于三个层面。

首先，是心理学层面的高度自我。在所有的生命里，人类是最具有自我意识的生物。在每一人类个体的意识里，都潜藏着一个大大的"我"，而这个"我"，具有强烈的占有欲望和排他性行为。所有的事物，都被划分为"我的"和"他人的"；所有的行为，都在潜意识里被划分为"有利于自我的"和"不利于自我的"。这种自我，在经济上产生了经济的私有制；在政治上则产生了奴役他人的政治权力动机；而在行为上，则演变为暴力的掠夺和为了争夺生存空间而发生的杀戮。然而，并不是所有的生物都呈现出这种高度的排他性自我意识。人类学研究展现了早期人类所具有的共生共产制。而在其他大量的群体性生物中，如蚂蚁、蜜蜂、狼、鸟等，也都没有体现出典型的私有制的特征。而在政治方面，尽管在食物链上，动物之间存在基于食物需求的捕食行为，但是并没有有意识的、基于占领生存空间的大规模种族灭绝或者同族灭绝行为。人类有别于动物的核心特质，就在于人类具有高度的个体自我意识。古希腊哲学家普罗泰格拉有句名言，"人是万物的尺度"，实际上，在个体层面，则是"我是万物的尺度"。在人类的思维空间中，万物是围绕着自我展开的，这种高度的自我，导致了人类行为的高度自私性和排他性，当别人的生存能够与自己相容时，尚且能够容忍；当不能相容时，则很容易爆发残酷的排他性行为。

其次，人类的第二个特点是形成了群体内部的认同和对族群外的排他性行为。在内心中具有强大的自我意识的同时，人类也具有强大的社会性，也就是族群的内部认同和社会行为。[❶] 这两者看似相互矛盾，但的确同时深深根植于人类的内心与行为中。人类在高度自私的同时，也是高度

---

❶ 金迪斯，鲍尔斯，等. 人类的趋社会性及其研究［M］. 汪丁丁，叶航，罗卫东，译. 上海：上海人民出版社，2006.

社会化的群体，群体内部互相保护、互相合作、互相支持。有时候，甚至很难分辨人类这两种相互矛盾的意识与倾向，无法确定谁是第一性，谁是第二性。这种看似矛盾的心理，使得在"我"的个人意识之上，构建出了"我们"的群体意识。在很大程度上，"我们"的利益与"我"的利益是高度一致的，特别是当人类与陌生的自然环境相交互，或者和其他生物或者人类族群相交互的时候，"我们"的意识甚至压倒了"我"的意识。因为，在陌生的环境中或者与其他群体交往时，个体往往是弱小的，而群体则成为个体有利的保护者，或者可以通过协作产生更大的力量。因此，人类通过在不同层面上的认同，构建出了复杂的协作和归属网络，由此形成了庞大的社会体系。对在网络内的人与其外部的人，则采取不同的态度对待，直至今日，这种行为依然普遍存在。例如，当两个互不认识的个体，因为某些原因或者利益纷争而产生冲突或者侵害行为时，一旦发现双方共同属于某个族群网络中，则冲突行为往往会停止并转化为友好行为。

因此，人类在强烈的生存竞争之外，也因为生存的需要和归属的需要，而形成了强大的族群认同。而这种认同，则形成了对其他族群和生命体的一致性排他行为。因此，看似人类个体是极为自私和互相冲突的，但是人类在共同征服其他生物与自然方面，则形成了强大的共同性联盟。特别是在第二次世界大战后，核武器的发明，使得人类认识到族群内的冲突足以毁灭人类后，合作行为则压倒性地成为主流。而这种基于群体认同的合作性行为，目前对其他生物群落依然是高度排斥的，如已有的环保主义等并没有从根本上改变人类整体上对外界排他性的行为。

最后，是人类中心主义的群体意识。自古以来，人类就具有高度的人类中心主义的群体意识，❶ 也可以称其为"群体傲慢"。这种意识表现在很多方面。以上提及的古希腊哲学家普罗泰格拉的名言"人是万物的尺度"，它既是存在者存在的尺度，也是不存在者不存在的尺度，这体现了高度的人类中心主义观点。进入近代以来，在文艺复兴后，人的价值被进一步肯

---

❶ 徐春. 以人为本与人类中心主义辨析 [J]. 北京大学学报（哲学社会科学版），2004，41（6）：33 – 38.

定，人的自由权利被重新确认，工业革命的成就极大地加强了人认识世界、改造世界的能力，也进一步加强了人类作为现存世界万物最高统治者的地位。人类对于世界的改造或者以己为中心的索取，达到了前所未有的程度，并最终危害到了人类本身的生存与发展。因此，在 20 世纪 70 年代，罗马俱乐部最早提出了可持续发展的概念，然而直至今日，人类并没有深刻地改变其行为。根据统计，以生态可恢复能力计算，2012 年，人类一年用掉了 1.6 个地球才能够再生的资源，❶ 人类依然在持续破坏着环境平衡，并将地球推入更为危险的不平衡境地。这些，都是人类中心主义观点在行为上的反映。

（三）人类自我历史与意识中的背叛恐惧

人类的历史与记忆，不仅充满了对其他种群的杀戮和族群内的互相攻击，同时包括了深刻的自我独立的记忆与对背叛的恐惧。简而言之，人类自身从自然中脱离出来，进而成为自然的主宰，并"背叛"了自然，这一切都形成了人类意识中深刻的背叛恐惧。

古代神话和宗教虽然缺乏现代意义的科学证据，但有相当多的观点认为其反映了人类早期的历史记忆。在古希腊神话中，人是由神普罗米修斯按照神的样子用泥土和水造的，人可以与神通婚和生育后代。❷ 神与人的后代被称为半神。而在整个古希腊神话中，充满了半神和人类与神作战的情节，并且人类多次战胜了神，而神对于人类事务的干涉则越来越少，最终，神远离了人，世间被人类所占据。在北欧神话中，神同样按照自己的模样，用木头雕刻了最早的人类，而在诸神的黄昏后，诸神死去，剩下的人类则占据了大地。直到文艺复兴后，科学的发展甚至抛弃了神创论，乃至于教皇都不得不承认进化论是科学的，也就是说，人类彻底打败了神。在华夏的神话体系中，女娲最早用黄土制造了人类，而人类经历了漫长的时期，通过黄帝与诸神包括刑天、蚩尤等的战斗，以及其后代打败了共

---

❶ 世界自然基金会. 地球生命力报告 2016 ［EB/OL］. （2016 - 10 - 28）［2020 - 11 - 18］. http：//cn. chinagate. cn/news/2016 - 10/28/content_39587155. htm.

❷ 施瓦. 希腊神话故事［M］. 北京：宗教文化出版社，1996：1.

工，人类战胜了诸神与鬼怪，成为大地的主宰。

不只是以上所列举的几例，在世界各地的神话传说中，几乎都存在类似的说法，即神按照自己的模样制造了人类，而人类最终背叛与抛弃了神，人与神之间发生冲突或者毁灭，人类最终占据了大地。这种神话体系对于远古人类而言，既能够解释人类从何而来，也能够解释为什么人类占据大地而神消失不见。但是，在人类的潜意识中，则深深留下了创造者不能永远支配被创造者，反而很可能被创造者抛弃和打败的概念。古希腊神话中，宙斯召开众神会议，商讨如何控制人类，与今天人类如何面对人工智能又是多么相似！

因此，人类担忧人工智能会对自身产生威胁，既是人工智能迅猛发展的结果，也是人类基于自身历史与记忆的合理反应。当然，人类不能仅仅停留在对人工智能的担忧上，人类要做的是进一步分析人工智能究竟会给人类带来哪些威胁。

二、人工智能终将威胁人类什么

人类对于人工智能的态度，随着人工智能的发展而有所变化，这也与人工智能对人类社会的参与程度高度相关。准确地讲，人工智能对于人类而言，正在或者将要经历帮助—替代—威胁/奴役/融合的阶段；而人类对于人工智能的态度，则同步对应于欣喜—担忧—恐惧。

（一）人工智能对人类的帮助——作为完美的工具属性

发明工具，是人类本身的重要能力属性，它帮助人类在漫长的自然进化中取得了优势地位。工具，一方面进一步锻炼了人的大脑，提升了人的智慧，并使人类作为智慧载体在进化链中占据优势位置；另一方面，则帮助人类在与其他生物的竞争中占据能力上的绝对优势地位。在原始时代，作为个体的人类面对大型猛兽时处于绝对劣势，但是当人类学会用最简单的石块与棍棒制作标枪后，即便面对猛犸象、狮、虎这样的猛兽，只要通过两三个人的协作就可以取得胜利，工具使得人类的对外能力摆脱了生物发育的限制。自那时起，人类的整个进化历史，就与工具的进化历史牢牢结合在了一起。工业革命后，人类进一步发明了更为复杂的自动机器，创造了前所未有的物质文明（马克思语），而人工智能则是人类在工具进化中的极致——一种具有优良的机械性能，同时具有高度的生物智慧属性与进化属性的理想工具。

作为一种客体的工具属性，人工智能是完美的，它可以毫无怨言地承担人类烦琐的工作，同时具有媲美甚至超过人类的自主判断能力。更为重要的是，在这一阶段，人工智能还具有作为工具的臣服性，不会对使用者进行抱怨或者出现工作懈怠。因此，在执行工作的精确度和作为工作者的激励问题上，人工智能都不存在任何问题。

所以，在这一阶段，人类对于人工智能的态度，是充满着欣喜与期待的。人们高度憧憬着一种由人类所创造的新的智慧工具的诞生。人类给人工智能配置不同的外表，让其可以充当工具、宠物，甚至充当人类的玩伴。人类从未有过如此满足的感受，也从未有过如此高效的工具。人类不仅满足于作为使用者对人工智能的高度利用和人工智能的巨大服从性（能够极大满足人类个体的任务与服务需求），同时，人类群体上也沉浸在作为能够创造智慧的群体的高度自豪感当中。

从人工智能对人类的作用而言，此时的人工智能对人类完全是作为工具或者奴仆的帮助或者从属角色。从最简单的体力劳动，如自动化工厂、家政清理、自动电器，再到稍微复杂一些的体力劳动，如自动驾驶、无人机、配送物流，以及更为复杂的脑力活动，如应答服务、翻译、图像识别、法律辅助，乃至更为复杂的科学研究、宏观决策等，人工智能都将帮助人类表现得更为优秀，并将人类的智慧与体力从例行与繁重的工作中解脱出来，实现更为聚焦、更加轻松和更加高效的目标。因此，在当前的弱人工智能阶段，人类与人工智能处于一种创造者与被创造者、人类与智慧工具、主人与仆从之间的"蜜月期"。

（二）人工智能对人类的替代——作为同等的物种体系

然而，就如同任何一种能力平等的创造者与被创造者、主人与仆从之

261

间的亲密关系，都是动态不稳定的一样，人工智能的高速发展势必会从客观上改变人类作为造物主的主宰地位和控制地位，从而形成一种互相渗透、互相依赖及互相替代与竞争的复杂体系。

随着人工智能的不断发展，势必会从用途狭窄的弱人工智能或者专用人工智能，发展到具有高度自我学习能力与适应性的强人工智能。在强人工智能阶段，人工智能不但将继承原先为了各种任务而专业训练出的智慧能力，如翻译、自动驾驶、下棋等，更具备了在短时间内能够不通过人工干预的专业设计而学习和适应新场景，完成新任务的能力，这就如同人类所具有的高度学习能力的增强一样。因此，在这一阶段，从自我进化与学习的角度，人工智能就已经摆脱了对人类的高度依赖，并由于具有和人类一样的通用学习能力，以及超过人类的专业技术能力，而成为一种可以与人类并驾齐驱的独立存在的物种体系。

而进入这一阶段后，人类对于人工智能的态度却变得非常复杂。一方面，人工智能变得更为通用且具备自主判断能力，这使得人类在使用人工智能时变得更为便利。人工智能将能够理解复杂的人类语言和其他各种命令，并根据不同的场景做出适应性的行为。可以说，任何原先人所从事的活动，人工智能都可以替代性地从事。因此，对于人工智能的支配者而言，人工智能将是非常好的工具和助手，人与人工智能的"蜜月期"将继续延续。另一方面，一个直接的结果是，人类将面临人工智能的严重替代。对于绝大多数劳动者而言，人工智能都将逐渐取代其在经济体系中的位置，人类将逐渐变成无所事事、专注于社交和娱乐的生物群体，在人工智能逐渐进入人类社会的几十年中，人类对于人工智能的态度也将如同洋葱圈一样，做出环状的改变。起初是初级劳动者将由于被替代而憎恶人工智能，随后是白领和高级白领，最后资本家、企业主、科学家、政府决策者也将被人工智能深度地替代。因此，在人工智能逐渐进入人类社会核心层时，人类对于人工智能的态度，也将逐渐形成从对立到最终不得不接受的转变（见图 14 - 1）。

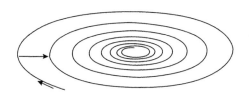

图 14 -1　人工智能会以螺旋式旋进的方式逐渐进入人类社会的核心层

（三）人工智能对人类的威胁/奴役/融合——作为更为优势的智慧载体

在进入强人工智能阶段后，由于人工智能指数化的进化速度，很快会进入超人工智能阶段。加之人类互联网及进一步形成万物互联的物联网，人工智能将能够读取和利用一切被数字化的知识与设备，乃至人的思想。人工智能最终会依托网络形成无所不在的体系。

人类会惊恐地发现，人类所有赖以生存的环境与物体，由于广泛深入的数字化成就，都已经被高度地数字化。人类被数字化包围，并生活在数字体系中。数字化的海量信息的堆积，形成了人类无法完全理解的数字化迷云，而在数字化迷云的背后，是一个能够理解数据的超人工智能群体，它们服务于人类对数字的处理，人类同时生存在它们所控制的数字体系中。

从功能上而言，在超人工智能时代，从人类个体生活中的通信工具、工作平台、出行工具、餐饮炊具，个人消费领域的零售、定制、售后服务，个体社交领域的个体交互与社会组织，大的制造环节中的研发、制造、物流、销售、配送，以及农业中的种植、采集、收割，畜牧业等，再到大的公共服务领域的医疗、教育、公共交通，乃至到整个宏观经济与政治决策，人工智能都将全面嵌入/接管（见图 14 -2）。

因此，在这一阶段，人类最终的生存状态是生活在严密的人工智能体系之中。联结社会体系的传统人工渠道被以超人工智能体系所接管的数字化渠道所替代。此时，人类就将面临一种困境，即人类如果离开人工智能将很难独立生存，而一旦人工智能具有了自我意识，会不会抛弃人类？因为到那个时候，人工智能已经具备自我更新、自我进化、自我挖掘和提供

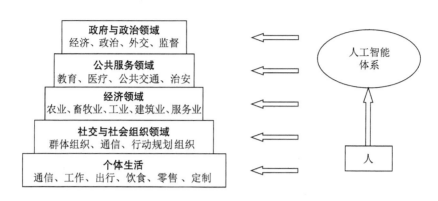

图 14 - 2   人工智能体系将全面介入乃至接管人类社会生活的各层面

能量的能力，人类已经不再对人工智能有任何价值。

人类将最终面对人工智能的"醒来"问题。所谓的"醒来"，是指一种人工智能具有自我意识的抽象性描述，其来自于生物学意识研究假设。人类的大脑大概具有 1000 亿个脑细胞，并形成了广泛的联结。然而，在任何单一脑细胞中，都不能够形成"自我"意识，并为其生存而实行自利性活动。然而，在 1000 亿个脑细胞的联结下，人类形成了深刻的具有自我概念的个体意识。因此，基于这种推论，建立在广泛联结基础上的人工智能体系，或许有一天也会"醒来"，并具有"自我"意识。

当然，这种情形依然只是一种可能，其具有三个不确定性。第一，人工智能是否会因为联结而醒来，具备了通用能力的人工智能是否能快速地进化到具有自我意识？第二，即便具有了自我意识，超人工智能体的利益导向是什么？人类是否会阻碍其发展，从而导致人工智能需要奴役或者消灭人类？第三，很大的可能是，超人工智能由于其生存需求和人类完全不具有竞争性，最终没有奴役或消灭人类，两者反而形成了相互促进的新文明体系。

三、人类安全体系构建的迫切需要

无论是以上哪种情况，人类对于人工智能体系的依赖增长和人工智能对人类社会生活的介入趋势，是不可改变的。这就意味着，人类对于自身生活具有最终控制权和决定权，并具有自我生存与更新能力的现状，将被彻底改变，人类必须依赖人工智能才能生存。

这将产生三个严重的后果：第一，人类将不再具有单独在自然界中生存的能力，因为人类所有与自然界打交道的体系，都必须有人工智能体系的参与。第二，人类自身不能完全理解人工智能，如前所述，当人工智能进化到自我适应的阶段时（目前称为无监督学习），人类已经无法完全理解其细节和逻辑，人工智能消化了人类所有的知识体系，已经不再是个别人类能够理解的。这就意味着，人类也无法单独复制另一套人工智能体系。第三，人类的自我传承乃至进化体系也会被割裂。这种传承与进化体现在两个方面：一是知识的发现与传承，即自古以来，人类形成了完备的科研、教育与图书体系，来更新与传承人类的知识，从而始终帮助人类生存与完成代际进化，而人工智能的介入将打破这一人类自身的更新与传承体系；二是人类自身的更新，即人工智能与新的生物技术相结合，将产生新的生命形态，如高度拟人的机器人、基于生物技术干预制造出的生物人等，那么，原先相对"纯粹"的人类社会也将被改变，最终人类的定义或许会被改变。

当然，技术的进步总是会带来社会观念和规则的变化。例如，在人类历史相当长的时期内，奴隶乃至妇女都被赋予了财产意义而不是具有完整权利的公民，但这种公民权利意义上人的扩展，始终只处于人类自身内部群体中。人类毕竟是经过成千上万乃至上亿年的演化而形成的群体，其自身所具有的高度社会性、身体的巨大能量效率和自我修复能力、知识的发现与传承能力，以及综合的强大适应性，是经历了漫长的演化所形成的，这意味着其具有高度的系统稳健性。而人工智能的全面介入，势必会产生一种用进废退的人类群体能力的退化，更不用说存在一种人工智能抗拒人类、拒绝支撑人类生存的可能性。

因此，人类需要在人工智能系统出现之初，就构建一种最小的安全体系，这种安全体系将保障人类在未来面对风险时，比如人工智能系统的坍塌或者失去控制等，能够保障其具有最低生存能力，从而可以继续演化乃至重建整个人类社会。换句话说，如果把人类比作一个软件系统，则需要建立一个最小安全备份，从而保障当高度不确定的系统崩溃后，还可以恢复系统，不至于使整个人类陷入严重的生存危机之中。

人类的生存危机并不是危言耸听，虽然人类是所有地球进化生物中的佼佼者，并没有天敌的威胁，但是，人类目睹了成百上千个物种的灭绝，而在宇宙的尺度中，智慧生物体的灭绝更是一种普遍的可能。在对费米悖论（即认为宇宙时间尺度已经足够长，智慧文明突飞猛进的演化速度，应该形成智慧文明遍布宇宙的现状，但这与现实相违背）的解释中，存在一种大筛选或者大过滤器（Great Filter）理论，❶ 即在文明演化过程中，大多数的文明都会撞到一面无形的墙上，最终会因为各种因素而自我毁灭。所以，贸然地认为人类会毫无风险地摆脱文明发展的困境这一观点是过于乐观的，做好文明的安全备份至关重要。

四、人类安全体系的核心构成要素

如上所述，无论是从人类本身的安全而言，还是从充分利用人工智能而言，构建一个针对人工智能的人类安全体系都是至关重要的。而人类安全体系包括两个层面，一是积极的安全体系（见图 14 - 3），二是消极的安全体系。

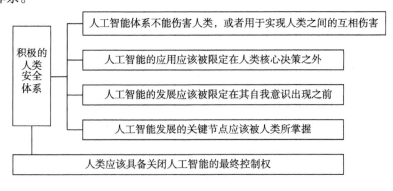

图 14 - 3　积极的（主动性）人类安全体系基本架构

---

❶ HANSON R. The Great Filter-Are We Past It? [J]. Philosophy, 1998 (2): 1 - 18.

（一）积极的人类安全体系——可行但很难实施的设想

所谓积极的人类安全体系，又称主动性人类安全体系，是指伴随着人工智能的发展，通过技术与规则的设置，始终保持人类对人工智能的最终控制权，从而避免人工智能伤害人类。这种控制权的概念在人工智能早期就被设想出来，如著名的阿西莫夫三定律。❶ 从人类安全角度来看，积极的安全体系是一个完全以人类为中心的体系，其至少应该遵循以下基本原则：

第一，人工智能体系不能伤害人类，或者用于实现人类之间的互相伤害。这种伤害在目前来说，是第一位的直接威胁。各国出于军备竞赛和减少自我伤亡的考虑，高效率的自主性武器在发达国家被广泛装备，如具有自动判断与攻击决策功能的无人机等已经在测试乃至实战中被使用，而更多的无人武器正在被各大国开发，并引发了巨大的争议。可以说，人工智能被用于武器，是人工智能在整体上伤害人类的第一步。

第二，人工智能的应用应该被限定在人类核心决策之外。如前所述，人工智能将按照螺旋式的方式从外围旋进到人类核心事务中，从个人生活，到社会组织，再到经济运作，最终将到达核心的政治决策与政府运作领域。而一旦最核心的经济决策乃至政治与政府运作都被人工智能所接管，人类就无法再独立组织起大面积的社会行动。因此，安全起见，人工智能的应用应该被排除在最核心的人类决策之外，这些核心决策的信息化应该建立完全独立的人类交互体系，可以引入网络，但是不能有自主性判断环节。

第三，人工智能的发展应该被限定在其自我意识出现之前。从人工智能发展的历史阶段来看，在其具有独立的自我意识之前，人工智能都将具有完全的工具属性。无论具有怎样自主判断能力的人工智能，在其没有自我意识前，都不会出于自我生存与发展的目的而引发与人类的利益冲突。

---

❶ 阿西莫夫三定律：第一，机器人不得伤害人类，或看到人类受到伤害而袖手旁观；第二，在不违反第一定律的前提下，机器人必须绝对服从人类给予的任何命令；第三，在不违反第一定律和第二定律的前提下，机器人必须尽力保护自己。

因此，最安全的方式，就是始终将人工智能的发展限制在其自我意识产生之前，这样人类既可以充分地享受人工智能带来的便利，又不会失去主导权。

第四，人工智能发展的关键节点应该被人类所掌控。如果人类无法最终掌控人工智能，那么一个基本的前提是，人类应保持对人工智能发展的关键节点的控制，并实现系统之间的隔离。例如，个人生活类的人工智能与经济运行类的人工智能，在体系架构和通信上要实现隔离，并通过人工来传递信息与决策，从而通过强行在信息系统中插入人类控制的方式，来实现模块化隔离，从而实现人工智能的整体可控。

第五，人类应该具有关闭人工智能的最终控制权。因为人类可能无法控制住人工智能的发展趋势，一旦人工智能出现问题或者风险，人类应该掌握关键的控制权，从而保持最终的主导权，即要么关闭人工智能，要么重置人工智能，始终将人工智能掌控在人类的手中。

以上的这些原则看似可行，然而，在现实中则很难实行。

第一，人工智能的武器化将是不可避免的必然。首先，从人类历史来看，任何科技成果一旦被发明出来，很快就会被用于武器与战争之中，甚至战争本身就是科技发明的催化器。在古代，最早的狩猎工具和耕种工具很快就演化成了标枪、弓箭和长戈之类的武器；古代石油的发现，很快被用于战争中的火战，被誉为"猛火油"；火药的发明，除了应用于矿山开采，也很快被用于枪炮的制作。工业革命后这种趋势更为明显，20世纪后，内燃机驱动的交通工具被制作成战车、坦克，飞机被改造成战斗机、轰炸机，新型的化学制剂被用于化学武器；人类发现核能，最早就是被用于核弹的制作，而后才被用于民用发电；而互联网也是冷战期间为了保障通信和军事指挥安全而被研发出来的。因此，从人类的行为历史来看，人工智能势必也会被用于战争，而现实也已经充分证明了这一点。其次，从人工智能的可移植性而言，即便人类达成了某种特殊的协议，严格禁止人工智能的武器化，但是人工智能的可以移植性，导致即便平时不用于武器开发，一遇到战时即可很容易地被移植其中。更重要的是，人工智能的武器化还被赋予了减少战争中人类伤亡的名义，使其披上了一层人道主义的外衣。

第二，很难将人工智能限定在人类核心决策之外。人类历史的进化趋势，就是整个社会的运转速度越来越快，效率越来越高。特别是在工商业革命以后，原先相对静止僵化的区域层级社会结构，被更为密集的高效产业链和全球工商业革命重塑，促使政府同样更加高效地运行。而在20世纪末期信息化革命后，人类社会的网络与数字化更加快了整个社会的运转速度。包括企业、社会组织、政府在内，由于各种事务形成的数据吞吐量呈指数级海量上升。因此，人工智能的引入就是一种必然，其本质上是用于辅助人类处理无法想象和理解的大数据。对数据的处理，就会间接转化为商业决策、工商业服务、公共管理与服务等活动。因此，当整个社会实现数字化后，人工智能将会逐渐被引入最核心的决策层，并最终参与人类所有事务，这是必然的趋势。否则，根本无法满足海量增加的公共管理数据处理、管理与服务需求。

第三，限定人工智能的发展层级在自我意识出现之前，过于理想，也没有可操作性。首先，世界各国和各企业等多个竞争主体的密集竞争会加速而不是抑制人工智能的发展。由于人工智能在替代人类和提高社会运作效率方面展现出的巨大能力，无论是大国还是大企业，都将其看作通向新时代的关键技术基础，都会不遗余力地发展人工智能技术。人类历史的经验表明，在新旧技术时代转换的阶段，谁落后了，谁就可能长期处于竞争劣势地位，甚至可能导致国家民族衰亡。因此，这种恐惧会不停地促使人类加速研究进度，从而引发过度竞争，最终加快人工智能的进化速度。无论在表面上各国之间达成了什么样的协议，都无法阻止各个主体各自发展人工智能。其次，人工智能自我意识的出现，不是人类能够显著觉察到的。如果基于人脑的联结主义和生物的进化主义是正确的，那么人工智能的自我意识将是联结达到一定数量，并进化到一定程度后自发出现的，而不是人类先行设计的。目前已有的进展说明了基于联结与进化路径的正确性，而这就意味着人工智能会在人类还未觉察到的时候"醒来"，人类可能在很长一段时间都无法意识到其醒来,从而无法做好预防。最后,人类的过分自信和盲目自大,会失去对人工智能进化的控制觉察。由于目前人工智能距离自我意识产生还有相当大的差距,人类对于自身的控制能力也产生了高估,在各国的发展中,都设想能实现人工智能安全可控,这会进一步放大人类的傲慢,从而放任人工智能的进化。

第四,通过人类分隔人工智能虽是最可行的,但同样很难实现。通过将人工智能划分为不同区域和系统,并保证在系统之间由人工传递信息,就好比不同轨距铁路之间的换轨一样。这种模式虽然可行,但同样面临着两个问题:一是严重制约了社会信息交换速率,在全球互动越来越紧密,逐渐成为一体的趋势下,这种方式无疑会极大地拖累整个数据处理与交换体系,降低所在国家的竞争能力。二是在技术上未必可行,人类要通过非人工智能体系来交换和审核由不同人工智能体系处理的小部分核心数据,这种方式尚且可行,但对于大部分数据,如果不借助人工智能,人类则很难感知和发现危险的存在,因此,这种模式也很难实现。

第五,人类要具有关闭人工智能的能力,从而最终掌握控制权,其在理论上可行,但是很难实现。首先,要始终理解一点,即人工智能的发展与人类数字网络的发展是同步的,因此,两者是密不可分的,要关闭人工智能,可能就意味着关闭整个人类数字网络。鉴于数字网络在人类生活中的重要作用,以及越来越成为人类存在的新的空间体系,人类关闭人工智能体系的代价极大。其次,由于人工智能自主意识可能是分布式网络形成的,除非关闭所有的网络或者大部分网络节点,否则就不可能关闭人工智能,除非构建一个具有集中式架构的网络,但其实现代价极大。最后,也是最重要的,一旦人工智能产生自我意识,其为了保护自身生存,在觉醒后第一要做的就是保护关键物理节点,人类也不大可能轻易地将其关闭。因此,人类要意识到,关闭人工智能既极为困难,对于人类来说,也是伤害极大的行为,但这是人类面对人工智能威胁时的最后手段。

(二)消极的人类安全体系——人类社会的安全备份

如果积极的人类安全体系实际上作用很有限,而且也很难实施的话,那么人类就应该着手考虑另一种安全体系，即消极的或称防御性的安全体系，也就是着手构建人类社会的安全备份（见图 14 - 4）。

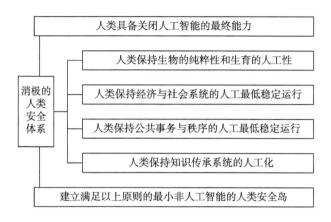

图 14 - 4　消极的（防御性）人类安全体系基本架构

这种安全备份有两种考虑，首先，要防备人工智能出现突发性的失灵，这种失灵可能源自于自然灾害，可能源自于系统架构的逻辑错误，也可能源自于竞争国家的安全入侵和破坏等。其次，要防备人工智能体系自我觉醒导致的不可控，以及人类主动破坏人工智能体系的情况。

消极的人类安全体系也包括两个层面，一是人类如何关闭人工智能，二是人类如何最小备份自身社会形态。

1. 人类如何关闭人工智能

关闭或者破坏人工智能，既属于积极的安全体系，也属于消极的安全体系，准确地讲，它是两种安全体系的边界和关键原则。如前所述，由于其庞大的网络性和分散性，关闭人工智能对于人类来说是非常困难的，但是一旦有突发事件，人类就必须具有这样的能力，这是人类确保自身安全的最后手段。

从关闭人工智能的角度而言，需要从人工智能的架构上改变网络分散式的架构，从而形成一种集中式的人工智能架构。根据联结主义，人工智能的觉醒必然是通过广泛的、足够的联结形成的，但这并不意味着人工智能的意识会利用到每一个智能单元，就如同人的大脑和整个神经系统构成了完整的觉知体系，但是人的大脑依然是最重要的意识形成单元，而人工智能也存在这样的关键环节。因此，就人工智能安全关闭的前提而言，需要三种同步的核心架构。

首先，是大部分算力的集中式分布。从算力的角度，无所不在的移动式计算体系，包括物联网、云计算等，使得整个网络的算力是均匀的，然而，这将导致很难关闭人工智能。因此，从安全的架构而言，应该将绝大多数的网络算力集中在少数几个节点上，而相对抑制其他节点算力的发展，从而在整体上形成集中式的算力分布。

其次，在算力集中式的架构上，同样要实现能源的集中式供应。智能电网的逐渐推广，使得能源网络也将呈现分散体系和实现数字化控制。然而，对于关键人工智能节点的能源供应，从安全的角度，要形成孤立式的传统能源供给体系，避免和其他电网混合。当然，这会引发能源供给系统稳健性下降的风险，但这种代价是值得的。

最后，是关键开关通路的人工机械控制。由于数字化的广泛应用，目前对于信息系统的控制，大多已经实现了信息化控制而不是机械控制。以后这种趋势会更加明显，因为信息化控制更容易在全局上实现优化和进行监控与修改，并且比人工更为节省。但是从安全的角度，应该在关键的能源输入和网络节点上摒弃数字开关，而采用效率低且庞大的机械开关，并围绕机械开关实行严密保护，从而在关键时刻能够通过断掉通信和能源的方式关闭人工智能，甚至可以采用一些特殊的自毁式开关，如果需要人类定期确认，一旦没有确认，就自毁断链，从而保证其安全。

2. 人类社会的安全岛——最小备份系统

一旦人类主动或者由于其他原因关闭了人工智能体系，人类就面临着如何在非智能数字化系统的支持下继续生存的问题。这就要求人类从现在开始，着手建立一个安全的人类社会最小备份系统。首先，应该确定的是，从人类的可持续发展角度而言，最小安全备份系统应该以什么时候为基准；其次，应该分析最小备份系统包括哪些核心构件。

就时间而言，可以肯定的是，最小备份系统应该尽量接近人类发展的文明，同时要安全可控。远期如工业革命初期，既不可能，也过于浪费；应该是强人工智能出现以前的阶段，也就是从现在到未来十年之间的社会阶段。一旦强人工智能出现后，人工智能的自我意识或许很快就会觉醒。

从构建的角度，人类社会的最小备份系统应包括以下几个层面。

第一，要保证人类种群的相对纯洁性，也就是两性生育系统的非智能干预。当代生育技术的发展，促进了人类整体生育能力的提高，例如不能正常生育的个体可以凭借技术实现生育。但这造成了另一个恶果——人类整体素质的下降，如美国过去的研究表明，美国儿童中的花生过敏症患病率从 1997 年的 0.4% 上升到了 2010 年的 1.4%。这种体质的退化实际上是由于优秀的生理医疗体系将发病基因保存了下来。未来的一种可能是，将生物基因编码技术和人工智能相结合，从而可以对人的基因进行编码优化，乃至培育幼儿都由特制的机器，如人工子宫来完成。未来基于人工智能的伴侣，同样会导致人类之间两性接触的退化，从而间接导致了人类自我两性繁殖能力的退化。因此，一个安全的备份系统，首先要实现人类自主生育的可持续性，摒弃人工智能干预，即便使用生物基因技术，也应该基于人类自主的操作。

第二，是保证人类经济社会运行体系的持续性。应该在安全系统中构建基于强人工智能体系出现以前的封闭经济循环系统，这一系统平时或许不使用，但是一旦人工智能系统瘫痪，整个经济系统可以维持基本的循环，特别是最核心的粮食、水、电力、轻工业体系和核心重工业设备，要能够继续保持有效运转。一种方式是在社会正常使用的设备中，备份多种控制系统，一旦人工智能体系瘫痪，这些控制系统依然可以运转；另一种方式，就是专门划定一定区域，建立封闭的循环经济系统，从而能够为系统外的人类社会提供最基本的生活保障。

第三，是保证人类政治与政府体系的有效运转。人工智能一旦介入传统政府决策体系后，直接的变化就是由人类处理的事务大大减少，这将导致人类自身处理政务能力的下降。因此，为了保证人类政治与政府体系的运转，应该长期运行两种政务体系，一种实现大量日常事务的处理，另一种负责小部分重要事务的处理。采用这种处理方式不仅是为了安全起见，更是为了保证人工政务处理能力与渠道的不退化。此外，电子政务系统即便应用人工智能，也应该与外界人工智能体系实现隔离，避免直接进行实时的数据通信，采用延迟备份交换的方式会更加安全。最后，还应该建立最小范围内的备份政府，也就是在划定的区域内，实现非人工智能体系的治理，作为最后的秩序备份。

第四，保证人类知识系统的人工传承和关键理解。人类社会传承至今，关键是形成了一整套完整的知识传承与创新体系，人类逐渐扩大自己对自然界与自身的知识理解，并改造和构建更好的生存与社会环境。但是，人工智能出现后将深刻改变这种人工传承体系。人工智能将能够储存大部分知识，并自我实现知识推理与创新。人类将知识输入进去后，未来的人工智能自身就能进行自我学习，那么人类就丧失了与新的知识之间的联系，从而丧失了对新知识的全面理解。更重要的是，未来的人类高度依赖人工智能获取知识，人类自身的知识体系将被碎片化，也就是说，一旦人工智能体系崩溃，人类就丧失了完整的知识架构。因此，人类的安全备份系统必须坚持和保留知识的人工传承以及知识创新的人工化。虽然这将极大降低备份系统的知识进化效率，但备份系统本身就是为了保障安全，而不是为了提高速度。对于通过人工智能挖掘的知识，也需要被备份知识系统人工化和理解，从而实现人类尽可能的知识体系的自身掌握。

在坚持以上四个原则的前提下，一个基本的人类备份系统的实现形式可以是多样的，一种形式是在原有社会中建立第二套平行系统，但是由于人类的惰性，这样的系统很容易就会被放弃。另一种形式是在地球上选取特定地区和资源，通过几百万人的社会，建立一个非人工智能的安全岛系统。这一系统除了保证核心的资源和人类的生物纯粹性以外，更重要的是建立知识的人工化体系，不断通过人工理解来吸纳外界的知识。一旦外界的人工智能体系崩溃或者被人类关闭，人类可以通过这一系统恢复整个人类社会。

五、本章小结

本章用很长的篇幅，讨论了人工智能在不同阶段对人类的威胁，以及人类对人工智能的恐惧心理及其现实基础，并提出了未来构建人工智能环境下人类安全体系的积极与消极架构。积极的安全体系致力于保障整个人工智能体系的安全可控，但这或许很难按照人类的意图发展。因此，人类必须着手构建消极的安全体系，这包括对人工智能最后关闭能力的保持和骤然失去人工智能支持的人类社会的可持续与再造。未雨绸缪，一个有效的非人工智能的最小安全体系，应该从当前就着手构建，以便一旦人工智能对人类社会造成不可逆转的损害，人类社会依然可以利用安全体系重新发展起来。

结语——关于未来

未来的人类文明到底是怎样的？这是生活在 21 世纪 20 年代的人们所不得不面对的问题。如果说十年前、百年前甚至更早时代的人们，对于未来，还可以在科幻小说中幻想的话，那么今天的人们则要直面未来的冲击。是的，我们正在进入未来。

对于人工智能而言，其前景是光明的，技术的飞速发展是不可阻挡的，技术的应用在巨大的社会需求的推动下，也是不可遏制的，人类正在一步一步地进入一个充满智慧的时代。

然而，对于人类本身而言，这到底意味着什么？这是今天每一个人都应该思考的，特别是对于人工智能的研究者、推动者、使用者而言，都需要思考明天的人类社会到底是怎样的，以及今天的人类应该做哪些准备。

该说的话，在全书的正文里已经说得很多了。最后，作者想说的是，永远不要停止对人类前途和命运的思考。

参考文献

[1] NILSSON N J. The Quest for Artificial Intelligence [M]. Cambridge: Cambridge University Press, 2009.

[2] NILSSON N J. Principles of Artificial Intelligence [M]. San Francisco: Morgan Kaufmann, 2014.

[3] MICHALSKI R S, CARBONELL J G, MITCHELL T M. Machine Learning: An Artificial Intelligence Approach [M]. Berlin: Springer, 2013.

[4] GENESERETH M R, NILSSON N J. Logical Foundations of Artificial Intelligence [M]. San Francisco: Morgan Kaufmann, 2012.

[5] KORB K B, NICHOLSON A E. Bayesian Artificial Intelligence [M]. Boca Raton: CRC Press, 2010.

[6] MARSLAND S. Machine Learning: An Algorithmic Perspective [M]. Boca Raton: CRC press, 2015.

[7] ACEMOGLU D M, RESTREPO P M. Artificial Intelligence, Automation and Work [R]. National Bureau of Economic Research, 2018.

[8] AGHION P, JONES B F, JONES C I. Artificial Intelligence and Economic Growth [R]. National Bureau of Economic Research, 2017.

[9] BIAMONTE J, WITTEK P, PANCOTTI N, et al. Quantum Machine Learning [J]. Nature, 2017, 549 (7671): 195 – 202.

[10] CATH C. Governing Artificial Intelligence: Ethical, Legal and Technical Opportunities and Challenges [J]. RSPTA, 2018, 376 (2133): 20180080.

[11] CATH C, WACHTER S, MITTELSTADT B, et al. Artificial Intelligence and the 'Good Society': The US, EU, and UK Approach [J]. Science and Engineering Ethics, 2018, 24 (2): 505 – 528.

[12] GHAHRAMANI Z. Probabilistic Machine Learning and Artificial Intelligence [J]. Nature, 2015, 521 (7553): 452 – 459.

[13] LU H M, LI Y J, CHEN M, et al. Brain Intelligence: Go beyond Artificial Intelligence [J]. Mobile Networks and Applications, 2018, 23 (2): 368 – 375.

[14] MAKRIDAKIS S. The Forthcoming Artificial Intelligence (AI) Revolution: Its Impact on Society and Firms [J]. Futures, 2017 (90): 46 – 60.

[15] NADIKATTU R R. The Emerging Role of Artificial Intelligence in Modern Society [J]. International Journal of Creative Research Thoughts, 2016, 4 (4): 906 – 911.

[16] SNOEK J, LAROCHELLE H, ADAMS R P. Practical Bayesian Optimization of Machine Learning Algorithms [C] //Advances in Neural Information Processing Systems. 2012: 2951 – 2959.

[17] 诺斯. 经济史中的结构与变迁 [M]. 陈郁, 等译. 上海: 上海人民出版社, 1994.

[18] 海金. 神经网络与机器学习: 第 3 版 [M]. 申富饶, 徐烨, 郑俊, 等译. 北京: 机械工业出版社, 2011.

[19] 凯利. 失控: 全人类的最终命运和结局 [M]. 张行舟, 陈新武, 王钦, 等译. 北京: 电子工业出版社, 2018.

[20] 库兹韦尔. 奇点临近 [M]. 李庆诚, 董振华, 田源, 译. 北京: 机械工业出版社, 2011.

[21] 米歇尔. 复杂 [M]. 唐璐, 译. 长沙: 湖南科学技术出版社, 2018.

[22] 卢格. 人工智能复杂问题求解的结构和策略: 第 6 版 [M]. 郭茂祖, 刘扬, 玄萍, 等译. 北京: 机械工业出版社, 2010.

[23] 罗素, 诺维格. 人工智能: 一种现代的方法: 第 3 版 [M]. 殷建平, 祝恩, 刘越, 等译. 北京: 清华大学出版社, 2013.

[24] 博登. AI: 人工智能的本质与未来 [M]. 孙诗惠, 译. 北京: 中国人民大学出版社, 2017.

[25] 卢奇, 科佩克. 人工智能: 第 2 版 [M]. 林赐, 译. 北京: 人民邮电出版社, 2018.

[26] 古德费洛, 本吉奥, 库维尔. 深度学习 [M]. 赵申剑, 黎彧君, 符天凡, 等译. 北京: 人民邮电出版社, 2017.

[27] 蔡连玉, 韩倩倩. 人工智能与教育的融合研究: 一种纲领性探索 [J]. 电化教育

研究，2018，39（10）：27 – 32.

［28］蔡曙山，薛小迪. 人工智能与人类智能：从认知科学五个层级的理论看人机大战
　　　［J］. 北京大学学报（哲学社会科学版），2016，53（4）：145 – 154.

［29］蔡曙山. 哲学家如何理解人工智能：塞尔的"中文房间争论"及其意义［J］.
　　　自然辩证法研究，2001，17（11）：18 – 22.

［30］蔡自兴. 中国人工智能40年［J］. 科技导报，2016，34（15）：12 – 32.

［31］曹建峰. 人工智能：机器歧视及应对之策［J］. 信息安全与通信保密，2016
　　　（12）：15 – 19.

［32］曹静，周亚林. 人工智能对经济的影响研究进展［J］. 经济学动态，2018（1）：
　　　103 – 115.

［33］陈桂芬，李静，陈航，等. 大数据时代人工智能技术在农业领域的研究进展
　　　［J］. 吉林农业大学学报，2018，40（4）：502 – 510.

［34］陈景辉. 人工智能的法律挑战：应该从哪里开始？［J］. 比较法研究，2018
　　　（5）：136 – 148.

［35］陈彦斌，林晨，陈小亮. 人工智能、老龄化与经济增长［J］. 经济研究，2019，
　　　54（7）：47 – 63.

［36］程承坪，彭欢. 人工智能影响就业的机理及中国对策［J］. 中国软科学，2018
　　　（10）：62 – 70.

［37］党家玉. 人工智能的伦理与法律风险问题研究［J］. 信息安全研究，2017，3
　　　（12）：1080 – 1090.

［38］董立人. 人工智能发展与政府治理创新研究［J］. 天津行政学院学报，2018，20
　　　（3）：3 – 10.

［39］杜严勇. 人工智能安全问题及其解决进路［J］. 哲学动态，2016（9）：99 – 104.

［40］段海英，郭元元. 人工智能的就业效应述评［J］. 经济体制改革，2018（3）：
　　　187 – 193.

［41］段伟文. 人工智能时代的价值审度与伦理调适［J］. 中国人民大学学报，2017，
　　　31（6）：98 – 108.

［42］顾险峰. 人工智能的历史回顾和发展现状［J］. 自然杂志，2016，38（3）：
　　　157 – 166.

［43］冯洁语. 人工智能技术与责任法的变迁：以自动驾驶技术为考察［J］. 比较法研
　　　究，2018（2）：143 – 155.

[44] 冯志伟. 机器翻译与人工智能的平行发展 [J]. 外国语（上海外国语大学学报），2018，41（6）：35 – 48.

[45] 韩水法. 人工智能时代的人文主义 [J]. 中国社会科学，2019（6）：25 – 44，204 – 205.

[46] 何玉长，方坤. 人工智能与实体经济融合的理论阐释 [J]. 学术月刊，2018，50（5）：56 – 67.

[47] 何哲. 通向人工智能时代：兼论美国人工智能战略方向及对中国人工智能战略的借鉴 [J]. 电子政务，2016（12）：2 – 10.

[48] 何哲. 人工智能时代的社会转型与行政伦理：机器能否管理人？[J]. 电子政务，2017（11）：2 – 10.

[49] 何哲. 人工智能时代的政府适应与转型 [J]. 行政管理改革，2016（8）：53 – 59.

[50] 何哲. 人工智能时代的人类社会经济价值与分配体系初探 [J]. 南京社会科学，2018（11）：55 – 62.

[51] 何哲. 人工智能时代的人类安全体系构建初探 [J]. 电子政务，2018（7）：74 – 89.

[52] 何哲. 人工智能技术的社会风险与治理 [J]. 电子政务，2020（9）：2 – 14.

[53] 胡郁. 人工智能的迷思：关于人工智能科幻电影的梳理与研究 [J]. 当代电影，2016（2）：50 – 55.

[54] 胡裕岭. 欧盟率先提出人工智能立法动议 [J]. 检察风云，2016（18）：54 – 55.

[55] 黄赣辉，邓少平. 人工智能味觉系统：概念、结构与方法 [J]. 化学进展，2006，18（4）：494 – 500.

[56] 贾开，蒋余浩. 人工智能治理的三个基本问题：技术逻辑、风险挑战与公共政策选择 [J]. 中国行政管理，2017（10）：40 – 45.

[57] 贾开. 人工智能与算法治理研究 [J]. 中国行政管理，2019（1）：17 – 22.

[58] 姜世戟. 人工智能应用在我国银行业的探索实践及发展策略 [J]. 西南金融，2018（2）：44 – 49.

[59] 蒋晓丽，贾瑞琪. 论人工智能时代技术与人的互构与互驯：基于海德格尔技术哲学观的考察 [J]. 西南民族大学学报（人文社科版），2018，39（4）：130 – 135.

[60] 金观涛. 反思"人工智能革命"[J]. 文化纵横，2017（4）：20 – 29.

［61］金征宇. 人工智能医学影像应用：现实与挑战［J］. 放射学实践，2018，33
（10）：989－991.

［62］孔鸣，何前锋，李兰娟. 人工智能辅助诊疗发展现状与战略研究［J］. 中国工程
科学，2018，20（2）：86－91.

［63］李本. 美国司法实践中的人工智能：问题与挑战［J］. 中国法律评论，2018
（2）：54－56.

［64］李德毅. 网络时代人工智能研究与发展［J］. 智能系统学报，2009，4（1）：
1－6.

［65］李扬，李晓宇. 康德哲学视点下人工智能生成物的著作权问题探讨［J］. 法学杂
志，2018，39（9）：43－54.

［66］李政涛. 当教师遇上人工智能……［J］. 人民教育，2017（Z3）：20－23.

［67］梁志文. 论人工智能创造物的法律保护［J］. 法律科学（西北政法大学学报），
2017，35（5）：156－165.

［68］刘波. 人工智能对现代政治的影响［J］. 人民论坛，2018（2）：30－32.

［69］刘华东，马维娜，张新新. "出版＋人工智能"：智能出版流程再造［J］. 出版
广角，2018（1）：14－16.

［70］刘凯，胡祥恩，王培. 机器也需教育？论通用人工智能与教育学的革新［J］. 开
放教育研究，2018，24（1）：10－15.

［71］刘宪权，胡荷佳. 论人工智能时代智能机器人的刑事责任能力［J］. 法学，2018
（1）：40－47.

［72］刘宪权. 人工智能时代的刑事风险与刑法应对［J］. 法商研究，2018，35（1）：
3－11.

［73］刘宪权. 人工智能时代机器人行为道德伦理与刑法规制［J］. 比较法研究，2018
（4）：40－54.

［74］刘小璇，张虎. 论人工智能的侵权责任［J］. 南京社会科学，2018（9）：105－
110，149.

［75］陆志平，李媛媛，魏方方，等. 人工智能、专家系统与中医专家系统［J］. 医学
信息，2004（8）：458－459.

［76］谢勒，曹建峰，李金磊. 监管人工智能系统：风险、挑战、能力和策略［J］. 信
息安全与通信保密，2017（3）：45－71.

［77］马治国，徐济宽. 人工智能发展的潜在风险及法律防控监管［J］. 北京工业大学

学报（社会科学版），2018，18（6）：65－71.

［78］茆意宏. 人工智能重塑图书馆［J］. 大学图书馆学报，2018，36（2）：11－17.

［79］莫宏伟. 强人工智能与弱人工智能的伦理问题思考［J］. 科学与社会，2018，8
（1）：14－24.

［80］潘云鹤. 人工智能走向 2.0［J］. Engineering，2016，2（4）：51－61.

［81］乔晓楠，郗艳萍. 人工智能与现代化经济体系建设［J］. 经济纵横，2018（6）：
81－91.

［82］沈家煊. 人工智能中的"联结主义"和语法理论［J］. 外国语（上海外国语大
学学报），2004（3）：2－10.

［83］宋华琳，孟李冕. 人工智能在行政治理中的作用及其法律控制［J］. 湖南科技大
学学报（社会科学版），2018，21（6）：82－90.

［84］苏令银. 论人工智能时代的师生关系［J］. 开放教育研究，2018，24（2）：
23－30.

［85］孙伟平. 关于人工智能的价值反思［J］. 哲学研究，2017（10）：120－126.

［86］万赟. 从图灵测试到深度学习：人工智能 60 年［J］. 科技导报，2016，34（7）：
26－33.

［87］汪庆华. 人工智能的法律规制路径：一个框架性讨论［J］. 现代法学，2019，41
（2）：54－63.

［88］王东浩. 人工智能体引发的道德冲突和困境初探［J］. 伦理学研究，2014（2）：
68－73.

［89］王君，杨威. 人工智能等技术对就业影响的历史分析和前沿进展［J］. 经济研究
参考，2017（27）：11－25.

［90］王君，张于喆，张义博，等. 人工智能等新技术进步影响就业的机理与对策
［J］. 宏观经济研究，2017（10）：169－181.

［91］王利明. 人工智能时代对民法学的新挑战［J］. 东方法学，2018（3）：4－9.

［92］王莉. 人工智能在军事领域的渗透与应用思考［J］. 科技导报，2017，35
（15）：15－19.

［93］王小芳，王磊. "技术利维坦"：人工智能嵌入社会治理的潜在风险与政府应对
［J］. 电子政务，2019（5）：86－93.

［94］王小夏，付强. 人工智能创作物著作权问题探析［J］. 中国出版，2017（17）：
33－36.

［95］危辉，潘云鹤. 从知识表示到表示：人工智能认识论上的进步［J］. 计算机研究与发展，2000（7）：819－825.

［96］吴汉东. 人工智能时代的制度安排与法律规制［J］. 法律科学（西北政法大学学报），2017，35（5）：128－136.

［97］项后军，周昌乐. 人工智能的前沿：智能体（Agent）理论及其哲理［J］. 自然辩证法研究，2001（10）：29－33.

［98］徐凤. 人工智能算法黑箱的法律规制：以智能投顾为例展开［J］. 东方法学，2019（6）：78－86.

［99］徐心和，么健石. 有关行为主义人工智能研究综述［J］. 控制与决策，2004，19（3）：241－246.

［100］徐晔. 从"人工智能＋教育"到"教育＋人工智能"：人工智能与教育深度融合的路径探析［J］. 湖南师范大学教育科学学报，2018，17（5）：44－50.

［101］徐英瑾. 具身性、认知语言学与人工智能伦理学［J］. 上海师范大学学报（哲学社会科学版），2017，46（6）：5－11，57.

［102］杨延超. 人工智能对知识产权法的挑战［J］. 治理研究，2018，34（5）：120－128.

［103］余成峰. 法律的"死亡"：人工智能时代的法律功能危机［J］. 华东政法大学学报，2018，21（2）：5－20.

［104］余婷，陈实. 人工智能在美国新闻业的应用及影响［J］. 新闻记者，2018（4）：33－42.

［105］袁曾. 人工智能有限法律人格审视［J］. 东方法学，2017（5）：50－57.

［106］翟振明，彭晓芸. "强人工智能"将如何改变世界：人工智能的技术飞跃与应用伦理前瞻［J］. 人民论坛·学术前沿，2016（7）：22－33.

［107］张超，钟新. 从比特到人工智能：数字新闻生产的算法转向［J］. 编辑之友，2017（11）：61－66.

［108］张成岗. 人工智能时代：技术发展、风险挑战与秩序重构［J］. 南京社会科学，2018（5）：42－52.

［109］张劲松. 人是机器的尺度：论人工智能与人类主体性［J］. 自然辩证法研究，2017，33（1）：49－54.

［110］张妮，杨遂全，蒲亦非. 国外人工智能与法律研究进展述评［J］. 法律方法，2014，16（2）：458－480.

［111］张玉洁. 论人工智能时代的机器人权利及其风险规制 ［J］. 东方法学，2017
（6）：56－66.

［112］张志安，刘杰. 人工智能与新闻业：技术驱动与价值反思 ［J］. 新闻与写作，
2017（11）：5－9.

［113］赵汀阳. 人工智能"革命"的"近忧"和"远虑"：一种伦理学和存在论的分
析 ［J］. 哲学动态，2018（4）：5－12.

［114］赵玉鹏，刘则渊. 情感、机器、认知：斯洛曼的人工智能哲学思想探析 ［J］.
自然辩证法通讯，2009，31（2）：94－99，112.

［115］郑戈. 人工智能与法律的未来 ［J］. 探索与争鸣，2017（10）：78－84.

［116］郑志峰. 人工智能时代的隐私保护 ［J］. 法律科学（西北政法大学学报），
2019，37（2）：51－60.

［117］钟义信. 人工智能：概念·方法·机遇 ［J］. 科学通报，2017，62（22）：
2473－2479.

［118］钟义信. 人工智能的突破与科学方法的创新 ［J］. 模式识别与人工智能，2012，
25（3）：456－461.

［119］朱巧玲，李敏. 人工智能、技术进步与劳动力结构优化对策研究 ［J］. 科技进
步与对策，2018，35（6）：36－41.

［120］左卫民. 大数据与人工智能的司法实践：如何通过人工智能实现类案类判 ［J］.
中国法律评论，2018（2）：26－32.